天津市高校"十五"规划教材

工程图学简明教程

董培蓓　主　编
孙占木　主　审

天津大学出版社
TIANJIN UNIVERSITY PRESS

内容简介

本书是根据教育部画法几何及机械制图课程指导委员会对"非机械类工程制图课程教学要求"(2004年修订),并参考有关院校该课程的教学大纲及有关方面的意见和建议在2004年版本基础上修订而成。

本书分为画法几何、制图基础、机械图、计算机绘图基础四部分,包括工程图学的基本知识、基本几何元素的投影、立体的投影、轴测图、组合体、机件的表达方法、标准件与常用件、零件图与装配图、计算机辅助绘图、常见工程图的表达方法及附录等内容。

本书与《工程图学简明教程习题集》配套使用。内容通俗易懂,简明扼要,适宜60~90学时使用,可供文、理、工(近机类、非机类)本科或专科各专业教学使用,还可供职业大学及自学考试人员使用。

图书在版编目(CIP)数据

工程图学简明教程/董培蓓主编.—天津:天津大学出版社,2010.3(2015.12重印)
ISBN 978-7-5618-3424-4

Ⅰ.①工… Ⅱ.①董… Ⅲ.①工程制图-教材 Ⅳ.①TB23

中国版本图书馆CIP数据核字(2010)第033273号

出版发行	天津大学出版社
出 版 人	杨欢
地 址	天津市卫津路92号天津大学内(邮编:300072)
电 话	发行部:022-27403647
网 址	publish.tju.edu.cn
印 刷	天津泰宇印务有限公司
经 销	全国各地新华书店
开 本	185mm×260mm
印 张	22.25
字 数	556千
版 次	2010年3月第1版
印 次	2015年12月第8次
印 数	26 001—28 200
定 价	38.00元

前　言

本书是根据教育部画法几何及机械制图课程指导委员会对"非机械类工程制图课程教学要求"（2004 年修订），并参考有关院校该课程的教学大纲及有关方面的意见和建议在 2004 年版本基础上修订而成。本次修订是本着宜少而精、不宜多而粗，宜简、不宜繁，宜明、不宜不明不白，宜有一定的杂、不宜求全纯的原则修订的。在修订过程中，力求使所编教材内容针对性、实用性强，体系结构新颖，具有时代感和开创性，使之基础知识与科学发展相融洽，形象思维与创造性思维相融合，教材体系与培养人才模式相呼应。为配合教材的使用，同时出版了《工程图学简明教程习题集》。

本书具有以下特点。

①对传统的制图内容进行了削枝强干处理。如较大幅度地削减画法几何内容，降低线面、面面求交线的要求，减少仪器绘图方法介绍及训练要求，降低装配图的复杂程度；以教材做载体，改变以投影理论为核心内容的传统工程图学为以计算机图形学为核心内容的现代工程图学，使工程图学与计算机应用密切结合；较大幅度地增加了计算机绘图的内容。

②教材着重手工草图、仪器图和计算机绘图三种绘图能力的综合培养，以达到培养学生综合的图形处理能力与动手能力。

③教材所选图例尽量结合工程实际与专业要求。本书全部采用我国最新颁布的技术制图与机械制图国家标准。

④教材增加习题的综合性、复杂性、设计性和连续性，突出教师的指导作用，强化学生的主体地位。

本教材适合文、理、工（近机类、非机类）各专业教学使用。书末列出必要的附录供读者学习标准规范、查阅标准件及有关参考数据使用。

本书由董培蓓主编，柴富俊、穆浩志、柳丹任副主编，孙占木主审。参加编写的有董培蓓（第 1、2、5、11 章）、张淑梅（第 3 章）、柴富俊（第 4、6 章）、米双敏（第 7 章）、柳丹（第 8 章）、潘丽华（第 9 章）、穆浩志（第 10 章）。

由于编者水平有限，恳请广大读者对书中的不足提出指正。

编　者
2009 年 9 月

目　录

第1章 绪 论

1.1 工程图的发展简史与作用

1.1.1 工程图的发展简史

人们在认识自然、描绘自然的过程中,常需要表示空间物体的形状和大小,图形则成为人们表达交流的主要形式之一。我国在很早以前就出现了象形文字,早有"上古仓颉造字"的传说,这种文字其实就是简化的单面正投影图,是人们根据对自然界的观察和生产实际的需要,把所观察到的形象抄绘于平面上,观察方向正对着物体,也正对着画面,于是就形成了单面正投影图。在三千年以前埃及也出现了象形文字。人们将象形文字称为"图画文字"或"文字画"。

具有五千年文明史的中国,在工程图发展的长河中有着辉煌的一页。春秋时代的《周礼考工记》中就记载了规矩、绳墨、悬锤等绘图、测量工具的使用情况。随着工程技术发展的需要,由单面正投影图逐渐发展成用两个正投影图配合表示物体长、宽、高的雏形。我国宋代李诫撰写的《营造法式》一书中,有不少插图属于正投影图,该书在公元1103年就已印刷,其中还有较多表示立体形状的轴测图,是建筑工程方面的一部经典著作。明代宋应星著的《天工开物》一书中,有大量图样表示舟、车、器械的形状和构造的插图,其中很多是轴测图。

到了16世纪至17世纪,由于航海的需要,人们在海图中用等高线表示各处海域的位置及深度,于是出现了标高投影图。标高投影图是用一个单面正投影图并附加数字,表示长、宽、高三个方向的投影图。在地图上常用标高投影图的方法画出等高线,以表示山脉和地形。随着生产的社会化,1795年法国著名的几何学者加斯帕·蒙日出版了《画法几何学》一书,给正投影打下了坚实、系统的理论基础,使单面正投影图过渡到多面正投影图,因而使多面正投影图在工程技术上得到了广泛的应用。直到目前,多面正投影图仍为工程图学中最基本、最主要的内容。

1829年德国学者舒莱伯出版了《画法几何》教科书,备受人们重视,促使投影方法和作图方法得到了进一步的发展。谢瓦斯齐亚诺夫是俄国画法几何的创始人,古尔久莫夫等学者对画法几何学的研究与教学也都做出了贡献。19世纪至20世纪前半叶,在多面正投影图方面,图示法和图解法得到充实和发展。我国清代数学家年希尧所著的《视学》一书,也论述了两面正投影的内容。

近几十年来,如苏联学者切特维鲁新和弗罗洛夫等人对投影理论的研究及画法几何的普及都做出了贡献。我国工程图学界的前辈赵学田教授所总结的"长对正、高平齐、宽相等"这一通俗、简洁的三视图的投影规律,已成为工程技术人员绘图、读图普遍运用的规律,并在各种工程制图教材中引用,使画法几何和工程制图知识易学、易懂。

随着计算机的出现,又出现了计算机图形学,而正投影图也是其内容之一,"形"与"数"

的内容也与之有着密切的联系。计算机的广泛应用大大促进了图形学的发展,以计算机图形学为基础的计算机辅助设计(CAD)技术,推动了各个领域的设计革命,其发展和应用水平已成为衡量一个国家科学技术现代化和工业现代化水平的重要标志之一。在设计和制造领域里,CAD技术引发了一场革命,且产生了深远的影响,也使图形学的领域变得无比宽阔。

1.1.2 工程图学的作用

图学这一古老的学科在科学技术如此发达的今天,其作用不但没有减弱,反而由于图像处理技术的发展而得以不断增强,其原因就在于图自身的特性。因为图既具有形象性、直观性、准确性和简洁性的特点,还具有审美性、抽象性等特性;既适于表达、交流信息,也适于培养、形成形象思维;既可以是客观事物的形象记录,又可以是人们头脑中想象形象的表现;既可记录过去,又可反映未来,帮助人们认识未知,探索真理,以促进科学技术的不断发展,乃至飞跃。这些特性决定了图学在人类社会发展中的不可替代性。

图以形为基础。就像文字和数字是描述人们思想和语言的工具一样,图是描述形的工具并承当其载体。在工程上和数学上,人们常用图来表达工程信息和几何信息,把它作为信息的载体及描述和交流的工具,但它又有不同于文字和数字的独特功能,能够表达一些文字和数字难以表达或不能表达的信息。如今,图已成为科学技术领域中一种通用"语言",在工程上用来构思、设计、指导生产、交换意见、介绍经验;在科学研究中用来处理实验数据、图示和图解各种平面及空间几何元素之间的关系、选择最佳方案等。可以说,工、农业生产,科研和国防等各行各业都离不开图形。

图形信息是人们交换、处理信息中极为重要的一种,是人们获得信息的主要来源。人们一般凭视觉、听觉、嗅觉和味觉来获得信息。据统计,在获得信息中,有80% ~ 90%的信息量来自视觉。图形所含的信息量相当大,有时候一大段文字所代表的信息也不如一幅简单的图形所描述的信息量大,况且图形信息使人理解透彻,给人以深刻的印象。但对它们的操作、处理比一般文字信息要复杂得多。因此,人们非常重视图形信息的快速处理,这种处理要求始终是推动图形理论和技术、硬件和软件以及图形系统体系结构不断向前发展的动力。

对理工科学生而言,科学素养可谓是立业之本,而构成科学素养的重要基础便是数学、几何学、物理学、化学等基础学科。这些基础学科与工程应用相结合,便形成了培养人才工程素养的重要内容。如几何学与工程应用及工程规范相结合便形成了工程图学。由此不难看出,工程图学并不是仅为某个特定专业提供基础,而是作为工程教育的一部分,为一切涉及工程领域的人才提供空间思维和形象思维表达的理论及方法。

1.2 本课程的特点、任务和学习方法

1.2.1 本课程的特点

1. 基础性

工程制图是作为一切工程和与之相关人才培养的工程基础课,并为后续的工程专业课的学习提供基础。

2. 学科交叉性

工程制图是几何学、投影理论、工程基础知识、工程基本规范及现代绘图技术相结合的产物。

3. 工程性

工程制图的研究对象是工程中的形体构成、分析及表达,需随时与工程规范、工程思想相结合。

4. 实用性

工程制图除基础性之外,还具有广泛的实际应用性,是理论与实践相结合的学科。

5. 通用性

工程图作为工程界的通用语言,具有跨地域、跨行业性,无论古今中外,尽管语言、文字不同,但工程图的表达方法都是相通的。

6. 方法性

工程制图中处处蕴涵着工程思维和形象思维的方法,可有效地培养学生的空间想象力和分析能力。

1.2.2 本课程的任务

①通过本课程培养学生的工程素质。这主要包括工程概念的形成,工程思想方法的建立,工程人员的基本识图、绘图能力及工作作风的培养和训练。

②本课程的核心就是空间要素的平面化表现和平面要素的空间转化。正是通过这两种互相转化的训练,将学生固有的三维物态思维习惯提升到形象思维和抽象思维相融合的层次,从而培养学生得到"见形思物"和"见物想形"的空间思维能力和空间想象能力,进而提高学生的综合分析与解决问题的能力和开拓创新的意识。

③作为一名现代高级工程人员,不仅需要具有语言表达能力和文字表达能力,还需要具有图形表达能力。工程图样是工程界的通用技术语言,所有的创造发明、技术革新、设备改造,都需要用图样将设计构思表达出来。图形表达能力是工程人员必备的基本能力之一。因此,培养学生图形表达能力将是本课程的主要任务之一。

④绘制工程图是工程设计的一个重要环节,熟练运用绘图工具及计算机,绘出符合国家标准要求的图纸,将是工程人员动手能力的重要体现。本课程将致力于培养学生手工绘图及计算机绘图的能力,以提高学生的动手能力。

1.2.3 本课程的学习方法

为了帮助学生学好本课程,根据本课程的特点,提出以下学习方法。

①本课程是实践性很强的技术基础课,在学习中除了掌握理论知识外,还必须密切联系实际,更多地注意在具体作图时如何运用这些理论。只有通过一定数量的画图、读图练习,反复实践,才能掌握本课程的基本原理和基本方法。

②在学习中,必须经常注意空间几何关系的分析以及空间几何元素与其投影之间的相互关系。只有"从空间到平面,再从平面到空间"反复研究和思考,才是学好本课程的有效方法。也只有这样,才能不断提高和发展空间想象能力以及分析问题和解决问题的能力。

③认真听课,及时复习,独立完成作业。同时,注意正确使用绘图仪器,不断提高绘图技能和绘图速度。

④画图时要确立对生产负责的观点。严格遵守技术制图国家标准中的有关规定,认真细致,一丝不苟。

1.3 投影法的基本概念

1.3.1 投影法

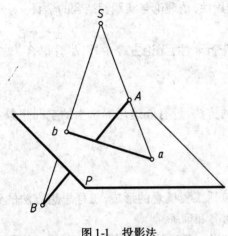

图 1-1 投影法

在日常生活中,经常见到投影现象。如建筑物在阳光照射下,地面上会出现它的影子;一块三角板在白炽灯光照射下,在墙上也会有三角板的影子。这均是投影现象。投影法就是根据这一自然现象,并经过科学抽象总结出来的。如图 1-1 所示,P 为一平面,S 为平面外一定点,AB 为空间一直线段。连接 SA、SB 并延长,使其与平面 P 分别交于 a、b 两点,连接 ab,直线段 ab 即为直线段 AB 投射在平面 P 上的图形。这种投射线通过物体向选定的面进行投射,并在该面上得到图形的方法称为投影法。其中定点 S 称为投射中心;射线 SA、SB 称为投射线;平面 P 称为投影面;线段 ab 称为空间直线段 AB 在平面 P 上的投影。

1.3.2 投影法分类

根据投射线的类型(汇交或平行),投影法分为中心投影和平行投影。

1. 中心投影法

投射线汇交于一点的投影法称为中心投影法,如图 1-2 所示。过投射中心点 S 与 △ABC 各顶点连直线 SA、SB、SC,并将它们延长交于投影平面 P,得到 a、b、c 三点。连接点 a、b、c,所得 △abc 就是空间 △ABC 在投影面 P 上的投影。用中心投影法得到的投影大小与物体相对投影面所处位置的远近有关,因此投影不能反映物体表面的真实形状和大小,但图形具有立体感,直观性强。

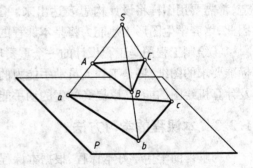

图 1-2 中心投影法

2. 平行投影法

投射线相互平行的投影法称为平行投影法。当投射中心 S 沿某一不平行于投影面的方向移至无穷远处时,投射线被视为互相平行,如图 1-3 所示。此时投射线的方向为投射方向。按投射线与投影面的相对位置不同,平行投影法又分为斜投影法和正投影法两类。

1)斜投影法 投射线(投射方向 S)倾斜于投影面 P 的平行投影法,称为斜投影法,如图 1-3(a)所示。它主要应用于斜轴测投影。

2）正投影法　投射线（投射方向 S）垂直于投影面 P 的平行投影法，称为正投影法，如图 1-3(b)所示。它主要应用于多面正投影、正轴测投影。

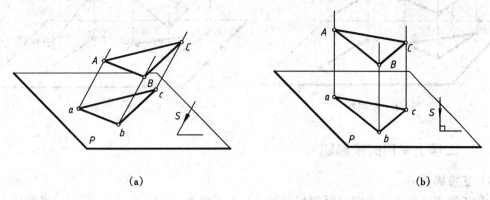

(a)   (b)

图 1-3　平行投影法

1.3.3　正投影法的投影特性

1. 空间点有唯一确定的投影

在正投影法中，空间的每一点在投影面上各有其唯一的投影。反之，若只知空间点在一个投影面上的投影，则不能确定该点在空间的位置，如图 1-4 所示。

2. 积聚性

当直线或平面与投影平面 P 垂直时，则它们在该投影平面上的投影分别积聚为点或直线。这种投影特性称为积聚性，如图 1-5 所示。

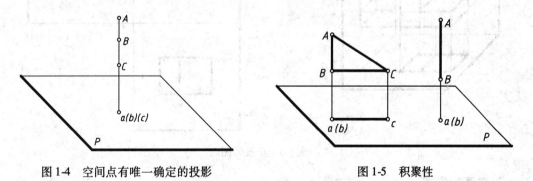

图 1-4　空间点有唯一确定的投影   图 1-5　积聚性

3. 实形性

当直线或平面与投影平面 P 平行时，则它们在该投影平面上的投影分别反映线段的实长或平面图形的实形，这种投影特性称为实形性，如图 1-6 所示。

4. 仿射性

当直线或平面与投影平面 P 既不平行也不垂直时，则它们在该投影平面上的投影分别为小于线段实长的直线段或与平面图相仿的平面图形，这种投影特性称为仿射性，如图 1-7 所示。

5

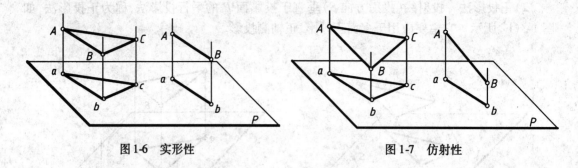

图 1-6 实形性　　　　　　　　　　　　　　图 1-7 仿射性

1.3.4 工程上常用的投影图

1. 正投影图

用正投影法将物体分别投射到相互垂直的几个投影面(如 *H*、*V*、*W* 面)上,得到三个投影,然后将 *H*、*W* 面旋转到与 *V* 面重合,这种用一组投影综合起来表示物体形状的图称为多面正投影图,如图 1-8 所示。

正投影图的优点是能反映物体的真实形状和大小,即度量性好,且作图简便,因此在工程上被广泛使用,其缺点是直观性较差。

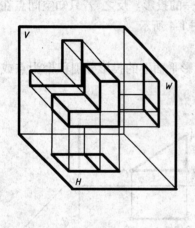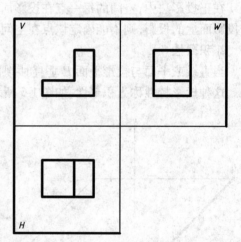

图 1-8 正投影图

2. 轴测投影图

将物体连同其直角坐标体系,沿不平行于任一坐标平面的方向,用平行投影法将其投影在单一投影面上所得到的图形称为轴测投影图,如图 1-9 所示。轴测投影图作图较复杂,且不便于度量,但由于它立体感强,直观性好,容易看懂,因此轴测投影图常作为辅助图样使用。

3. 透视投影图

用中心投影法将物体投射在单一投影面上所得到的图形称为透视投影图,如图 1-10 所示。透视投影图与人的视觉相符,形象逼真,直观性强。但是,由于透视投影图度量性差,且作图复杂,所以透视投影图只用于绘画和建筑设计等。

4. 标高投影图

在物体的水平投影上,加注其某些特征面、线以及控制点的高程数值的单面正投影图称

6

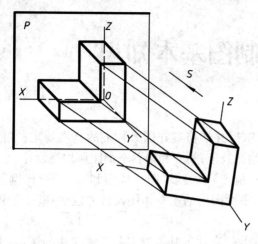

图1-9 轴测投影图

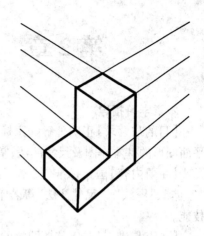

图1-10 透视投影图

为标高投影图,如图1-11所示。

在图1-11(a)中,物体被平面H_1、H_2、H_3所截,其交线(等高线)的投影表示在图1-11(b)中,各曲线旁附加的h_1、h_2、h_3表示同一曲线上各点到投影面的高度值。

标高投影图常用来表示不规则曲面,如汽车、飞行器、船体曲面及地形等。

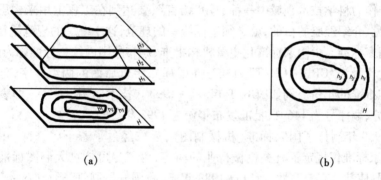

(a)　　　　　　　　　　　　　　　　(b)

图1-11 标高投影图

第2章 工程制图基本知识

本章学习指导

【目的与要求】正确理解国家标准的作用,掌握并严格遵守国家标准的基本规定;掌握平面图形的基本作图及尺寸注法;掌握基本的绘图技能;树立和培养平面图形构型设计。

【主要内容】国家标准《技术制图》和《机械制图》中关于"图纸幅面和格式"、"比例"、"字体"、"图线"、"尺寸注法"等若干基本规定;平面图形的基本作图及尺寸注法;基本绘图技能。

【重点与难点】重点掌握图幅的格式使用、图线、字体等基本规定和尺寸注法的规定;掌握平面图形的作图方法并能熟练运用平面构型原则进行设计。难点是正确理解尺寸注法的基本规定、平面图形的线段、尺寸的分析。

2.1 国家标准《技术制图》和《机械制图》中的若干基本规定

工程图样作为科学技术领域中一种通用"语言",要达到在工程上用来构思、设计、指导生产、交换意见、介绍经验的目的,就必须遵循统一的规范,这个统一的规范就是相关的中华人民共和国国家标准。由国家标准化主管机构批准、颁布的国内统一标准称为国家标准,简称国标。它的代号为"GB"("GB/T"为推荐性国标),字母后面的两组数字,分别表示标准顺序号和标准批准的年份。例如"GB/T 14691—1993 技术制图 字体"即表示技术制图标准:字体部分,顺序号为14691,批准发布年份为1993年。

我国于1959年制订了国家标准《机械制图》,后来经过了若干次修订。由于《机械制图》方面的国家标准仅规定了有关机械行业的内容,为了尽可能扩大制图标准在工业领域中的应用范围,使其具有普遍性,所以自1988年起,我国开始制订、颁布《技术制图》方面的国家标准,从而打破了各个行业之间的界线,使制图基础部分达到统一。

本节就图纸幅面和格式、标题栏、比例、字体、图线、尺寸标注等《技术制图》和《机械制图》国标的有关规定作简要介绍,其他标准将在后面有关章节中叙述。

2.1.1 图纸幅面和格式(GB/T 14689—1993)

1.图纸幅面尺寸和代号

绘制图样时,应优先采用表2-1中规定的图纸基本幅面尺寸。表中幅面代号意义见图2-2和图2-3所示。

各号图纸基本幅面尺寸如图2-1所示。沿某一号幅面的长边对折,即为某号的下一号幅面大小。必要时,也允许选用规定的加长幅面。这些幅面的尺寸由基本幅面的短边成整数倍增加后得出。

表 2-1　图纸基本幅面尺寸

幅面代号		A0	A1	A2	A3	A4
$B \times L$		841×1 189	594×841	420×594	297×420	210×297
周边尺寸	a	25				
	c	10			5	
	e	20			10	

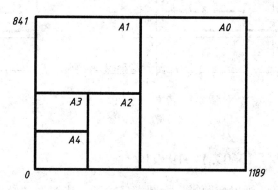

图 2-1　各号图纸基本幅面尺寸

2. 图框格式

在图样上必须用粗实线画出图框线。图框的格式分不留装订边和留有装订边两种,分别如图 2-2 和图 2-3 所示。但同一产品的图样只能采用一种格式。加长幅面的图框尺寸,按比所选用的基本幅面大一号的图框尺寸确定。教学中推荐使用不留装订边的图框格式。

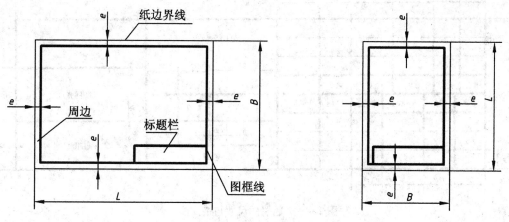

图 2-2　不留装订边的图框格式
(a)横放　(b)竖放

3. 标题栏的方位

标题栏应位于图纸的右下角,如图 2-2 和图 2-3 所示。此时看图的方向应与标题栏中的文字方向一致。学校作业用标题栏的外框是粗实线,里边是细实线,其右边线和底边线应与图框线重合。

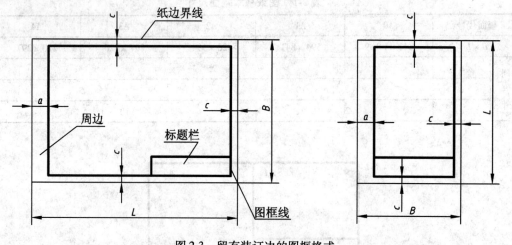

图2-3 留有装订边的图框格式
(a)横放 (b)竖放

2.1.2 标题栏(GB/T 10609.1—1989)

每一张图样上都必须画出标题栏。标题栏反映了一张图样的综合信息,是图样的一个重要组成部分。GB/T 10609.1—1989 对标题栏的内容、格式与尺寸作了规定,如图 2-4 所示。学校制图作业中零件图的标题栏推荐采用图 2-5 所示的格式和尺寸,装配图的标题栏及明细栏推荐采用图 2-6 所示的格式和尺寸。

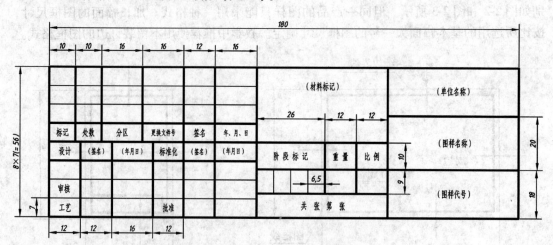

图2-4 标题栏的尺寸与格式图

2.1.3 比例(GB/T 14690—1993)

1. 比例

图样中图形与实物相应要素的线性尺寸之比称为比例。比值为 1 的比例为原值比例,即 1:1;比值大于 1 的比例为放大比例,如 2:1;比值小于 1 的比例为缩小比例,如 1:2。

2. 比例的种类及系列

GB/T 14690—1993《技术制图 比例》规定了比例的种类及系列,见表2-2。

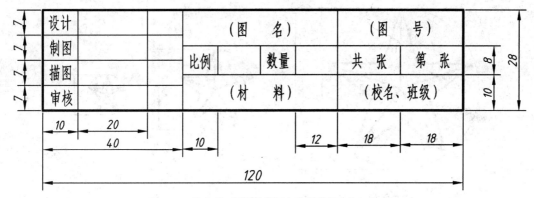

图2-5　作业中零件图所用标题栏的尺寸与格式

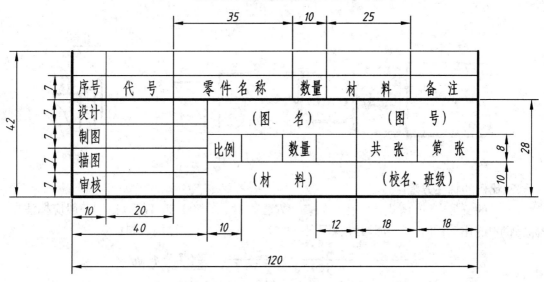

图2-6　作业中装配图所用标题栏及明细栏的尺寸与格式

当设计中需按比例绘制图样时,应由表2-2规定的系列中选取适当的比例。最好选用原值比例;根据机件的大小和复杂程度也可以选取放大或缩小的比例。图形无论放大或缩小,标注尺寸时必须标注机件的实际尺寸,如图2-7所示。对同一机件的各个视图应采用相同的比例,当机件某部位上有较小或较复杂的结构需要用不同的比例绘制时,则必须另行标注,如图2-8所示。图中2:1应理解为该局部放大图与实物之比的比例。

表2-2　比例的种类及系列

种　类	比　　例				
	优先选取		允许选取		
原值比例	1:1				
放大比例	5:1	2:1	4:1	2.5:1	
	$5 \times 10^n:1$	$2 \times 10^n:1$　$1 \times 10^n:1$	$4 \times 10^n:1$	$2.5 \times 10^n:1$	
缩小比例	1:2	1:5　　　　1:10	1:1.5　　1:2.5　　1:3　　1:4　　1:6		
	$1:2 \times 10^n$	$1:5 \times 10^n$　$1:1 \times 10^n$	$1:1.5 \times 10^n$　$1:2.5 \times 10^n$　$1:3 \times 10^n$　$1:4 \times 10^n$　$1:6 \times 10^n$		

注:n为正整数。

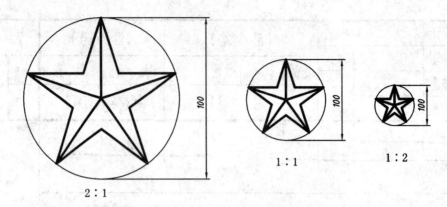

图 2-7 用不同比例画出的图形

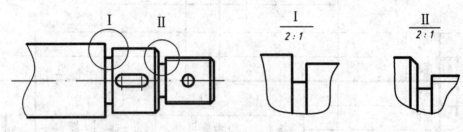

图 2-8 比例的另行标注

3. 比例的标注方法

比例的符号应以":"表示。比例的表示方法如 1∶1、1∶500、20∶1 等。比例一般应标注在标题栏中的比例栏内,必要时可在视图名称的下方或右侧标注比例。如:

$$\frac{I}{2:1} \qquad \frac{A}{1:100} \qquad \frac{B\text{-}B}{2.5:1} \qquad \underline{\text{平面图}} \quad 1:10$$

2.1.4 字体(GB/T 14691—1993)

字体是指图样中汉字、字母和数字的书写形式,图样中书写的字体必须做到字体工整、笔画清楚、间隔均匀、排列整齐。字体的号数,即字体的高度用 h 表示,字体的公称尺寸系列为:1.8、2.5、3.5、5、7、10、14、20(单位均为 mm)。如需要书写更大的字,其字体高度应按 $\sqrt{2}$ 的比率递增。

1. 汉字

汉字应写成长仿宋体字,并应采用中华人民共和国国务院正式公布推行的《汉字简化方案》中规定的简化字。汉字的字高不应小于 3.5 mm。其字宽一般为 $h/\sqrt{2}$。长仿宋体汉字示例如图 2-9 所示。

长仿宋字的书写要领是:横平竖直、注意起落、结构均匀、填满字格。

2. 字母及数字

字母及数字有直体和斜体、A 型和 B 型之分。斜体字字头向右倾斜,与水平基准线成 75°;A 型字体的笔画宽度为字高(h)的十四分之一;B 型字体的笔画宽度为字高(h)的十分之一。常用字母和数字的字型结构示例如下:

12

10号字

字体工整笔画清楚间隔均匀排列整齐

7号字

横平竖直注意起落结构均匀填满方格

5号字

技术制图机械电子汽车航空船舶土木建筑矿山井坑港口纺织服装

3.5号字

螺纹齿轮端子接线设计描图审核材料学校班级标题栏图框销子轴承螺母减速器球阀

图 2-9 长仿宋体汉字示例

A 型拉丁字母大写斜体示例：

ABCDEFGHIJKLMNOPQRSTUVWXYZ

A 型拉丁字母小写斜体示例：

abcdefghijklmnopqrstuvwxyz

A 型斜体数字示例：

I II III IV V VI VII VIII IX X

0 1 2 3 4 5 6 7 8 9

A 型斜体小写希腊字母示例：

α β γ δ ε ζ η θ ι κ λ μ ν

ξ ζ ο π ρ σ τ υ φ χ ψ ω

3. 综合应用规定

用作分数、指数、极限偏差、脚注等的字母及数字,一般应采用小一号的字体。综合应用示例如下:

$$10Js(\pm0.003) \quad M24\text{-}6h \quad \varnothing25\frac{H6}{m5} \quad \frac{II}{2:1} \quad \frac{A \frown}{5:1}$$

2.1.5　图线(GB/T 17450—1998)(GB/T 4457.4—2002)

1. 图线及应用

图线是起点和终点间以任何方式连接的一种几何图形,形状可以是直线或曲线、连续线或不连续线。工程图样中常用的图线见表2-3。各种线型在图样上的应用,如图2-10所示。

所有线型的宽度(d)系列为:0.13、0.18、0.25、0.35、0.5、0.7、1、1.4、2(单位均为 mm)。一般粗实线宜在0.5~2 mm之间选取,应尽量保证在图样中不出现宽度小于0.18 mm的图线。

表2-3　图线名称、线型及应用

名称	线型	应用举例
粗实线	——————	可见轮廓线
细实线	——————	尺寸线、尺寸界限、剖面线、引出线、可见过渡线
波浪线	∿∿∿	断裂处的边界线、视图和剖视图的分界线
双折线	—⋀⋁—	断裂处的边界线
虚线	- - - -	不可见轮廓线、不可见过渡线
点画线	— · — · —	轴线、对称中心线
双点画线	— · · — · · —	相邻辅助零件的轮廓线、假想投影轮廓线

注:表中除粗实线外,其他图线均为细线,d为相应的线宽。其粗细线的宽度比率为2∶1。

2. 图线画法

①在同一图样中,同类图线的宽度应一致。虚线、点画线、双点画线的线段长度和间隔如图2-11所示,图中d为线宽。

②两条平行线(包括剖面线)之间的距离最小不得小于0.7 mm;

③绘制点画线的要求是:以画相交,以画为始尾,超出图形轮廓2~5 mm。在较小的图形上绘制点画线或双点画线有困难时,可用细实线代替,如图2-12所示。

④当某些图线重合时,应按粗实线、虚线、点画线的顺序,只画前面的一种图线。

⑤当图线相交时,应以画线相交,不留空隙;当虚线是粗实线的延长线时,衔接处要留出空隙,如图2-13所示。

2.1.6　尺寸注法(GB/T 4458.4—2003)

图形只能表达机件的形状,而机件的大小还必须通过标注尺寸才能确定。标注尺寸是

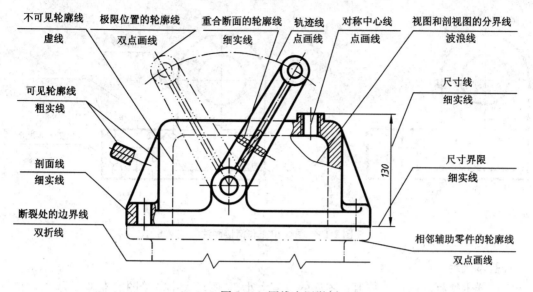

不可见轮廓线　极限位置的轮廓线　重合断面的轮廓线　轨迹线　对称中心线　视图和剖视图的分界线
虚线　双点画线　细实线　点画线　点画线　波浪线
可见轮廓线　尺寸线
粗实线　细实线
剖面线　尺寸界限
细实线　细实线
断裂处的边界线　相邻辅助零件的轮廓线
双折线　双点画线

图 2-10　图线应用举例

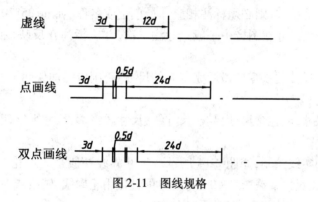

图 2-11　图线规格

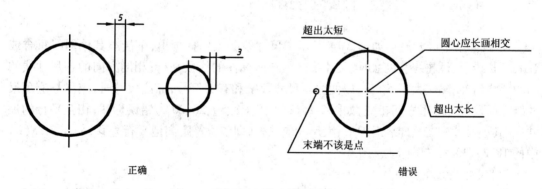

正确　错误

图 2-12　中心线的画法

一项极为重要的工作,必须认真细致、一丝不苟。如果尺寸有遗漏或错误,都会给生产带来困难和损失。

　　一张完整的图样,其尺寸标注应正确、完整、清晰、合理。本节仅介绍国标"尺寸注法"(GB/T 4458.4—2003)中的有关如何正确标注尺寸的若干规定。有些内容将在后面的有关章节中讲述,其他的有关内容可查阅国标。

15

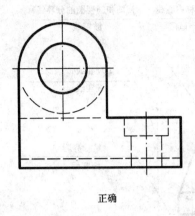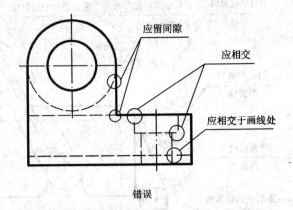

图2-13 图线相交和衔接画法

1. 基本规定

①图样上所标注的尺寸数值是零件的真实大小,与图形大小及绘图的准确度无关。

②图样中的尺寸一般以毫米为单位,当以毫米(mm)为单位时,不需注明计量单位代号或名称。若采用其他单位,则必须标注相应计量单位或名称(如 m、35°30′等)。

③零件的每一个尺寸在图样中一般只标注一次,并应标注在反映该结构最清晰的视图上。

④图样中所注尺寸是该零件最后完工时的尺寸,否则应另加说明。

2. 尺寸组成

一个完整的尺寸,应包含尺寸界线、尺寸线、尺寸线终端、尺寸数字四个尺寸要素。

(1)尺寸界线

尺寸界线用细实线绘制,如图2-14所示。尺寸界线一般是图形轮廓线、轴线或对称中心线的延长线,超出尺寸线终端2~3 mm。也可直接用轮廓线、轴线或对称中心线作尺寸界线。尺寸界线一般与尺寸线垂直,必要时允许倾斜。

(2)尺寸线

尺寸线用细实线绘制,如图2-14所示。尺寸线必须单独画出,不能与其他图线重合或在其延长线上;标注线性尺寸时,尺寸线必须与所标注的线段平行;相同方向的各尺寸线的间距要均匀,间隔应大于 5 mm,以便注写尺寸数字和有关符号;标注尺寸时,应尽量避免尺寸线之间及尺寸界限之间相交,如图2-15(a)中的 18、50、28、20 为错误标注;相互平行的尺寸中,其小尺寸应在里即靠近图形,大尺寸应在外,即依次等距离地平行外移,如图2-15(b)中的 18、28、20 为错误标注。

(3)尺寸线终端

尺寸线终端有两种形式,箭头或细斜线,如图2-16所示。箭头适用于各种类型的图形,箭头尖端与尺寸界线接触,不得超出也不得离开,如图2-16(a)所示;当尺寸线终端采用斜线形式时,尺寸线与尺寸界线必须相互垂直,如图2-16(b)所示。当尺寸线与尺寸界线垂直时,同一图样中只能采用一种尺寸线终端形式。

细斜线的方向和箭头画法如图2-17所示。图2-18为尺寸线终端常见的错误画法。

(4)尺寸数字

线性尺寸的数字一般注写在尺寸线上方(一般采用此种方法)或尺寸线中断处。同一

16

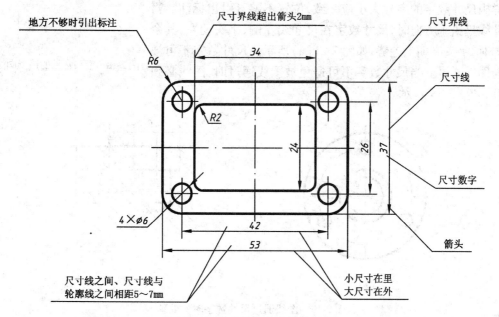

图 2-14　尺寸的组成及标注示例

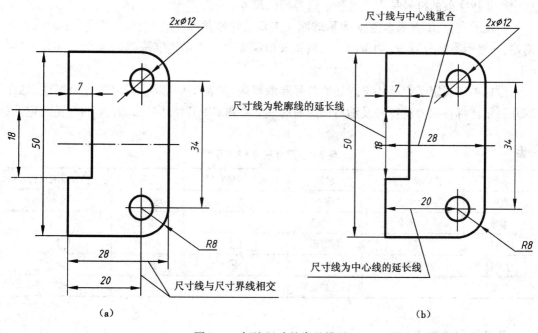

（a）

（b）

图 2-15　标注尺寸的常见错误

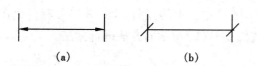

（a）　　　　（b）

图 2-16　尺寸线终端两种形式

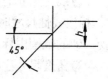

图 2-17　箭头和细斜线的画法
d—粗实线的宽度　h—字体高度

17

图样内尺寸数字的字号大小应一致,位置不够可引出标注。当尺寸线呈铅垂方向时,尺寸数字在尺寸线左侧,字头朝左,其余方向时,字头有朝上趋势,如图2-21(a)所示。尺寸数字不可被任何图线通过。当尺寸数字不可避免被图线通过时,图线必须断开,如图2-19所示。

图2-18 箭头常见的错误画法

(a)

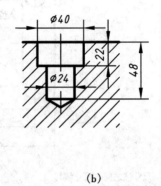

(b)

图2-19 图线通过尺寸数字时的处理

尺寸数字前的符号是用来区分不同类型的尺寸:

Φ 表示直径、R 表示半径、S 表示球面、t 表示板状零件厚度、□表示正方形、±表示正负偏差、×表示参数分隔符(如$M10 \times 1$,槽宽×槽深等)、–表示连字符(如$4 - \Phi 10$、$M10 \times 1 - 6H$)。

国标中还规定了表示特定意义的符号和缩写词,如表2-4所示。符号的比例画法,如图2-20所示。标注尺寸的符号及缩写词应符合表2-4和GB/T 18594—2001中的有关规定。

表2-4 尺寸符号和缩写词

名称	符号或缩写词	名称	符号或缩写词	名称	符号或缩写词
直径	ϕ	均布	EQS	埋头孔	∨
半径	R	45°倒角	C	弧长	⌒
球直径	$S\phi$	正方形	□	展开长	∽
球半径	SR	深度	▽	斜度	∠
厚度	t	沉孔或锪平	⨆	锥角	⧀

3. 各种尺寸注法示例

(1)线性尺寸的标注

标注线性尺寸时,线性尺寸的数字应按图2-21(a)中所示的方向注写,并尽可能避免在图示30°的范围内标注尺寸,当无法避免时,可按图2-21(b)所示的方法进行标注。

(2)角度尺寸注法

标注角度尺寸时,尺寸界线应沿径向引出,尺寸线画成圆弧,圆心是角的顶点,如图2-22(a)所示;尺寸数字一律水平书写,即字头永远朝上,一般注在尺寸线的中断处,如图2-22(b)所示;角度尺寸必须注明单位。

18

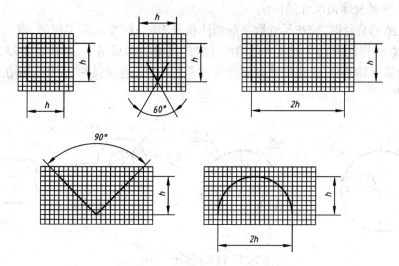

图 2-20 标注尺寸用符号的比例画法(线宽为 $h/10$)

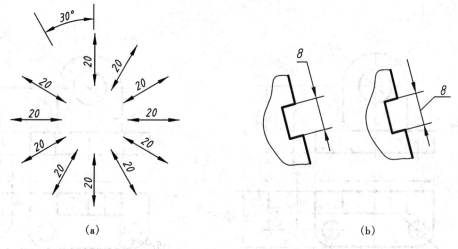

(a)   (b)

图 2-21 线性尺寸的数字注法

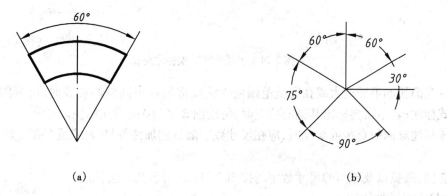

(a)   (b)

图 2-22 角度尺寸注法

（3）圆、圆弧及球面尺寸的注法

①标注圆的直径时，应在尺寸数字前加注符号"*Φ*"；标注圆弧半径时，应在尺寸数字前加注符号"*R*"。圆的直径和圆弧半径的尺寸线的终端应画成箭头，并按图2-23所示的方法标注。当圆弧＞180°时，应在尺寸数字前加注符号"*Φ*"；当圆弧≤180°时，应在尺寸数字前加注符号"*R*"。

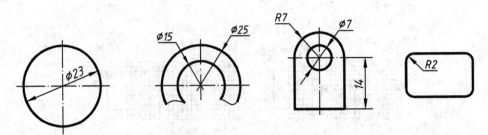

图2-23　圆及圆弧尺寸的注法

②半径尺寸必须注在投影为圆弧处，且尺寸线应通过圆心，如图2-24（a）所示，图2-24（b）是错误注。

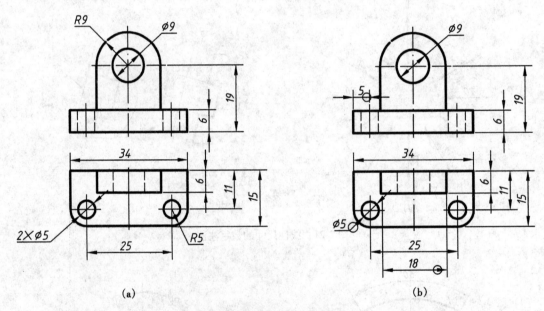

图2-24　半径尺寸正误标注对比

③当圆弧的半径过大或在图纸范围内无法按常规标出其圆心位置时，可按图2-25（a）的形式标注；若不需要标出其圆心位置时，可按图2-25（b）的形式标注。

④标注球面的直径或半径时，应在尺寸数字前分别加注符号"*SΦ*"或"*SR*"，如图2-26所示。

⑤圆、圆弧以及球面的尺寸数字均按图2-21（a）所示的方法标注。

（4）小尺寸的注法

如果在尺寸界线内没有足够的位置画箭头或注写数字，箭头可画在外面，当地方不够时，允许用圆点或斜线代替箭头，尺寸数字也可采用旁注或引出标注，如图2-27所示。

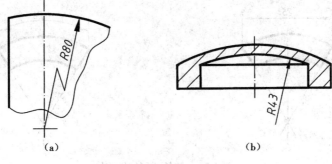

（a）   （b）

图 2-25　大圆弧尺寸的注法

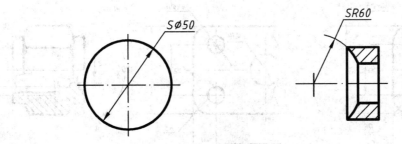

图 2-26　球面尺寸的注法

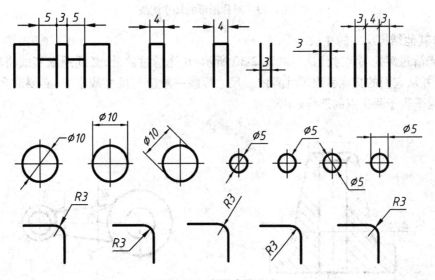

图 2-27　小尺寸的注法

　　(5)弦长和弧长的尺寸注法

　　标注弦长和弧长的尺寸时,尺寸界线应平行于弦的垂直平分线。标注弧长尺寸时,尺寸线用圆弧线,并应在尺寸数字前方加注符号"⌒",如图 2-28 所示。

　　(6)对称图形的尺寸注法

　　当对称机件的图形只画出一半或大于一半时,要标注完整机件的尺寸数值。尺寸线应略超过对称中心线或断裂处的边界线,此时仅在尺寸线的一端画出箭头,如图 2-29 所示。

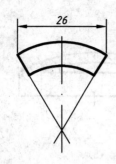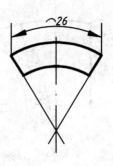

图 2-28 弦长、弧长的注法

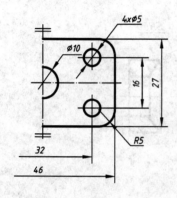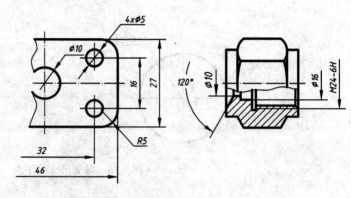

图 2-29 对称图形的尺寸注法

(7)其他结构尺寸的注法

1)光滑过渡处的尺寸注法 如图 2-30 所示,在光滑过渡处,必须用细实线将轮廓线延长相交,并从它们的交点引出尺寸界线。尺寸界线一般应与尺寸线垂直,必要时允许倾斜。尺寸线应平行于两交点的连线。

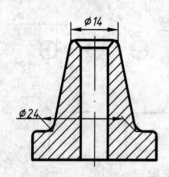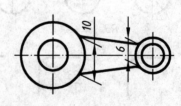

图 2-30 光滑过渡处的尺寸注法

2)板状零件和正方形结构的注法 标注板状零件的尺寸时,在厚度的尺寸数字前加注符号"t",如图 2-31 所示。标注机件的断面为正方形结构的尺寸时,可在边长尺寸数字前加注符号"□",或用 $B \times B$ 代替□(B 为正方形对边距离)。图中相交的两条细实线是平面符号(当图形不能充分表达平面时,可用这个符号表达平面),如图 2-32 所示。

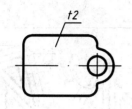
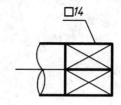
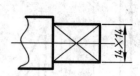

图 2-31　板状零件厚度的注法　　　　　　　图 2-32　正方形结构尺寸注法

2.2　绘图工具和仪器的使用方法

正确使用绘图工具和仪器,是保证绘图质量、提高绘图速度的重要因素。本节主要介绍常用的绘图工具和仪器的使用方法。

2.2.1　图板

图板的板面应平整,工作边应平直。绘图时将图纸用胶带纸固定在图板的适当位置上,如图 2-33 所示。

2.2.2　丁字尺

丁字尺由尺头和尺身两部分组成,尺身带有刻度,便于画线时直接度量。使用时,必须将尺头靠紧图板左侧的工作边,上下移动丁字尺,并利用尺身的工作边画出水平线,如图 2-34 所示。

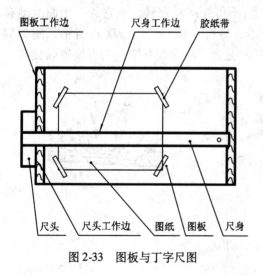

图 2-33　图板与丁字尺图　　　　　　　图 2-34　图板与丁字尺配合画水平线

2.2.3　三角板

一副三角板有两块,一块是 45°三角板,另一块是 30°和 60°三角板。三角板和丁字尺配合使用,可画垂直线和 30°、45°、60°以及 $n \times 15°$ 的各种斜线,如图 2-35 所示。此外,利用一副三角板,还可以画出已知直线的平行线或垂直线,如图 2-36 所示。

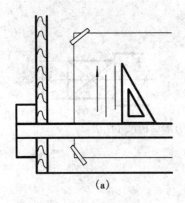
（a）

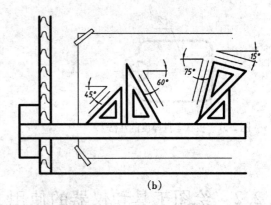
（b）

图 2-35　三角板与丁字尺配合使用画线

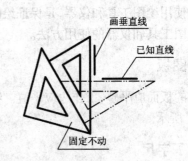

图 2-36　用一副三角板画已知直线的平行线或垂直线

2.2.4　三棱尺

三棱尺是常用的比例尺。它只用来量取尺寸，不可用来画直线。在它的三个面上刻有六种不同比例的尺度，以便按规定比例来作图，不必另行计算，如图 2-37（a）所示。图 2-37（b）表示利用分规在三棱尺上截取长度，图 2-37（c）是把三棱尺放在图线上直接量取长度。

　　　（a）　　　　　　　　　　（b）　　　　　　　　　　（c）

图 2-37　三棱尺的用法

2.2.5　曲线板

曲线板是用来光滑连接非圆曲线上诸点时使用的工具，其使用方法如图 2-38 所示。使用方法步骤如下。

①求出非圆曲线上各点，并用铅笔徒手轻轻地连点成光滑曲线。

②使曲线板的某一段尽量与曲线吻合并用此段曲线板描曲线,末尾留一段待下次描绘。

③描下一段曲线,使该段曲线的开头与上段曲线的末尾重合,依次连续描绘出一条光滑曲线。

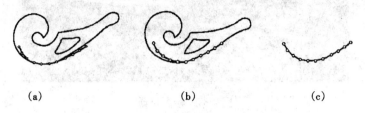

(a)   (b)   (c)

图 2-38　用曲线板画曲线

2.2.6　绘图铅笔及铅芯

绘图铅笔及铅芯的软硬用字母"B"和"H"表示。B 前的数值越大,表示铅芯越软;H 前的数值越大,表示铅芯越硬。HB 表示铅芯软硬适中。绘图时,应根据不同用途,按表 2-5 选用适当的铅笔及铅芯,并将其削磨成一定的形状。

表 2-5　铅笔及笔芯的选用

	用途	软硬代号	削磨形状	示　意　图
铅 笔	画细线	2H 或 H	圆锥	
	写字	HB 或 B	钝圆锥	
	画粗线	B 或 2B	截面为矩形的四棱柱	
圆规 用 铅芯	画细线	H 或 HB	楔形	
	画粗线	2B 或 3B	正四棱柱	

2.2.7　绘图仪器

图 2-39 所示为一盒绘图仪器。其中:①为鸭嘴笔圆规插头;②为加长杆;③为圆规插头;④为弹簧规;⑤为大号直线鸭嘴笔;⑥为分规;⑦圆规;⑧为小号直线鸭嘴笔;⑨为中号直线鸭嘴笔;⑩为铅芯盒。

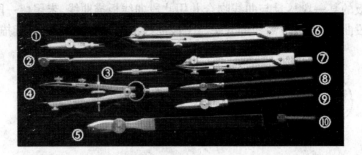

图 2-39 绘图仪器

1. 圆规

圆规的钢针两端有两种不同的针尖。画圆时用带台肩的一端,并把它插入图板中,钢针应调整到比铅芯稍长一些,如图 2-40 所示。画圆时应根据圆的直径不同,尽力使钢针和铅芯插腿垂直纸面,一般按顺时针方向旋转,用力要均匀,如图 2-41 所示。若需画特大的圆或圆弧时,可接加长杆。画小圆可用弹簧圆规。若用钢针接腿替换铅芯接腿时,钢针用不带台肩的锥形一端,此时圆规可作分规用。

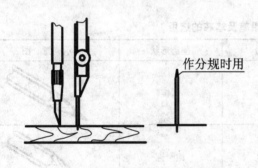

图 2-40 圆规钢针、铅芯及其位置

图 2-41 画圆时的手势

2. 分规

分规用来截取线段、等分线段和量取尺寸,如图 2-42 所示。先用分规在三棱尺上量取所需尺寸,如图 2-42(a)所示,然后再量到图纸上去,如图 2-42(b)所示。图 2-43 为用分规截取若干等分线段的作图方法。

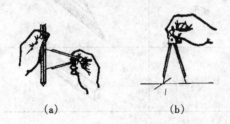

图 2-42 分规的用法

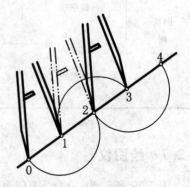

图 2-43 等分线段

26

3. 直线鸭嘴笔

直线鸭嘴笔用于绘制墨线图。画图时用蘸水笔向鸭嘴笔两个钢片之间注墨水。注墨水的高度一般为 6 mm 左右。

正式描图前,应在另外同质的纸上试画,旋转调节螺母,调整到所需墨线宽度。直线鸭嘴笔的使用方法如图 2-44 所示。直线鸭嘴笔用毕,应擦拭干净,松开螺母,以便再用。

图 2-44　直线鸭嘴笔的使用方法

2.2.8　其他制图工具

除以上所介绍的制图工具外,其他必备的制图工具还有擦图片、胶带纸、砂纸、橡皮、毛刷、小刀等,如图 2-45 所示。

图 2-45　其他必备的制图工具

2.3　几何作图

根据图形的几何条件,用绘图工具绘制图形,称为几何作图。虽然机件的轮廓形状各不相同,但大都由基本几何图形组成。因此,熟练掌握基本几何图形的作图方法,有利于提高画图质量和速度。下面介绍几种常见几何图形的作图方法。

2.3.1　等分直线段

等分直线段的画法,如图 2-46 所示。将直线段 AB 等分为 K 等份,其作图步骤如下:

①已知直线段 AB,过 A 点作任意直线 MA,以适当长为单位,在 MA 上量取 K 个线段,得 1、2、……、K 点,如图 2-46(b)所示;

②连接 KB,过 1、2……作 KB 的平行线与 AB 相交,即可将 AB 分为 K 等份,如图 2-46(c)所示。

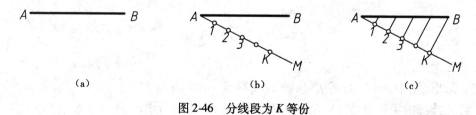

(a)　　　　　　　　(b)　　　　　　　　(c)

图 2-46　分线段为 K 等份

2.3.2 圆内接正多边形的画法

1. 正六边形

正六边形的画法,如图2-47所示。作图步骤如下。

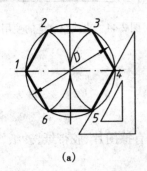 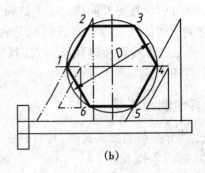

(a)　　　　　　　　　　　(b)

图2-47　正六边形的作图

方法一:以对角线 D 为直径作圆,以圆的半径等分圆周,连接各等分点即得正六边形,如图2-47(a)所示。

方法二:以对角线 D 为直径作圆,再用30°、60°三角板与丁字尺配合,作出正六边形,如图2-47(b)所示。

2. 正五边形

正五边形的画法,如图2-48所示。作图步骤如下:

①二等分 OB,得中点 M,如图2-48(a)所示;

②在 AB 上截取 $MP = MC$,得点 P,如图2-48(b)所示;

③以 CP 为边长,等分圆周得 E、F、G、K 等分点,依次连接各点,即得正五边形,如图2-48(c)所示。

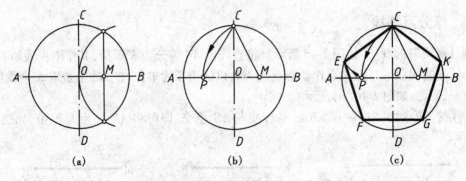

(a)　　　　　　　　(b)　　　　　　　　(c)

图2-48　正五边形的作图

3. 正 n 边形

正 n 边形(图中 $n = 7$)的画法,如图2-49所示。作图步骤如下:

①将外接圆的铅垂直径 AN 分为 n 等份,如图2-49(a)所示;

②以 N 为圆心, NA 为半径作圆,与外接圆的水平中心线交于 P、Q 点,如图2-49(b)所示;

③由 P、Q 点与 NA 上每间隔一分点(如偶数点2、4、6)相连并延长至与外接圆交于 C、

B,D,E,G,F 各点,然后顺序连接各顶点,即得七边形 $ABEFGDC$,如图 2-49(c)所示。

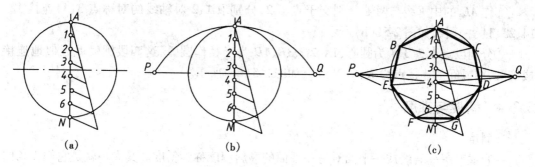

图 2-49　正七边形的作图

2.3.3　椭圆的画法

椭圆的画法很多,在此只介绍两种常用的椭圆的近似画法。

1. 同心圆作椭圆的画法

图 2-50 给出了由长、短轴作同心圆画椭圆的方法如下:

①以 O 为圆心、分别以长半轴 OA 和短半轴 OC 为半径画圆,如图 2-50(a)所示;

②过圆心 O 作若干射线与两圆相交,由各交点分别作与长、短轴平行的直线,两直线的交点即为椭圆上的各点,如图 2-50(b)所示;

③把椭圆上的各个点用曲线板顺序光滑地连接成椭圆,如图 2-50(c)所示。

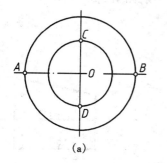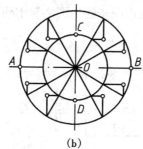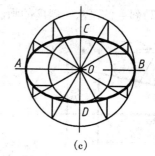

图 2-50　用同心圆法画椭圆

2. 四心圆弧近似作椭圆的画法

图 2-51 是利用四心圆弧近似画椭圆的方法如下:

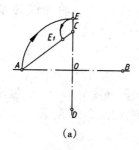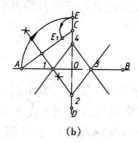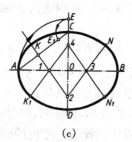

图 2-51　用四心圆弧法近似画椭圆

①连长、短轴的端点 A、C，取 $CE_1 = CE = OA - OC$，如图 2-51(a)所示；

②作 AE_1 的中垂线与两轴分别交于点 1、2，分别取 1、2 对轴线的对称点 3、4，连接 12、14、23、34 并延长，如图 2-51(b)所示；

③分别以点 1、2、3、4 为圆心，$1A$、$2C$、$3B$、$4D$ 为半径作圆弧，这四段圆弧就近似地连接成椭圆，圆弧间的连接点为 K、N、N_1、K_1，如图 2-51(c)所示。

2.3.4 斜度与锥度

1. 斜度

一直线对另一直线或一平面对另一平面的倾斜程度称为斜度。其大小就是它们夹角的正切值。如图 2-52 中直线 CD 对直线 AB 的斜度 $= (T - t)/l = T/L = \tan \alpha$

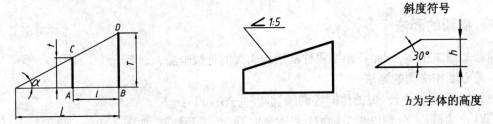

图 2-52　斜度的概念　　　　　　　　　　图 2-53　斜度符号和标注

1）斜度符号及其标注　斜度符号的线宽为字高 h 的 1/10，其高度为 h。斜度的大小以 $1:n$ 的形式表示。标注时，符号的方向应与所画的斜度方向一致，如图 2-53 所示。

2）斜度的画法　斜度的画法及作图步骤如图 2-54 所示。

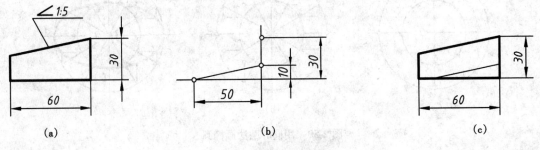

图 2-54　斜度的作图步骤

2. 锥度

两个垂直圆锥轴线截面的圆锥直径差与该两截面间的轴向距离之比称为锥度，锥度表示为

$$C = (D - d)/l = 2\tan \alpha$$

α 为半锥角，如图 2-55 所示。

1）锥度符号及其标注　锥度符号的线宽为字高 h 的 1/10，其高度为 $1.4h$ 高，锥度 C 以 $1:n$ 的形式表示。标注时，符号的方向应与所画的锥度方向一致，如图 2-56 所示。

2）锥度的画法　锥度的画法及作图步骤如图 2-57 所示。

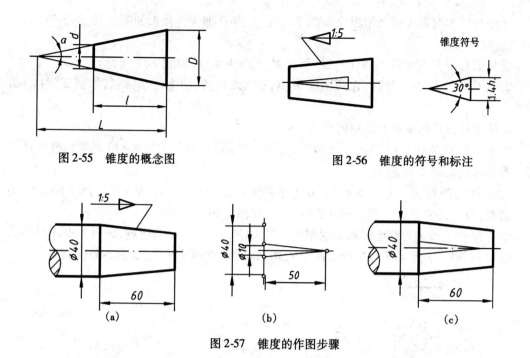

图 2-55 锥度的概念图

图 2-56 锥度的符号和标注

图 2-57 锥度的作图步骤

2.3.5 圆弧连接

用已知半径的圆弧光滑连接(即相切)两已知线段(直线或圆弧),称为圆弧连接。在绘制工程图样时,经常遇到用圆弧来光滑连接已知直线或圆弧的情况。为了保证相切,在作图时就必须准确地作出连接圆弧的圆心和切点。

圆弧连接有三种情况:用已知半径为 R 的圆弧连接两条已知直线;用已知半径为 R 的圆弧连接两已知圆弧,其中有外连接和内连接之分;用已知半径为 R 的圆弧连接一已知直线和一已知圆弧。下面就各种情况作简要的介绍。

1. 圆弧与已知直线连接的画法

已知两直线以及连接圆弧的半径 R,求作两直线的连接弧。作图过程如图 2-58 所示。

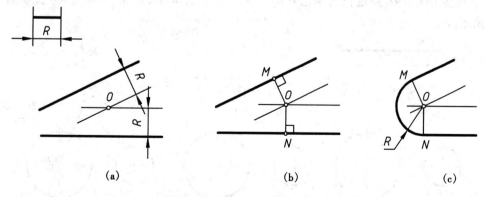

图 2-58 圆弧连接两直线的画法

要画一段圆弧,必须知道圆弧的半径和圆心的位置,如果只知道圆弧半径,圆心要用作图法求得,这样画出的圆弧为连接弧。

①作与已知两直线分别相距为 R 的平行线,交点 O 即为连接弧的圆心,如图 2-58(a)所示。

②从圆心 O 分别向两直线作垂线,垂足 M、N 即为切点,如图 2-58(b)所示。

③以 O 为圆心,R 为半径,在两切点 M、N 之间画圆弧,即为所求圆弧,如图 2-58(c)所示。

2. 圆弧与已知两圆弧外连接的画法

已知圆心为 O_1、O_2 及其半径为 $R_1 = 5$、$R_2 = 10$ 的两圆,用半径为 $R = 15$ 的圆弧外连接两圆。作图过程如图 2-59 所示。

①以 O_1 为圆心、$R + R_1 = 15 + 5 = 20$ 为半径画弧,以 O_2 为圆心、$R + R_2 = 15 + 10 = 25$ 为半径画弧,两圆弧的交点 O 即为连接弧的圆心,如图 2-59(a)所示。

②连接 OO_1、OO_2 与两已知圆分别相交于点 M、N,点 M、N 即为切点,如图 2-59(b)所示。

③以 O 为圆心、$R = 15$ 为半径画弧 MN,MN 即为所求的连接弧,如图 2-59(c)所示。

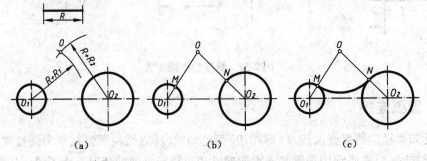

图 2-59　圆弧与已知两圆弧外连接画法

3. 圆弧与已知两圆弧内连接的画法

已知圆心为 O_1、O_2 及其半径为 $R_1 = 5$、$R_2 = 10$ 的两圆,用半径为 $R = 30$ 的圆弧内连接两圆。作图过程如图 2-60 所示。

①以 O_1 为圆心、$R - R_1 = 30 - 5 = 25$ 为半径画弧,以 O_2 为圆心、$R - R_2 = 30 - 10 = 20$ 为半径画弧,两弧的交点 O 即为连接弧的圆心,如图 2-60(a)所示。

②连接 OO_1、OO_2 并延长与两已知圆分别相交于点 M、N,点 M、N 即为切点,如图 2-60(b)所示。

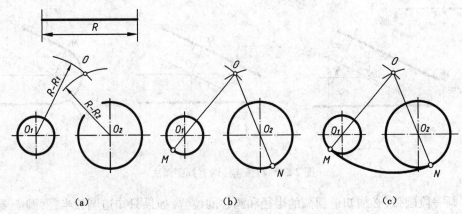

图 2-60　圆弧与已知两圆弧内连接画法

③以 O 为圆心,$R=30$ 为半径画弧 MN,MN 即为所求连接弧,如图 2-60(c)所示。

4. 圆弧与已知圆弧、直线连接的画法

已知圆心为 O_1、半径为 R_1 的圆弧和直线 L_1,用半径为 R 的圆弧连接已知圆弧和直线,图解过程如图 2-61 所示。

①作直线 L_1 的平行线 L_2,两平行线之间的距离为 R;以 O_1 为圆心,$R_2=R+R_1$ 为半径画圆弧,直线 L_2 与 R_2 圆弧的交点 O 即为连接弧的圆心,如图 2-61(a)所示。

②从点 O 向直线 L_1 作垂线得垂足 N,连接 OO_1 与已知弧相交得交点 M,点 M 和点 N 即为切点,如图 2-61(b)所示。

③以 O 为圆心,R 为半径作圆弧 MN,MN 即为所求的连接弧,如图 2-61(c)所示。

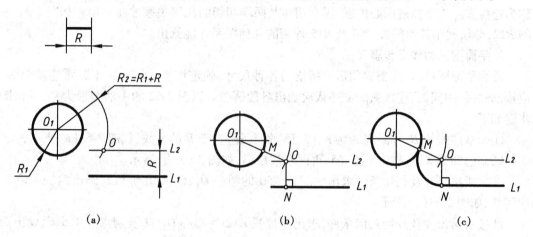

图 2-61　圆弧与圆弧、直线连接的画法

2.3.6　平面图形的分析与作图步骤

1. 平面图形的尺寸分析

平面图形中所注尺寸,按其作用有以下两类:

1)定形尺寸　确定平面图形上几何要素大小的尺寸。例如,直线的长短、圆或圆弧的大小等,如图 2-62 中的 15、$\Phi5$、$\Phi20$、$R12$、$R15$ 等尺寸。

2)定位尺寸　确定平面图形上几何要素相对位置的尺寸。如圆心、线段在图样中的相对位置等,图 2-62 中的 8、75 等即为定位尺寸。在标注定位尺寸时,要先选定一个尺寸基准,通常以图中的对称线、较大圆的中心线、较长的直线为尺寸基准。

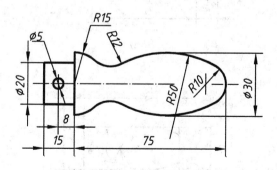

图 2-62　手柄的图形分析

对于平面图形有水平及铅直两个方向的尺寸基准,即 X 方向和 Y 方向的尺寸基准。图 2-62 是以水平对称轴线作为 Y 方向(铅直方向)的尺寸基准,以距左端 15 mm 的铅直线作为 X 方向(水平方向)的尺寸基准。图中圆 $\Phi5$ 的 X 方向的定位尺寸为 8,其圆心在 Y 方向基准线上,因此,Y 方向定位尺寸为零,不标注。圆弧 $R10$ 的 X 方向的定位尺寸为 75,Y 方

向的定位尺寸为零,也不标注。图中的其他定位尺寸,读者可自行分析。

2. 平面图形的图线分析

平面图形中的图线主要为线段和圆或圆弧。现以圆弧为例进行分析,平面图形中的圆弧可分为三类。

①已知弧。圆弧的半径(或直径)尺寸以及圆心的位置尺寸(两个方向的定位尺寸)均为已知的圆弧称为已知弧。如图 2-62 中的 $\Phi5$、$R15$、$R10$。

②中间弧。圆弧的半径(或直径)尺寸以及圆心的一个方向的定位尺寸已知的圆弧称为中间弧。如图 2-62 中的 $R50$。

③连接弧。圆弧的半径(或直径)尺寸已知,而圆心的两个定位尺寸均没有给出的圆弧称为连接弧。连接弧的圆心位置,需利用与其两端相切的几何关系才能定出。如图 2-62 中的 $R12$,必须利用其他圆弧 $R50$ 及 $R15$ 外切的几何关系才能画出。

3. 平面图形的作图步骤

在画平面图形时,应根据图形中所给的各种尺寸,确定作图步骤。对于圆弧连接图形,应按已知弧、中间弧、连接弧的顺序依次画出各段圆弧。以图 2-62 的手柄图形为例,其作图步骤如下:

①画基准线 A、B,作距离 A 为 8、15、75 的三条垂直于 B 的直线,如图 2-63(a)所示;

②画已知弧 $R15$、$R10$ 及圆 $\Phi5$,再画左端矩形,如图 2-63(b)所示。

③按所给尺寸及相切条件求出中间弧 $R50$ 的圆心 O_1、O_2 及切点 1、2,画出两段 $R50$ 的中间弧,如图 2-63(c)所示。

④按所给尺寸及外切几何条件,求出连接弧 $R12$ 的圆心 O_3、O_4 及切点 3、4、5、6,画出两段连接弧,完成手柄底稿,如图 2-63(d)所示。

⑤画完底稿后,标注尺寸,校核,擦去多余作图线,描深图线,即完成全图(见图 2-62)。

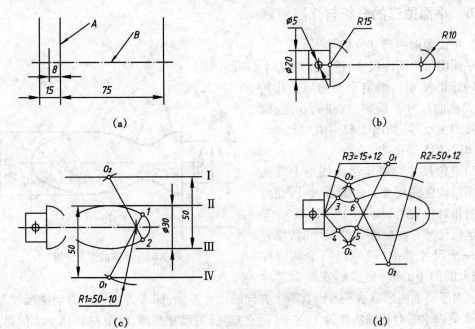

图 2-63　手柄的作图步骤

2.3.7 平面图形的尺寸注法

常见平面图形的尺寸注法如表2-6所示。

表2-6 常见平面图形的尺寸注法

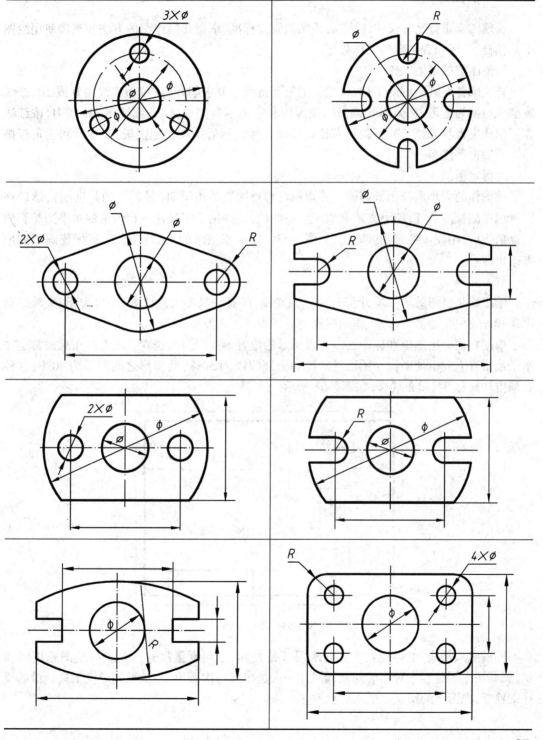

2.4 绘图技能

绘图技能包括用仪器绘图和徒手绘图两种能力。

2.4.1 仪器绘图

要使图样画得又好又快,除了必须熟悉制图标准、掌握几何作图的方法和正确使用绘图工具仪器外,还须有一定的工作程序。

1. 绘图前的准备工作

首先准备好画图用的工具、仪器。把铅笔按线型要求削好(建议粗实线用 B 或 2B,按线宽削成截面为矩形;字体用 B 或 HB,按虚线和字体笔宽削成锥状;细线用 2H 或 H,按细线宽度削成尖锥状或铲状),圆规铅芯比铅笔软一号。然后用软布把图板、丁字尺和三角板擦净。最后把手洗净。

2. 固定图纸

按图样的大小选择图纸幅面。先用橡皮检查图纸的正反面(易起毛的是反面),然后把图纸铺在图板左上方,使下方留有放丁字尺的地方,并用丁字尺比一比图纸的水平边是否放正。放正后,用胶带纸将图纸固定,见图 2-33。用一张洁净的纸盖在上面,只把要画图的地方露出即可。

3. 画底稿

画底稿是画图的第一步,用 3H 铅笔画底稿,底稿线只要大致清晰,不可太粗、太深。点画线和虚线尽量能区分出来,作图线则更应轻画。

根据幅面画出图框和标题栏。布置图形的位置,务使匀称、美观。图形的布局通常是在水平或铅直方向上使图框与图形的间隔为全部间隔的 30% ,两图形之间间隔为 40% ,这种布局方法简称 3∶4∶3 布局法,如图 2-64 所示。

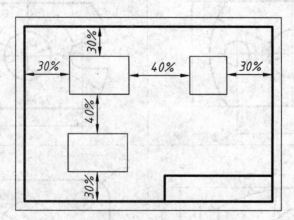

图 2-64 图形布局

底稿应从轴线、中心线或主要轮廓线开始画起,以便度量尺寸。要提高绘图速度和质量,就要在作图过程中对图形间相同尺寸一次量出或一次画出,避免反复调换工具。最后要仔细检查,把图上的错误在描深之前改正过来。

4.铅笔描深

描深时按线型选择不同的铅笔。描深过程中要保持笔端的粗细一致。修磨过的铅笔在使用前要试描，以核对图线宽度是否合适。描深时用力要均匀，描错或描坏的图线用擦图片来控制擦去的范围，然后用橡皮顺纸纹擦。

描深的步骤与画底稿不同，一般先描图形。图形描深时，应尽力将同一类型、同样粗细的图线成批描深。首先描粗实线圆及圆弧（当有几个圆弧相连接时，应从第一个开始，按顺序描深，才能保证相切处光滑连接）；然后，从图的左上方开始顺次向下描所有的水平粗实线；再以同样顺序描垂直的粗实线。这就是先曲后直。

其次，按画粗实线的顺序，画所有的虚线、点画线、细实线。这就是先实后虚，先粗后细。

最后是画箭头、注尺寸（若轮廓线上和剖面线内有尺寸时，应先注写尺寸或在底稿上预先留出数字和箭头的空位）、写注解、画图框线、填写标题栏。

5.校核全图

如核对无误，应在标题栏中"制图"一格内签上制图者的姓名及日期，然后取下图纸，裁去多余的纸边。

绘制仪器图的过程如图 2-65 所示。

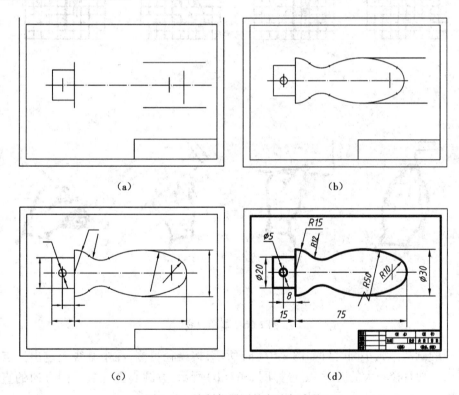

图 2-65　绘制仪器图的方法与步骤

2.4.2　徒手画草图

1.草图的概念

草图是以目测估计图形与实物的比例，按一定画法要求徒手（或部分使用绘图仪器）绘制的图。由于绘制草图迅速简便，有很大的实用价值，常用于创意设计、测绘机件和技术交流中。

草图不要求按照国家标准规定的比例绘制,但要求正确目测实物形状及大小,基本上把握住形体各部分间的比例关系。判断形体间比例要从整体到局部,再由局部返回整体,相互比较。如一个物体的长、宽、高之比为4:3:2,画此物体时,就要保持物体自身的这种比例。

草图不是潦草的图,除比例和徒手外,其余必须遵守国标规定,要求做到图线清晰,粗细分明、字体工整等。

为便于控制尺寸大小,经常在网格纸上画草图,网格纸不要求固定在图板上,为了作图方便,可任意转动和移动。

2.草图的绘制方法

1)直线的画法 水平直线应自左向右,铅垂线应自上而下画出,眼视终点,小指压住纸面,手腕随线移动。画水平线和铅垂线时,要充分利用坐标纸的方格线;画45°斜线时,应利用方格的对角线方向(如图2-66)。

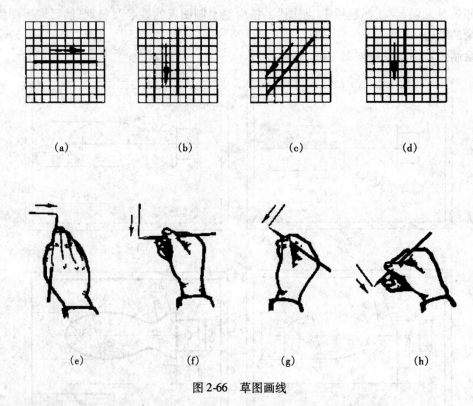

(a)   (b)   (c)   (d)

(e)   (f)   (g)   (h)

图2-66 草图画线

2)圆的画法 画小圆时可如图2-67(a)所示,按半径目测,在中心线上定出四点,然后徒手连线。画直径较大的圆时,则可如图2-67(b)所示,过圆心画几条不同方向的直线,按半径目测出一些点再徒手画成圆。

画圆角、椭圆等曲线时,同样用目测定出曲线上的若干点,光滑连接即可,图2-68为一草图示例。

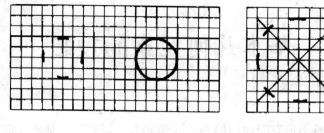

(a)   (b)

图 2-67　草图圆的画法

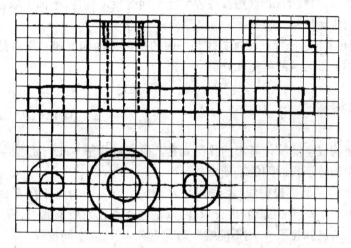

图 2-68　草图示例

第3章 基本几何元素的投影

本章学习指导

【目的与要求】点、线、面是构成空间物体的基本几何元素。研究这些基本几何元素的投影特性和画图方法,为正确画出物体的正投影图奠定基础。

【主要内容】点的三面投影及其规律;两点的相对位置;各种位置直线的投影特性;点与直线的相对位置;两直线的相对位置;各种位置平面的投影特性;平面上取点和直线;直线与平面及两平面的相对位置;换面法。

【重点与难点】重点是特殊位置直线和平面的投影特性和规律。难点是直线与平面、平面与平面相交的重影区域的可见性分析。

3.1 点的投影

点、线、面是构成空间物体基本的几何元素。研究这些基本几何元素的投影特性和画图方法是正确画出物体正投影图的基础。

过空间点 A 向 H 面作投射线(垂线),与 H 面的交点 a 即为点 A 在 H 面上的投影,如图 3-1(a)所示。由图 3-1(b)可以看出,B、C 两点是过 A 点投射线上的点,两点在 H 面的投影与 a 重合,所以,若已知投影 a,则不能唯一确定点 A、B、C 的空间位置。

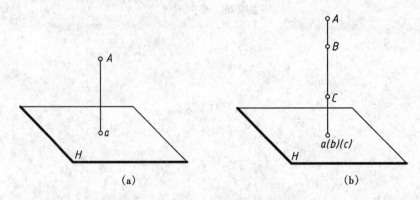

(a)   (b)

图 3-1 点在一个投影面上的投影

3.1.1 点在两投影面体系中的投影

1. 两投影面体系的建立

点在互相垂直的两个投影面上的投影可以唯一确定点的空间位置。因此,设立空间两个互相垂直的投影面构成两投影面体系,如图 3-2(a)所示。一个为水平放置的水平投影面(简称水平面),用 H 表示;另一个为正对观察者竖直放置的正立投影面(简称正面),用 V 表示。H 和 V 两投影面的交线称为投影轴,以 OX 表示。

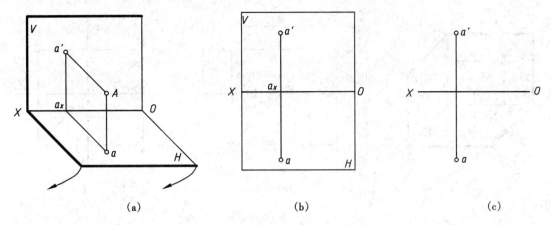

$$(a) \qquad\qquad (b) \qquad\qquad (c)$$

图 3-2　点在两投影面体系中的投影

2. 点的两面投影图和投影规律

在图 3-2(a)中,点 A 是 V 面和 H 面的两投影面体系中的空间点,由 A 分别向 V 面、H 面作垂线,得垂足 a' 和 a。a'、a 分别为点 A 的正面投影和水平投影。由图可以看出,点在互相垂直的两个投影面上的投影可以唯一确定点的空间位置。令 V 面不动,将 H 面绕 OX 轴向下旋转 $90°$,使 H 面与 V 面在同一个平面上,如图 3-2(b)所示。在实际画图时,不必画出投影面的边框,也可不标注点 a_X,点 A 的投影图如图 3-2(c)所示。由图 3-2 可概括出点的如下投影规律。

(1)点的两投影连线与投影轴垂直

因为过点 A 向投影面所作的垂线 Aa' 和 Aa 分别垂直于 V 面和 H 面,则 H 面和 V 面的交线 OX 轴垂直于 Aa' 和 Aa 所组成的平面以及该平面上所有的直线,如图 3-2(a)所示。所以 $a'a_X$ 和 aa_X 都垂直于 OX 轴。当 H 面绕 OX 轴旋转至与 V 面重合时,$a'a_X$ 和 aa_X 成为垂直于 OX 的一条直线。

(2)点的投影到投影轴的距离等于该点到相应投影面的距离

点 A 的正面投影 a' 至 OX 轴的距离等于空间点 A 到 H 面的距离,即 $a'a_X = Aa$;点 A 的水平投影 a 至 OX 轴的距离等于空间点 A 到 V 面的距离,即 $aa_X = Aa'$。

3.1.2　点在三投影面体系中的投影

1. 三投影面体系的建立

为了完整清晰地表达物体的形状和结构,需要在两投影面体系的基础上再增加一个投影面,形成三投影面体系。如图 3-3(a)所示,三投影面体系是由 H、V 面以及一个与它们均垂直的侧立投影面 W(简称侧面或 W 面)构成。H、V 和 W 三个投影面两两相交,得到的三条交线称为投影轴。其中 H 面与 V 面的交线为 X 轴;H 面与 W 面的交线为 Y 轴;V 面与 W 面的交线为 Z 轴。由于 H、V 和 W 面互相垂直,所以 X、Y 和 Z 轴也互相垂直,且交于一点,该点称为原点 O。

2. 点在三投影面体系中的投影

如图 3-3(a)所示,空间点 A 处于 V 面、H 面和 W 面的三投影面体系中,点 A 在 V 面上的投影为 a',在 H 面上的投影为 a,在 W 面上的投影为 a''。

为了把上述空间的三面投影表示在同一平面上,需要将投影面展平。展平方法为:V 面

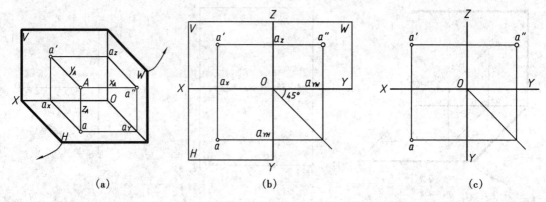

图 3-3　点的三面投影

不动,H 面绕 X 轴向下旋转 90° 与 V 面重合;W 面绕 Z 轴向右旋转 90° 与 V 面重合,如图 3-3(b)所示。不画投影面边框线,即得到点的三面投影图,如图 3-3(c)所示。

投影面展平后,由于 V 面不动,所以 X 轴和 Z 轴的位置不变。而 Y 轴被分为两支,一支随 H 面向下旋转与 Z 轴重合在一条直线上,另一支随 W 面向右旋转与 X 轴重合在一条直线上。需要强调的是:Y 轴在投影图上虽有两个位置,但它们在空间是同一条投影轴。

3. 点的三面投影与直角坐标的关系

如图 3-3(a)所示,三投影面体系相当于空间坐标系,其中 H、V 和 W 投影面相当于三个坐标面,投影轴相当于坐标轴,投影体系原点相当于坐标原点。并规定 X 轴由原点 O 向左为正向,Y 轴由原点 O 向前为正向,Z 轴由原点 O 向上为正向。所以点 A 到三投影面的距离反映该点 X、Y、Z 的坐标,即:

①点 A 到 W 面距离反映该点的 X 坐标,且 $Aa'' = aa_Y = a'a_Z = a_XO = X_A$;

②点 A 到 V 面距离反映该点的 Y 坐标,且 $Aa' = aa_X = a''a_Z = a_YO = Y_A$;

③点 A 到 H 面距离反映该点的 Z 坐标,且 $Aa = a'a_X = a''a_Y = a_ZO = Z_A$。

点的位置可由其坐标$(X_A、Y_A、Z_A)$唯一地确定,其投影与坐标的关系为:

①点 A 的水平投影 a 由 $X_A、Y_A$ 两坐标确定;

②点 A 的正面投影 a′ 由 $X_A、Z_A$ 两坐标确定;

③点 A 的侧面投影 a″ 由 $Y_A、Z_A$ 两坐标确定。

总之,根据点的坐标(X,Y,Z),可在投影图上确定该点三个投影,由点的投影图可得到该点的三个坐标。其中点的任一投影均反映该点的两个坐标;任意两个投影均反映该点的三个坐标,即能确定该点在空间的位置。若已知点的任意两个投影,通过作图必可得到该点的第三个投影。

4. 点在三投影面体系中的投影规律

如图 3-3(c)所示,点的投影规律如下:

①点的正面投影与水平投影的连线垂直于 X 轴,该两投影均反映此点的 X 坐标,所以又称为"长对正";

②点的正面投影与侧面投影的连线垂直于 Z 轴,该两投影均反映此点的 Z 坐标,所以又称为"高平齐";

③点的水平投影到 X 轴的距离等于该点的侧面投影到 Z 轴的距离,该两投影均反映此点的 Y 坐标,所以又称为"宽相等"。

例 3-1 已知空间点 $A(12,10,16)$、点 $B(10,12,0)$、点 $C(0,0,14)$,试作点的三面投影图。

分析:点 A 的三个坐标均为正值,点 A 的三个投影分别在三个投影面内;点 B 的 z 坐标等于零,即点 B 到 H 面的距离等于零,故点 B 在 H 面内;点 C 的三个坐标中,$X=0$,$Y=0$,即点 C 到 W 面和 V 面的距离都等于零,故点 C 在 Z 轴上。

根据点 A 的坐标和投影规律,先画出点 A 的三面投影图,如图 3-4(a)所示。

作图:作图步骤如下:

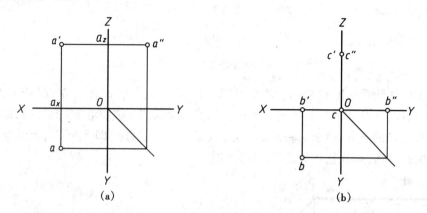

图 3-4 已知点的坐标求作点的三面投影

①作 X、Y、Z 轴得原点 O,然后在 OX 轴上自 O 向左量取 12 mm,确定 a_X;

②过 a_X 作 OX 轴垂线,沿着 Y 轴方向自 a_X 向下量取 10mm 得 a,再沿 OZ 轴方向自 a_X 向上量取 16 mm 得 a';

③按照点的投影规律作出 a'',即完成点 A 的三面投影。

用同样的方法可作出 B、C 两点的三面投影图,如图 3-4(b)所示。

通过上例可以看出:

①点的三个坐标都不等于零时,点的三个投影分别在三个投影面内;

②点的一个坐标等于零时,点在某投影面内,点的一个投影与空间点重合,另两个投影在投影轴上;

③点的两个坐标等于零时,点在某投影轴上,点的两个投影与空间点重合,另一个投影在原点;

④点的三个坐标等于零时,点位于原点,点的三个投影都与空间点重合,即都在原点。

例 3-2 已知点 A 的正面投影 a' 和水平投影 a,如图 3-5(a)所示,求作该点的侧面投影 a''。

作图:由点的投影规律可知,$a'a'' \perp OZ$,$a''a_Z = aa_X$,故过 a' 作直线垂直于 OZ 轴,交 OZ 轴于 a_Z,在 $a'a_Z$ 的延长线上量取 $a''a_Z = aa_X$ 如图 3-5(b)所示,也可以利用45°斜线作图,如图 3-5(c)所示。

3.1.3 两点的相对位置及重影点

1. 两点的相对位置

两点的相对位置是指以某点为基准,空间两点的左右、前后和上下位置关系。通过比较两点的相应坐标值的大小或同面投影的相对位置即可判定两点的相对位置。

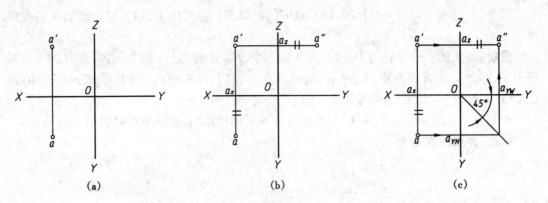

(a)   (b)   (c)

图 3-5   已知点的两个投影求点的第三投影

如图 3-6 中有两个点 $A(X_A, Y_A, Z_A)$、$B(X_B, Y_B, Z_B)$。由于 a' 在 b' 左方（或 a 在 b 的左方），即 $X_A > X_B$，所以点 A 在点 B 的左方；由于 a 在 b 的前方（或 a'' 在 b'' 的前方），即 $Y_A > Y_B$，所以点 A 在点 B 的前方；由于 a' 在 b' 的下方（或 a'' 在 b'' 的下方），即 $Z_A < Z_B$，所以点 A 在点 B 的下方。由此可知，点 A 在点 B 之左、之前和之下。

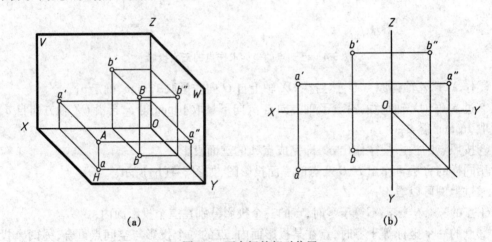

(a)   (b)

图 3-6   两点间的相对位置

总之，由两点的坐标值判定两点的相对位置的方法如下：

①比较两点的 X 值大小，判定该两点的左右位置，x 值大的点在左，小的在右；

②比较两点的 Y 值大小，判定该两点的前后位置，y 值大的点在前，小的在后；

③比较两点的 Z 值大小，判定该两点的上下位置，z 值大的点在上，小的在下。

同样，由两点的同面投影相对位置可直接判定两点间的相对位置。点的正面投影或水平投影均能反映该点的 X 坐标，所以由两点的正面投影或水平投影的左右位置可直接判定两点间的左右位置。点的水平投影或侧面投影均能反映该点的 Y 坐标，所以由两点的水平投影或侧面投影的前后位置可直接判定两点间的前后位置。点的正面投影或侧面投影均能反映该点的 Z 坐标，所以由两点的正面投影或侧面投影的上下位置可直接判定两点间的上下位置。

2. 重影点及其可见性

当空间两点位于某一投影面的同一条投射线上时，则两点在该投影面上的投影重合为一点，称这两点为对该投影面的重影点。显然，两点在某投影面上的投影重合时，它们必有

44

两对相等的坐标。如图3-7所示,点 A 和点 C 在 X 和 Z 方向的坐标值相同,点 A 在点 C 之正前方,故 A、C 两点的正面投影重合。这种同面投影重合的空间点称为该投影面的重影点。

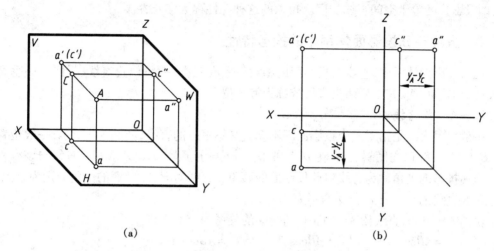

图 3-7　重影点及其可见性

同理,若一点在另一点的正下方或正上方,此时两点的水平投影重影。若一点在另一点的正右方或正左方,则两点的侧面投影重合。对于重影点的可见性判别应该是前遮后、上遮下、左遮右。图3-7 中,在正面投射方向点 A 遮住点 C,a'可见,c'不可见。对于重影点,可以不标明可见性,若需要标明时,对不可见投影符号加上括号,如(c')。

3.2　直线的投影

3.2.1　直线的投影

不重合的两点决定一条直线,直线的投影可由该直线上任意两点的投影确定。直线的投影一般仍为直线,特殊情况为一点。在投影图中,各几何元素在同一投影面上的投影称为同面投影。要确定直线的投影,只要找出直线上两点的投影,并将两个点的同面投影连接起来,即得直线在该投影面上的投影。

直线的投影特性是由直线对投影面的相对位置决定的。直线对投影面的相对位置有三种情况。

1. 倾斜于投影面

如图 3-8 所示,直线 AB 对投影面 H 的倾角为 α,它在该投影面上的投影为一直线 ab,投影 ab 小于直线 AB 的实长,$ab = AB \times \cos\alpha$。

2. 垂直于投影面

如图 3-8 所示,直线 CD 与投影面 H 垂直,它在该投影面上的投影 cd 积聚为一点。而且位于直线上的所有点的投影都重合在这一点上。投影的这种特性称为积

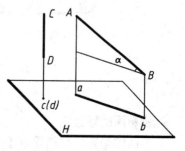

图 3-8　直线的投影

聚性。

3．平行于投影面

如果直线 AB 与投影面 H 平行，则 $\alpha = 0$，直线 AB 在投影面上的投影 ab 反映实长，$ab = AB$，即投影长度等于空间直线长度。投影的这种特性称为实长性。

3.2.2　直线在三投影面体系中的投影特性

在三投影面体系中，直线对投影面的相对位置有三类：一般位置直线、投影面的垂直线和投影面的平行线，其中后两类直线统称为特殊位置直线。

1．一般位置直线

一般位置直线是指对三个投影面既不垂直又不平行的直线，如图 3-9 所示，一般位置直线 AB 对 H、V 和 W 均倾斜。AB 在 H、V、W 面的投影分别为 ab、$a'b'$、$a''b''$。直线与该线在某个投影面投影的夹角称为直线对此投影面的倾角。直线对 H、V、W 面的倾角分别为 α、β、γ。一般位置直线的倾角 α、β 和 γ 均不为 0。

由图 3-9 可知，直线段 AB 的实长与投影的关系为

$$ab = AB\cos\alpha \qquad a'b' = AB\cos\beta \qquad a''b'' = AB\cos\gamma$$

一般位置直线的 $\cos\alpha$、$\cos\beta$ 和 $\cos\gamma$ 均小于 1，所以它的各投影长度小于线段实长 AB。如图 3-9 所示。一般位置直线 AB 的正面投影 $a'b'$ 的投影特性为：正面投影长度 $a'b'$ 小于线段实长 AB；$a'b'$ 倾斜于 OX 和 OZ；$a'b'$ 与 OX 的夹角不等于倾角 α，与 OZ 的夹角不等于倾角 γ。一般位置直线 AB 的其他两个投影 ab 和 $a''b''$ 也有类似的投影特性。

总之，一般位置直线的投影特性可归纳为三点：

①一般位置直线的三个投影对三个投影轴既不垂直也不平行；

②一般位置直线的任何一个投影均小于该直线的实长；

③任何一个投影与投影轴的夹角均不真实地反映空间直线与任何投影面间的倾角。

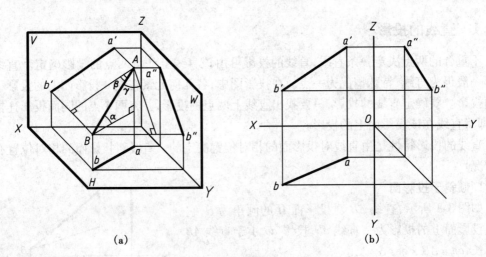

（a）　　　　　　　　　（b）

图 3-9　一般位置直线的投影

2．投影面的垂直线

投影面的垂直线是指垂直于某一个投影面的直线。这类直线有三种：垂直于 H 面的直线称为铅垂线；垂直于 V 面的直线称为正垂线；垂直于 W 面的直线称为侧垂线。

在三投影面体系中,投影面的垂直线垂直于某个投影面,它必然同时平行于其他两投影面,所以这类直线的投影具有反映线段实长和积聚性的特点。现以铅垂线为例,分析其投影特性(表3-1)。

①由于 $AB \perp H$,所以其水平投影 ab 具有积聚性,积聚为一点。

②正面投影 $a'b'$ 垂直于 OX 轴;侧面投影 $a''b''$ 垂直于 OY 轴。

③正面投影 $a'b'$ 和侧面投影 $a''b''$ 均反映实长,即 $a'b' = a''b'' = AB$。

④由于 $AB \perp H$,所以 $\alpha = 90°$,又由于 $AB // V$,$AB // W$,所以 β、γ 均为 $0°$。

同样,正垂线和侧垂线也有类似的投影特性,各种投影面的垂直线的投影特性及其图例见表3-1。

总之,直线垂直于某个投影面,它在该投影面上的投影积聚为一点,其他两投影分别垂直于该投影面所包含的两个投影轴,且均反映此直线段的实长。

表 3-1 投影面的垂直线

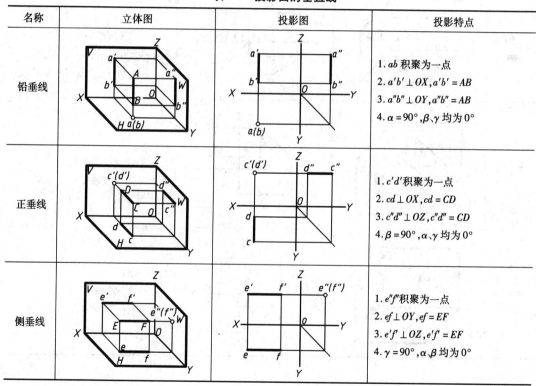

名称	立体图	投影图	投影特点
铅垂线			1. ab 积聚为一点 2. $a'b' \perp OX$,$a'b' = AB$ 3. $a''b'' \perp OY$,$a''b'' = AB$ 4. $\alpha = 90°$,β、γ 均为 $0°$
正垂线			1. $c'd'$ 积聚为一点 2. $cd \perp OX$,$cd = CD$ 3. $c''d'' \perp OZ$,$c''d'' = CD$ 4. $\beta = 90°$,α、γ 均为 $0°$
侧垂线			1. $e''f''$ 积聚为一点 2. $ef \perp OY$,$ef = EF$ 3. $e'f' \perp OZ$,$e'f' = EF$ 4. $\gamma = 90°$,α、β 均为 $0°$

3. 投影面的平行线

投影面的平行线是指只平行于某一个投影面的直线。这类直线有三种:只平行于 H 面的直线称为水平线;只平行于 V 面的直线称为正平线;只平行于 W 面的直线称为侧平线。

在三投影面体系中,投影面的平行线只平行于某一个投影面,它必然同时倾斜于其他两个投影面。所以这类直线的投影具有反映线段实长的特点。现以水平线为例(表3-2),分析其投影特性。

①由于水平线 $AB // H$,所以水平投影 ab 反映该线段的实长,即 $ab = AB$。

②正面投影 $a'b'$ 平行于 OX 轴,侧面投影 $a''b''$ 平行 OY 轴。

③AB 倾斜于 V 面和 W 面,所以 $a'b'$ 和 $a''b''$ 均小于 AB。

④水平投影 ab 与 OX 轴的夹角为 β(即直线 AB 与 V 面的倾角),ab 与 OY 轴的夹角为 γ(即直线 AB 与 W 面的倾角),而 $\alpha = 0°$。

同样,正平线和侧平线也有类似的投影特性,各种投影面平行线的投影特性及其图例见表 3-2。

总之,当直线平行于某个投影面时,直线在该投影面上的投影为倾斜线,且反映线段实长和直线对其他两投影面的倾角,直线的其他两投影均小于线段的实长,且分别平行该投影面所包含的两个投影轴。

表 3-2 投影面的平行线

名称	立体图	投影图	投影特点
水平线	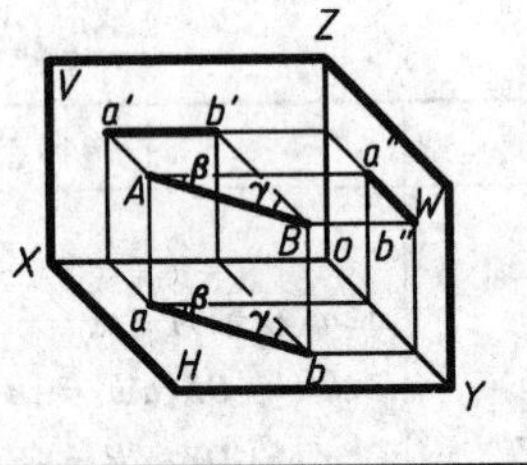	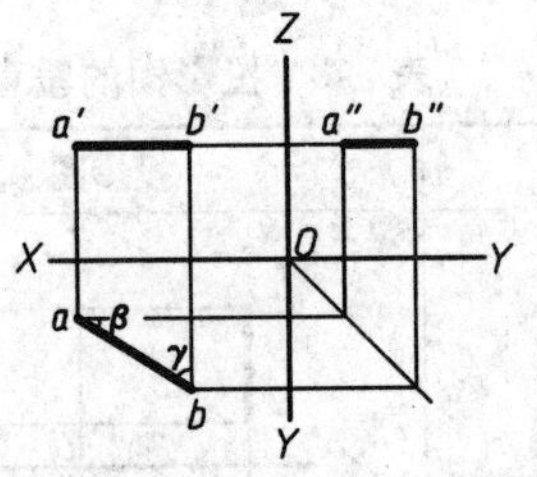	1. $ab = AB$ 2. $a'b' /\!/ OX$,$a''b'' /\!/ OY$ 3. $\alpha = 0°$,ab 反映 β、γ
正平线	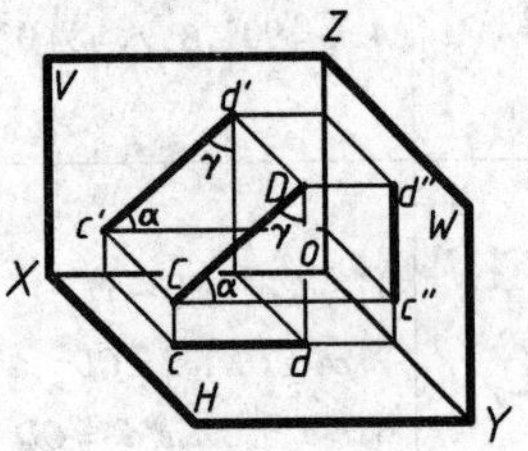	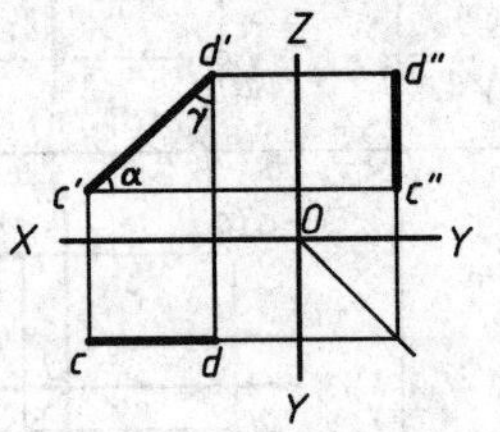	1. $c'd' = CD$ 2. $cd /\!/ OX$,$c''d'' /\!/ OZ$ 3. $\beta = 0°$,$c'd'$ 反映 α、γ
侧平线	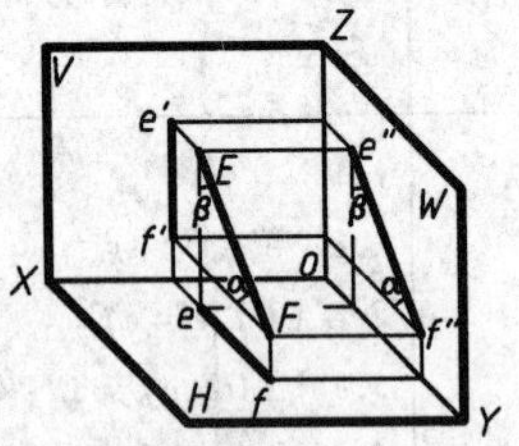	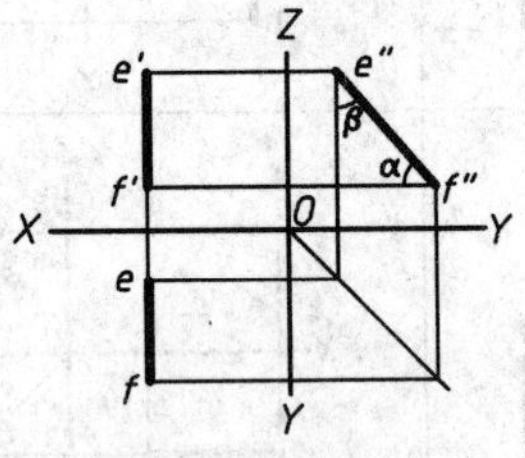	1. $e''f'' = EF$ 2. $ef /\!/ OY$,$e'f' /\!/ OZ$ 3. $\gamma = 0°$,$e''f''$ 反映 α、β

例 3-3 根据三棱锥的三面投影图,判别棱线 SB、SC、CA 是什么位置直线。

分析:如图 3-10 所示,SB 的三面投影为 sb、$s'b'$、$s''b''$,因为 $sb /\!/ OX$ 轴、$s''b'' /\!/ OZ$ 轴、$s'b'$ 倾斜于投影轴,所以 SB 是正平线。SC 的三面投影 sc、$s'c'$、$s''c''$ 都倾斜于投影轴,所以 SC 是一般位置直线。CA 的正面投影 $c'a'$ 积聚为一点,水平投影 $ca \perp OX$ 轴,侧面投影 $c''a'' \perp OZ$ 轴,所以 CA 是正垂线。

3.2.3 一般位置直线的实长及其对投影面的倾角

一般位置直线的投影既不反映实长,也不反映对各投影面的倾角。在实际应用中,有时需要根据一般位置直线的投影,求其实长和对投影面的倾角。下面介绍一种求一般位置直

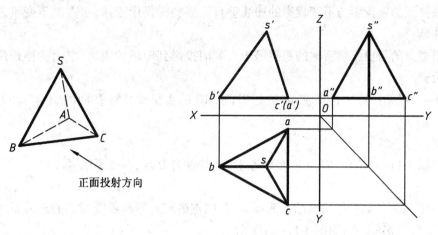

图 3-10　三棱锥的三面投影图

线实长及其对投影面的倾角的方法——变换投影面法。

如图 3-11(a)所示,直线 AB 在 $V-H$ 投影体系中为一般位置直线。若求 AB 的实长及其对 H 面倾角 α,则可用一个平行于 AB 且垂直于 H 面的 V_1 面来替换 V 面,使 AB 在新投影面体系 V_1-H 中成为平行于 V_1 面的投影面平行线,它在 V_1 面上的投影 $a_1'b_1'$ 反映 AB 实长,$a_1'b_1'$ 与 X_1 轴的夹角为 AB 对 H 面的倾角 α。这种用新投影面代替旧投影面,使空间几何元素(直线或平面)在新投影面体系中处于有利于解题位置的方法称为变换投影面法,简称为换面法。变换时,$V-H$ 称为旧投影面体系,$a'b'$ 称为旧投影,ab 称为不变投影,X 轴称为旧投影轴,V_1-H 称为新投影面体系,$a_1'b_1'$ 称为新投影,X_1 轴称为新投影轴。

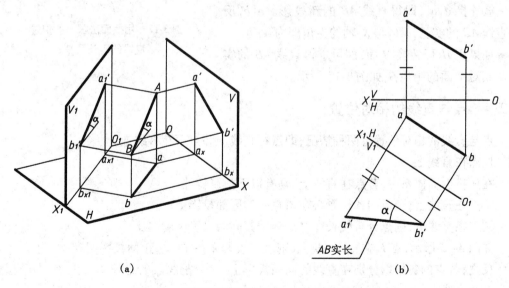

(a)　　　　　　　　　　　　　(b)

图 3-11　用换面法求一般位置直线的实长及 α 角

使用换面法求一般位置直线的实长及其对投影面的倾角时,新投影轴 X_1 的方向、直线上两端点在新投影面上的新投影与旧投影体系中的旧投影之间的关系是解题的关键。

变换投影面法的一般解题步骤如下:

①确定新投影轴的方向,根据具体题目,使其处于有利于解题的位置方向;

②根据点的新投影与不变投影的连线垂直于新轴的投影规律,由点的不变投影向新轴作垂线并延长;

③根据点的新投影到新轴的距离等于点的旧投影到旧轴的距离,求出变换投影面后的点的新投影。

例3-4 已知一般位置直线 AB 的投影,求 AB 的实长及其对 H 面的倾角 α。如图3-11(b)所示。

分析:

①如图3-11(a)所示,因为 V_1 面平行于 AB 且垂直 H 面,所以平面 $AabB$ 平行于 V_1 面,即 $X_1 \parallel ab$。

②由于 $V_1 - H$ 是互相垂直的两面体系,所以点的新投影与不变投影的连线垂直于新轴 X_1,即 $a_1'a \perp X_1$、$b_1'b \perp X_1$,如图3-11(b)所示。

③图3-11(a)中,由于 $a_1'a_{X1}$、$a'a_X$ 都等于点到 H 面的距离(Z_A),所以 $a_1'a_{X1} = a'a_X$,同理,$b_1'b_{X1} = b'b_X$。由此可知点的新投影到新轴的距离等于点的旧投影到旧轴的距离。

作图:

①作 $X_1 \parallel ab$(X_1 与 ab 的距离任取)。

②过 a 作 $aa_1' \perp X_1$,并使 a_1' 到 X_1 轴的距离等于 a' 到 X 轴的距离,得到 A 点的新投影 a_1'。同样方法可得到 B 点的新投影 b_1'。

③连接 $a_1'b_1'$,即得直线 AB 的新投影。$a_1'b_1'$ 反映直线 AB 的实长,$a_1'b_1'$ 与 X_1 轴的夹角即为 α 角。

如果用 H_1 面替换 H 面,即可求得直线 AB 的实长及其对 V 面的倾角 β,如图3-12所示。

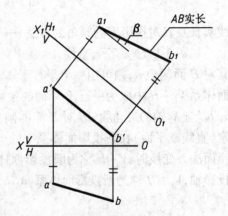

图3-12　用换面法求一般位置
直线的实长及 β

3.2.4　点与直线的相对位置

点与直线的相对位置有两种情况,即点在直线上和点不在直线上。

1. 点在直线上

在三投影面体系中,若点在直线上,则有以下投影特性:

①点在直线上,则点的各投影必在该直线的同面投影上;

②点在直线上,则点分直线长度之比等于其同面投影长度之比。

如图3-13所示,点 K 在直线 AB 上,则水平投影 k 在 ab 上,正面投影 k' 在 $a'b'$ 上。

反之,若点的各投影分别在直线的同面投影上,且分割线段的各投影长度之比相等,则该点在此直线上。

如图3-13所示,点 K 的 k 在 ab 上,k' 在 $a'b'$ 上,且 $ak : kb = a'k' : k'b'$,则点 K 必在直线 AB 上,且 $AK : KB = ak : kb = a'k' : k'b'$。

2. 点不在直线上

若点不在直线上,则点的各投影不符合点在直线上的投影特性。反之,点的各投影不符合点在直线上的投影特性,则该点不在直线上,如图3-13所示,点 M 不在直线 AB 上,虽然

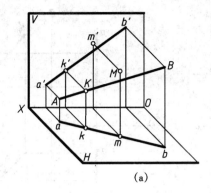
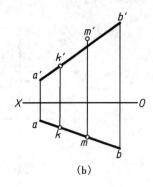

(a)   (b)

图 3-13   点与直线的相对位置

其水平投影 m 在 ab 上,但其正面投影 m' 并不在 $a'b'$ 上。

一般情况下,根据两面投影即可判定点是否在直线上。当直线为投影面的平行线时,可用定比关系或包括该直线所平行的投影面投影判定。

例 3-5   已知直线 AB 的两面投影 ab 和 $a'b'$,如图 3-14 所示,试在该线上取点 K,使 $AK:KB = 1:2$。

分析:点 K 在直线 AB 上,则 $AK:KB = a'k':k'b' = ak:kb = 1:2$。

作图:

①过 a'(或 a)作任一斜线 $a'B_0$。取任意单位长度,在该线上截取 $a'K_0:K_0B_0 = 1:2$,连线 $b'B_0$。再过 K_0 作线 $K_0k' /\!/ B_0b'$,交 $a'b'$ 于 k'。

②过 k' 作 X 轴的垂线交 ab 于 k,则 k'、k 即为所求。

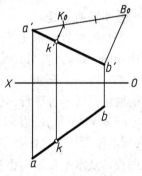

例 3-6   如图 3-15 所示,已知在侧平线 AB 上点 K 的正面   图 3-14   在直线上求定比分点
投影 k' 及点 M 的两面投影 m、m' 分别在 ab、$a'b'$ 上。试作点 K 的水平投影 k,并判断点 M 是否在直线 AB 上。

分析:由于点 K 在直线 AB 上,并将其分为定比,为此可以直接利用定比分段法作图。

作图:作图步骤如下。

①如图 3-15(b)所示,过点 a 画任一直线 aB_0,且截取 $aK_0 = a'k'$、$K_0B_0 = k'b'$,连接 B_0b。

②过点 K_0 作线 $K_0k /\!/ B_0b$,且交 ab 于 k,则 k 即为所求。也可如图 3-15(c)所示,作侧面投影 $a''b''$,根据点的投影规律由 k' 作图得 k'',再由 k'、k'' 作图得 k 即为所求。

③如图 3-15(b)所示,过点 a 取 $aM_0 = a'm'$,由于连线 M_0m 不平行于 B_0b,判定 M 不在线段 AB 上。也可过 M_0 作 $M_0m_0 /\!/ B_0b$,若点 M 在 AB 上,其水平投影应位于点 m_0 处。另外,如图 3-15(c)所示,由 m 和 m' 利用侧面投影作图得 m'',由于 m'' 不在 $a''b''$ 上,所以也可判定点 M 不在 AB 上。

3.2.5   两直线的相对位置

空间两直线的相对位置有三种情况:平行、相交和交叉(既不平行,也不相交)。其中平行和相交两直线均在同一平面上,交叉两直线不在同一平面上,为异面直线。它们的投影特性分别叙述如下。

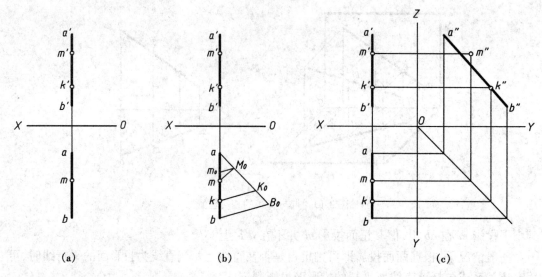

(a)　　　　　　(b)　　　　　　(c)

图 3-15　判断点与直线的相对位置

1. 平行两直线

若空间两直线相互平行,则两直线的同面投影也相互平行,且投影长度之比相等,字母顺序相同。反之,若两直线的同面投影都平行,则两直线在空间也平行。如图 3-16 所示,若 $AB /\!/ CD$,则 $ab /\!/ cd$,$a'b' /\!/ c'd'$,且 $ab: cd = a'b': c'd' = AB: CD$。如果从投影图上判别一般位置的两条直线是否平行,只要看它们的两个同面投影是否平行即可。如图 3-16 所示,因为 $ab /\!/ cd$,$a'b' /\!/ c'd'$,所以 $AB /\!/ CD$。如果两直线为投影面的平行线时,则要看反映实长的投影,或看投影长度之比和字母顺序是否相同。例如图 3-17 中,AB、CD 是两条侧平线,它们的正面投影及水平投影均相互平行,即 $a'b' /\!/ c'd'$、$ab /\!/ dc$,但它们反映实长的侧面投影并不平行,也可根据 $a'b': c'd' \neq ab: cd$,或根据 $a'b'$、$c'd'$ 与 ab、dc 字母顺序不同,确定 AB、CD 两直线的空间位置并不平行。

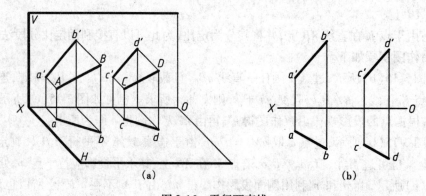

图 3-16　平行两直线

2. 相交两直线

空间相交两直线的交点是该两直线的共有点。所以,若空间两直线相交,则它们的同面投影亦分别相交,且交点的投影一定符合点的投影规律,如图 3-18(a)所示。

两直线 AB、CD 交于点 K,点 K 是两直线的共有点,所以 ab 与 cd 交于 k,$a'b'$ 与 $c'd'$ 交于 k',kk' 连线必垂直于 OX 轴,如图 3-18(b)所示。

52

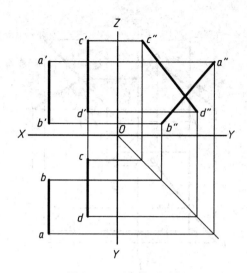

图 3-17　两直线不平行

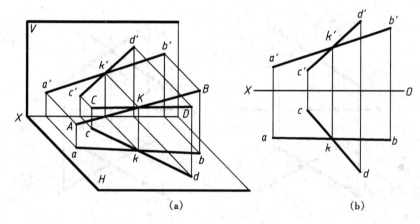

(a)　　　　　　　　(b)

图 3-18　相交的两直线

如果两直线中有一投影面平行线,则要看其同面投影的交点是否符合点在直线上的定比关系;或是看其所平行的投影面上的两直线投影是否相交,且交点是否符合点的投影规律。如图 3-19 所示

例 3-7　已知相交两直线 AB、CD 的水平投影 ab、cd 及直线 CD 和点 B 的正面投影 c'd' 和 b',求直线 AB 的正面投影 a'b',如图 3-20(a)所示

分析:利用相交两直线的投影特性,可求出交点 K 的两投影 k、k';再运用相交原理即可得 a'b'。

作图:如图 3-20(b)所示,作图步骤如下:

①两直线的水平投影 ab 与 cd 相交于 k,k 即交点 K 的水平投影;

②过 k 作 OX 轴的垂线,求得 c'd' 上的 k';

③连接 b' 和 k' 并将其延长;

④再过 a 作 OX 轴垂直线与 b'k' 延长线相交于 a',a'b' 即为所求。

3. 交叉两直线

空间既不平行又不相交的两直线为交叉两直线(或称异面直线)。所以,它们在投影图

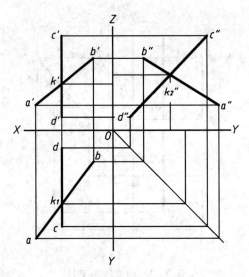

图 3-19　两直线不相交

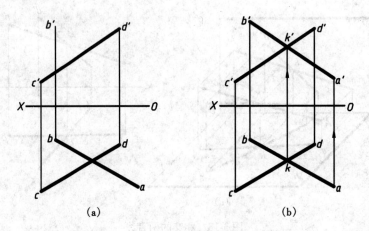

（a）　　　　　　　　　　　　　（b）

图 3-20　求与另一直线相交直线的投影

上,既不符合两直线平行,又不符合两直线相交的投影特性。交叉两直线的某一同面投影或两个同面投影可能会有平行的情况,但不可能三个同面投影都平行,如图 3-21 所示。图 3-17 中所示的两侧平线 AB、CD 也属交叉两直线。

交叉两直线在空间不相交,其同面投影的交点即是对该投影面的重影点。在图 3-22 中,分别位于交叉两直线 AB 和 CD 上的点Ⅰ和Ⅱ的正面投影 $1'$ 和 $2'$ 重合,所以点Ⅰ和Ⅱ为对 V 面的重影点,利用该重影点的不同坐标值 Y_I 和 Y_{II} 决定其正面投影的可见性。由于 $Y_I > Y_{II}$,所以, $1'$ 为可见, $2'$ 为不可见,并需加注括号。

同理,若水平投影有重影点需要判别其可见性,只要比较其 Z 坐标即可。显然 $Z_{III} > Z_{IV}$,所以,3 为可见,4 为不可见,不可见需加括号。

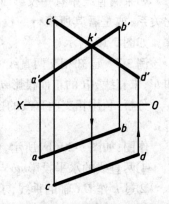

图 3-21　交叉两直线的投影

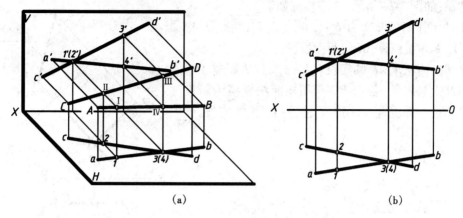

图 3-22 交叉两直线

4. 直角投影定理

若空间互相垂直的两直线同时平行于某一投影面,则两直线在该投影面上的投影仍反映直角;若都不平行于某一投影面,其投影不反映直角。如果两直线互相垂直,且其中有一条直线平行于某一投影面,则两直线在该投影面的投影仍为直角,通常称为直角投影定理。利用这一定理,可进行有关空间垂直问题的图示与图解。如图 3-23(a)所示,AB、BC 为相交成直角的两直线,其中 BC 平行于 H 面(即水平线),AB 为一般位置直线。现证明两直线的水平投影 ab 和 bc 仍相互垂直,即 $bc \perp ab$。

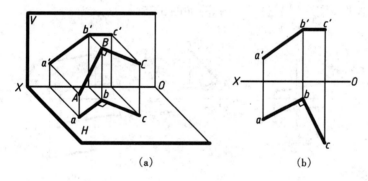

图 3-23 直角投影定理

证明:因 $BC \perp Bb$,$BC \perp AB$,所以 BC 垂直于平面 $ABba$;又因 $BC // bc$,所以 bc 也垂直于平面 $ABba$。根据立体几何定理可知,bc 垂直于 $ABba$ 平面上的所有直线,故 $bc \perp ab$,如图 3-23(a)所示。

反之,若相交两直线在某投影面上的投影互相垂直,且其中一直线平行于该投影面,则此两直线在空间必互相垂直。如图 3-23(b)所示,相交两直线 AB 与 BC 的正面投影 $b'c' //$ OX 轴,所以 BC 为水平线;又 $\angle abc = 90°$,则空间两直线 $AB \perp BC$。

例 3-8 求点 A 到正平线 BC 的距离。

分析:点到直线的距离即由点向该直线作垂线,求点到垂足的直线长度。应作出距离的投影和实长。

根据直角投影定理,由于 BC 为正平线,设点 A 到 BC 的距离为 AK,则它们的正面投影互相垂直。再利用变换投影面法求实长。

作图:如图 3-24 所示,作图步骤如下:

①过 a' 作直线 $a'k' \perp b'c'$,得交点 k',再由 k' 作 k,,连线 ak 即得距离 AK 的两面投影;

②用换面法求 AK 的实长 a_1k_1,a_1k_1 即为距离 AK。

由此得到启发,若把 BC 利用换面法变换为新投影体系的投影面垂直线,则能直接得到距离的实长。

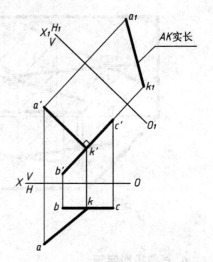

图 3-24 求点到直线的距离

3.3 平面的投影

3.3.1 平面的投影

在投影图中经常用几何元素表示平面。

1. 几何元素表示法

空间一平面可以用确定该平面的几何元素的投影来表示,以下是表示平面最常见的五种形式:

①不在同一直线上的三个点,如图 3-25(a)所示;

②一直线与该直线外的一点,如图 3-25(b)所示;

③相交两直线,如图 3-25(c)所示;

④平行两直线,如图 3-25(d)所示;

⑤一有限的平面图形(如三角形、圆等)如图 3-25(e)所示。

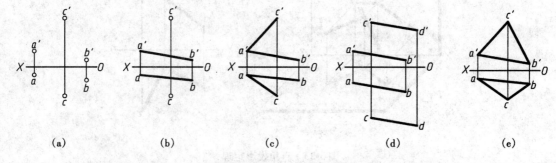

| (a) | (b) | (c) | (d) | (e) |

图 3-25 用几何元素表示平面

2. 平面的投影特性

平面的投影特性是由平面对投影面的相对位置决定的。

1)一般位置平面 如图 3-26(a)所示,平面 P 倾斜于投影面 H,其投影 p 不反映实形。

2)投影面垂直面 如图 3-26(b)所示,平面 P 垂直于投影面 H,其投影 p 积聚成一条直线。

3)投影面平行面 如图 3-26(c)所示,平面 P 平行于投影面 H,其投影 p 反映了空间平面 P 的实形。

3.3.2 各种位置平面的投影

在三投影面体系中,平面对投影面的相对位置有三类:即一般位置平面、投影面的垂直

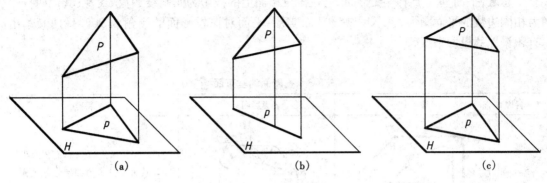

图 3-26　平面的投影

面、投影面的平行面,其中后两类统称为特殊位置平面。

1.一般位置平面

一般位置平面是指对三个投影面都倾斜的平面。平面与投影面的夹角称为倾角,平面对 H、V 和 W 面的倾角分别用 α、β 和 γ 表示。

如图 3-27 所示,$\triangle ABC$ 为一般位置平面,该平面对 H、V 和 W 面既不垂直也不平行,所以它的三面投影既不反映平面图形的实形,也没有积聚性。

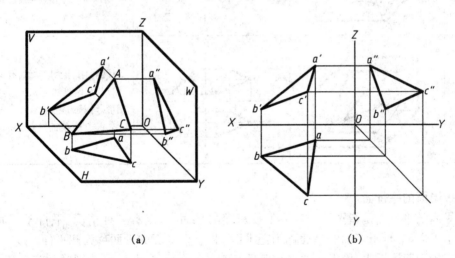

图 3-27　一般位置平面

2.投影面的垂直面

投影面的垂直面是指只垂直于某一投影面的平面,所以有三种情况,即垂直于 H 面的平面称为铅垂面,垂直于 V 面的平面称为正垂面,垂直于 W 面的平面称为侧垂面。

现以表 3-3 中所示的铅垂面为例,分析其投影特性如下:

①由于铅垂面 $\triangle ABC \perp H$ 面,所以其水平投影 abc 有积聚性,为倾斜线;

②由于 $\triangle ABC$ 倾斜于 V、W 面,所以其正面投影 $a'b'c'$ 和侧面投影 $a''b''c''$ 仍为三角形,且不反映 $\triangle ABC$ 的实形;

③由于 $\triangle ABC \perp H$ 面,所以 $\alpha = 90°$,且水平投影 abc 与 OX、OY 的夹角分别反映 β、γ。

同样,正垂面和侧垂面也有类似的投影特性。各种投影面的垂直面投影特性和图例见表 3-3。

总之，平面垂直于某一投影面，它在该投影面上的投影为倾斜线，有积聚性；其他两投影为相同边数的平面图形，且不反映该平面实形；平面对该投影面的倾角为90°，另两倾角由有积聚性的投影来反映。

表 3-3　投影面的垂直面

名称	立体图	投影图	投影特点
铅垂面 （⊥H面）			1. 水平投影为倾斜线，有积聚性 2. 其余两投影为相同边数平面图形，均不反映实形 3. $\alpha=90°$，水平投影反映 β、γ
正垂面 （⊥V面）			1. 正面投影为倾斜线，有积聚性 2. 其余两投影为相同边数平面图形，均不反映实形 3. $\beta=90°$，正面投影反映 α、γ
侧垂面 （⊥W面）			1. 侧面投影为倾斜线，有积聚性 2. 其余两投影为相同边数平面图形，均不反映实形 3. $\gamma=90°$，侧面投影反映 α、β

3. 投影面的平行面

投影面的平行面是指平行于某一个投影面的平面，所以有三种情况：平行于 H 面的平面称为水平面；平行于 V 面的平面称为正平面；平行于 W 面的平面称为侧平面。

在三投影面体系中，投影面的平行面平行于某一个投影面，它必然同时垂直于其他两个投影面。所以，这类平面的投影具有反映该平面实形和有积聚性的特点。现以表 3-4 中所示的水平面为例，分析其投影特性如下：

①由于水平面 $\triangle ABC /\!/ H$，所以 $\triangle abc$ 反映该平面的实形；

②由于 $\triangle ABC /\!/ H$，且 $\triangle ABC$ 同时垂直于 V 和 W，该平面上各点到 H 面距离相等，所以 $a'b'c'$ 和 $a''b''c''$ 均为一水平直线，有积聚性，即 $a'b'c' /\!/ OX$，$a''b''c'' /\!/ OY$；

③$\alpha=0°$，其他两倾角为90°。

同样，正平面和侧平面也有类似的投影特性。各种投影面的平行面，其投影特性和图例见表 3-4。

总之，平面平行于某一投影面，它在该投影面的投影反映实形，其余两投影均积聚为直线，且分别平行于该投影面所包含的两个投影轴。

表 3-4　投影面的平行面

名称	立体图	投影图	投影特点
水平面 （//H面）			1. 水平投影反映实形 2. 正面投影//OX，具有积聚性 3. 侧面投影//OY，具有积聚性 4. $\alpha=0°,\beta=90°,\gamma=90°$
正平面 （//V面）			1. 正面投影反映实形 2. 水平投影//OX，具有积聚性 3. 侧面投影//OZ，具有积聚性 4. $\beta=0°,\alpha=90°,\gamma=90°$
侧平面 （//W面）			1. 侧面投影反映实形 2. 水平投影//OY，具有积聚性 3. 正面投影//OZ，具有积聚性 4. $\gamma=0°,\alpha=90°,\beta=90°$

例 3-9　如图 3-28(a)所示，求平面 $\triangle ABC$ 的实形。

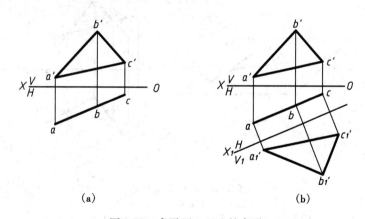

(a)　　　　　　　　(b)

图 3-28　求平面 $\triangle ABC$ 的实形

分析： 平面 $\triangle ABC$ 是铅垂面，利用换面法，使投影面的垂直面变为投影面的平行面，设新投影面平行于投影面的垂直面，使之成为新投影面的平行面，即可求得平面 $\triangle ABC$ 的实形。

作图： 如图 3-28(b)所示，作图步骤如下：

①根据投影面的平行面的投影特性，作 $X_1//abc$；

②作 $a_1{}'a \perp X_1$ 轴，使 $a_1{}'$ 到 X_1 轴的距离等于 a' 到 X 轴的距离，求得 $a_1{}'$，同理求得 $b_1{}'$、$c_1{}'$；

③连接 $a_1{}'$、$b_1{}'$、$c_1{}'$，即求得 $\triangle ABC$ 的实形，如图 3-28(b)所示。

3.3.3 平面上点和直线

1.在平面上取点和直线

点和直线在平面上的几何条件如下：

①若点在平面上，则该点必在这个平面内的一直线上。因此，只要在平面的任一直线上取点，所取点就必在平面上，如图3-29中的点 M 和 N。

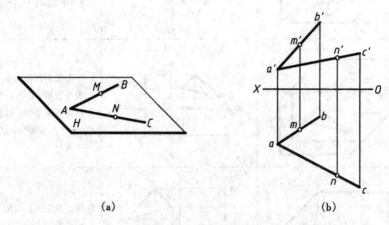

（a）　　　　　　　　　　　（b）

图3-29　平面上取点

②直线在平面上，则该直线必通过这个平面上的两个点；或通过平面上一点且平行于平面上一直线。因此，凡所作直线通过平面上两已知点或过一已知点且平行于平面上一已知直线，则该直线必在该平面上，如图3-30、图3-31所示。

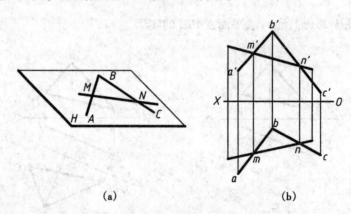

（a）　　　　　　　　　　　（b）

图3-30　平面上取直线

例3-10　试判断点 M 和 N 是否在平面 $\triangle ABC$ 上，如图3-32（a）所示。

分析：若点在平面上，则点必定在平面的一直线上。由图可知，点 M 和 N 均不在平面 $\triangle ABC$ 的已知直线上，所以过 M 和 N 作平面 $\triangle ABC$ 上的直线来判断。

作图：如图3-32（b）所示，作图步骤如下：

①过点 m' 作直线 $a'1'$，即连 $a'm'$ 并延长交 $b'c'$ 交于 $1'$；

②点 Ⅰ 在 BC 上，可由 $1'$ 作图得1，再连接 $a1$，直线 AⅠ 在平面 $\triangle ABC$ 上。

③由于 $a1$ 不通过 m，即点 M 不在 AⅠ上，所以判断点 M 不在平面 $\triangle ABC$ 上。

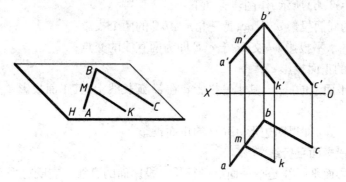

图 3-31　平面上的直线

同理,作直线 CⅡ,判断点 N 在平面 $\triangle ABC$ 上。

思考:如图 3-32(c)所示,作直线ⅢⅣ,判断点 N 在平面 $\triangle ABC$ 上,点 M 不在。

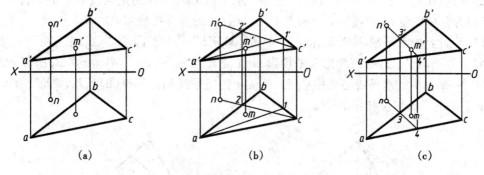

(a)　　　　　　　　　(b)　　　　　　　　　(c)

图 3-32　判断点是否属于平面

　　例 3-11　已知四边形 $ABCD$ 的水平投影 $abcd$ 和 AB、BC 两边的正面投影 $a'b'$、$b'c'$,如图 3-33(a)所示,试完成该平面图形的正面投影。

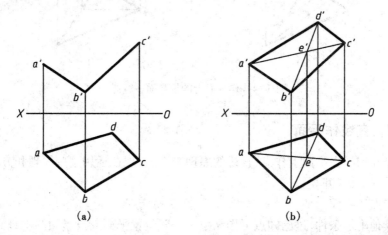

(a)　　　　　　　　　　　　(b)

图 3-33　完成平面投影

　　分析:平面 $ABCD$ 四个顶点均在同一平面上。由已知三个顶点 A、B 和 C 的两个投影可确定平面 $\triangle ABC$,点 D 必在该平面上,所以由已知 d,用平面上取点的方法求得 d',再依次连线即为所求。

作图: 如图 3-33(b)所示,作图步骤如下:

①连接 *AC* 的同面投影 *a′c′*、*ac*,得三角形 *ABC* 的两个投影;

②连接 *BD* 的水平投影 *bd* 交 *ac* 于 *e*,*E* 即为两直线的交点;

③作出点 *E* 的正面投影 *e′*;

④*D* 点为该平面上的一点,其水平投影 *d* 在 *be* 延长线上,其正面投影 *d′* 必在 *b′e′* 的延长线上;

⑤连接 *a′d′*、*c′d′*,即得四边形 *ABCD* 的正面投影。

2. 平面上的投影面平行线

平面上的投影面平行线是指平面上平行某一投影面的直线。它既有平面上直线的投影特性,又有投影面平行线的投影特性。它有三种,平面上平行于 *H* 面的直线称为平面上的水平线;平面上平行于 *V* 面的直线称为平面上的正平线;平面上平行于 *W* 面的直线称为平面上的侧平线。

如图 3-34(a)所示,在平面 △*ABC* 上作一水平线 *CD*。*CD* 的正面投影 *c′d′* 平行于 *OX* 轴,又因为它在平面上,即过平面上两点 *C*、*D*。因此,由正面投影 *c′d′* 求得水平投影 *cd*。同样,可作平面上的水平线 *MN*,即作 *m′n′* ∥ *OX*,与 *a′b′*、*b′c′* 交于 1′、2′,此时需在已知直线 *AB*、*BC* 上分别取Ⅰ、Ⅱ两点,画出水平投影 *mn*。由图可知 *m′n′* ∥ *c′d′*,*mn* ∥ *cd*,所以 *MN* ∥ *CD*,即同一平面内的水平线必互相平行。平面上的正平线如图 3-34(b)所示,平面上的侧平线也有类似的投影特性和作图步骤。

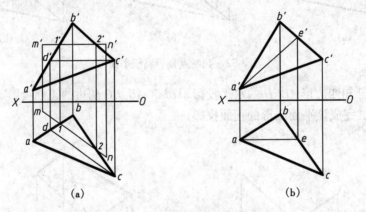

图 3-34 作平面上的投影面平行线

3.3.4 过点、直线作平面

前面已经介绍了在平面上作点、直线的原理与方法,现在运用这些原理和方法来解决过已知点或直线作平面的问题。

1. 过已知点作平面

若没有其他附加条件,过已知点可作无数个一般位置平面或投影面的垂直面,但只能作一个水平面、一个正平面或一个侧平面。例如过已知点 *K*(图 3-35(a)),分别作一般位置平面 *AKB*(图 3-35(b))、正垂面 *AKB*(图 3-35(c))、正平面 *ABK*(图 3-35(d))。

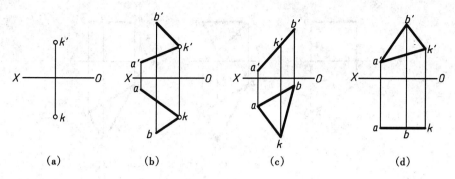

图 3-35　过已知点作平面

2. 过已知直线作平面

(1) 过一般位置直线作平面

如图 3-36(a) 所示,过一般位置直线作一般位置平面时,若无其他附加条件可作无数个。如图 3-36(b) 所示,过 *AB* 上任一点 *B* 作一般位置直线 *BC*,且该两直线的同面投影不重合,则 *ABC* 即为一般位置平面。

过一般位置直线作投影面的垂直面,可利用垂直面的积聚性投影特点作图,如图 3-36(c) 所示,过直线 *AB* 作铅垂面 *ABD*,它们的水平投影 *adb* 积聚成一条直线。

过一般位置直线不能作投影面的平行面,这是由于一般位置直线的三面投影均为倾斜线,没有与投影轴平行的投影。

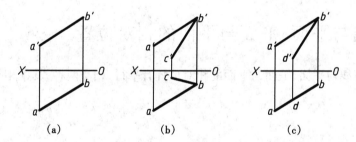

图 3-36　过一般位置直线作平面

(2) 过投影面的平行线作平面

过投影面的平行线可作一般位置平面、投影面的平行面和垂直面,但需分析具体情况。例如,过已知水平线 *AB*(图 3-37(a)),分别作一般位置平面 △*ABC*(图 3-37(b))、水平面 △*ABD*(图 3-37(c))。此外,过水平线还可作铅垂面,但不能作其他投影面的平行面和垂直面。

过已知正平线、侧平线作平面也有类似情况。

(3) 过投影面的垂直线作平面

过投影面的垂直线不能作一般位置平面,虽然可以作投影面的垂直面和平行面,但也需分析具体情况。例如,过已知正垂线(图 3-38(a))分别作正垂面 △*ABC*(图 3-38(b)),作水平面 △*ABD*(图 3-38(c))。还可以作侧平面,但不能作其他投影面的平行面和垂直面。

过已知铅垂线、侧垂线作平面也有类似情况。

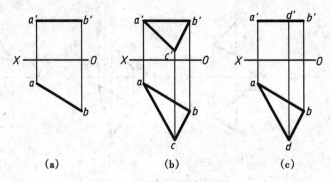

(a)   (b)   (c)

图 3-37　过投影面的平行线作平面

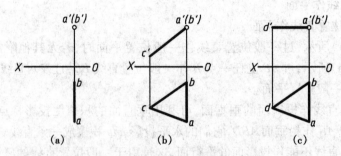

(a)   (b)   (c)

图 3-38　过投影面的垂直线作平面

3.4　直线与平面、平面与平面的相对位置

在空间,直线与平面、平面与平面的相对位置有平行、相交两种,其中相交又有垂直的特例。

3.4.1　平行

1.直线与平面平行

如果空间一直线与平面内任一直线平行,那么此直线与该平面平行。如图 3-39(a)所示,直线 AB 平行于平面 P 内的直线 CD,那么直线 AB 与平面 P 平行;反之,如果直线 AB 与平面 P 平行,则在平面 P 内定能作出与直线 AB 平行的直线,如 CD。

在投影图上,若直线 AB 的投影 $a'b'$ 和 ab 与平面 $\triangle CDE$ 内任一直线的同面投影平行,即 $a'b' /\!/ e'f'$, $ab /\!/ ef$,则直线 AB 与平面 $\triangle CDE$ 平行,如图 3-39(b)所示。

若平面为投影面垂直面,直线与其平行,则直线在该投影面上的投影平行于平面的积聚性投影。

如图 3-40 所示,$\triangle ABC$ 为铅垂面,其水平投影 abc 积聚成一直线,直线 $DE /\!/ \triangle ABC$,因此,$de /\!/ abc$。

例 3-12　试判断直线 AB 与平面 $\triangle CDE$ 是否平行(图 3-41)。

分析:若能在 $\triangle CDE$ 中作出一条平行于 AB 的直线,那么直线 AB 就平行于平面,否则就不平行。

作图:作图步骤如下:

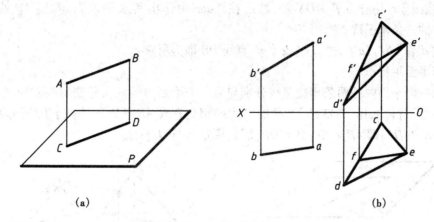

图 3-39 直线与平面平行

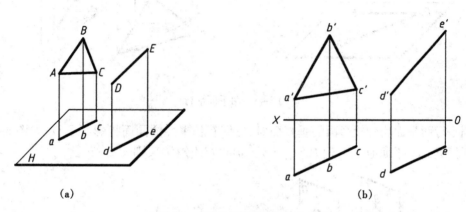

图 3-40 直线与投影面垂直面平行

①在△c'd'e'中过 e'作 e'f'∥a'b',然后在△cde 中作出 EF 的水平投影 ef;

②判别 ef 是否平行 ab,图中 ef 不平行于 ab,那么 EF 不平行于 AB。

结论:平面△CDE 中不包含直线 AB 的平行线,所以直线 AB 不平行于平面△CDE。

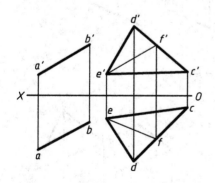

图 3-41 判断直线与平面是否平行

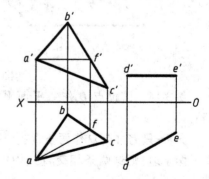

图 3-42 过 D 点作水平线平行于△ABC

例 3-13 试过点 D 作水平线 DE 平行平面△ABC(图 3-42)。

分析:一般位置的平面内存在唯一方向的水平线,可以先在△ABC 中作出其中的一条,然后再过点 D 作水平线的平行线即可。

作图:作图步骤如下:

①在△$a'b'c'$中作 $a'f'$∥OX 轴,然后在△abc 中作出其水平投影 af,则 AF 就是平面 △ABC 中的一条水平线;

②过 d' 作 $d'e'$∥$a'f'$,过 d 作 de∥af,直线 DE 即为所求。

2. 两平面平行

如果一个平面内的两条相交直线分别与另一个平面内的两条相交直线对应平行,那么 这两个平面平行。如图 3-43 所示,平面 P 内的相交直线 AB、AC 分别平行于平面 Q 内的相 交直线 DE 和 DF,即 AB∥DE,AC∥DF,那么平面 P 与 Q 平行。

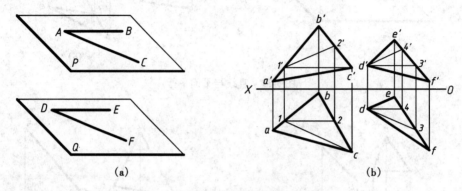

图 3-43　两平面平行

当平行两平面均为投影面的垂直面时,它们有积聚性的同面投影必平行,如图 3-44 所 示。平面 P⊥H,平面 Q⊥H,且 P∥Q($a'b'$∥$d'e'$、$b'c'$∥$e'f'$),则 abc∥def。

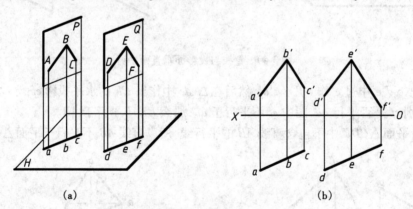

图 3-44　两铅垂面互相平行

例 3-14　试过点 D 作一平面平行△ABC(图 3- 45)。

分析:只需过点 D 作两条直线分别平行于△ABC 中的两条边,则这两条相交直线构成的平面即为所 求。

作图:作图步骤如下:

①过 d' 作 $d'e'$∥$a'b'$,$d'f'$∥$a'c'$;

②过 d 作 de∥ab,df∥ac,则两相交直线 DE、DF 构成的平面与平面△ABC 平行。

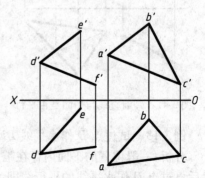

图 3-45　过点 D 作平面平行于△ABC

66

3.4.2　相交

1.直线与平面相交

直线与平面相交,其交点是直线与平面的共有点,它既在直线上又在平面上。当直线或平面与某一投影面垂直时,则可利用其投影的积聚性,在投影图上直接求得交点。

例 3-15　求直线 AB 与铅垂面 $\triangle CDE$ 的交点。

分析:设直线 AB 与铅垂面 $\triangle CDE$ 相交于 K,根据平面投影的积聚性及直线上的点的投影特性,可知交点的水平投影 k 就是平面的水平投影 cde 和 ab 的交点,由此可在直线上求出交点 K 的正面投影 k'。

作图:如图 3-46 所示,作图步骤如下:

①在水平投影上,标出 ab 与 cde 的交点 k;

②作出 $a'b'$ 上 K 点的投影 k',则 $K(k,k')$ 为所求交点;

③可见性判别。在图 3-46(c)中直线和平面在 V 投影上重影,从 H 投影可以看出直线以 k 为界,ak 在平面的前方,kb 在平面的后方,由此可见在 V 投影面上 $a'k'$ 可见,画成粗实线,$k'b'$ 在重影区域内不可见,画成虚线。

由于平面 $\triangle CDE$ 是铅垂面,其水平投影积聚为一直线,水平投影就无需判别可见性了。

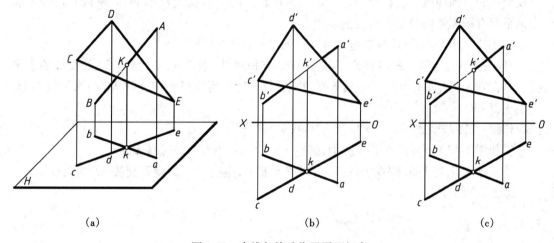

(a)　　　　　　　　　　(b)　　　　　　　　　　(c)

图 3-46　直线与特殊位置平面相交

例 3-16　求铅垂线 AB 与平面 $\triangle CDE$ 的交点(图 3-47)。

分析:如图 3-47 所示,设平面 $\triangle CDE$ 与铅垂线 AB 相交于 K,根据直线的积聚性即可确定其交点的水平投影 k,再利用面上取点的方法,在 $a'b'$ 上作出正面投影 k'。

作图:作图步骤如下:

①在 ab 上标出点 k;

②在平面 cde 上过 k 点作任一辅助直线 ef,再作 ef 的正面投影 $e'f'$;

③$e'f'$ 与 $a'b'$ 的交点,即为所求交点 K 的正面投影 k';

④图中直线和平面的 V 面投影有重影区,在 V 面投影上选择 $a'b'$ 和 $e'd'$ 的重影点 $1'$ $(2')$,从 H 面投影看出 $a(b)$ 在 ed 的前方,因此 $1'$ 可见,$2'$ 不可见,故 $k'1'$ 可见,画成粗实线,$k'b'$ 在重影部分不可见,画成虚线。

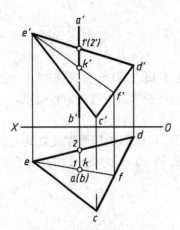 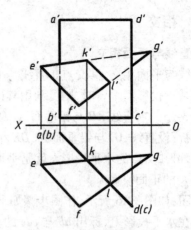

图 3-47　求平面和投影面　　　　图 3-48　求一般位置平面和
　　　垂直线的交点　　　　　　　　　投影面垂直面的交线

2. 两平面相交

空间两平面若不平行就必定相交。相交两平面的交线是一条直线,是两平面的共有线,交线上的每个点都是两平面的共有点。当求作交线时,只要求出两个共有点或一个共有点以及交线的方向即可。若相交两平面之一为投影面的垂直面或投影面的平行面时,则可利用该平面有积聚性的投影求得交线。

例 3-17　求平面 EFG 与铅垂面 $ABCD$ 的交线(图 3-48)

分析:因为铅垂面 $ABCD$ 的水平投影 $abcd$ 有积聚性,铅垂面与平面 EFG 的交线的水平投影必在 $abcd$ 上,同时又应在平面 EFG 的水平投影上,所以可确定交线 KL 的水平投影 kl,进而求得 $k'l'$。

作图:作图步骤如下:

①如图 3-48 所示,在水平投影中,确定 $abcd$ 与 eg 和 fg 的交点 k 和 l;
②根据 K、L 是平面 EFG 上的点,可求得 k' 和 l',连接 $k'l'$,即得到交线 KL 的两投影;
③判别可见性 。(略)

3.4.3　垂直

本节内容仅介绍直线与投影面垂直面垂直、平面与投影面垂直面垂直的投影特性。

1. 直线与平面垂直

直线垂直于投影面垂直面时,直线的投影垂直于平面有积聚性的同面投影。

例 3-18　已知一铅垂面 $ABCD$,试过平面外一点 M 作一直线与该平面垂直相交(图 3-49)。

分析:如图 3-49 所示,当直线与投影面的垂直面垂直时,直线一定平行于该平面所垂直的投影面,且直线的投影垂直于平面有积聚性的同面投影。图中的直线垂直于铅垂面 AB-CD,因此直线必定为水平线。

作图:作图步骤如下:

①如图 3-49 所示,过 m 作 $abcd$ 的垂直线得交点 k;
②过 m' 作 OX 轴的平行线,与过 k 的投影连线相交于 k';
③$MK(mk$、$m'k')$ 即为所求直线。

68

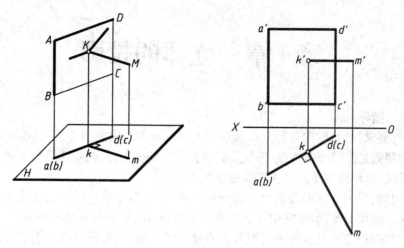

图 3-49　直线与特殊位置平面垂直

2. 两平面垂直

如果直线垂直于已知平面,则包含此直线所作的任意平面必垂直于已知平面。如图 3-50 所示,平面 *ABCD* 为一铅垂面,直线 *MK* 垂直于此平面,显然 *MK* 为水平线,且凡是包含 *MK* 的平面都垂直于平面 *ABCD*。如果过直线 *MK* 作铅垂面△*KMN*,使 *MN* 的水平投影 *mn* 与 *MK* 的水平投影 *mk* 重影,其交线 *NK* 为铅垂线。

结论:两个互相垂直的平面同时垂直于某一投影面时,则在该投影面上的投影互相垂直。

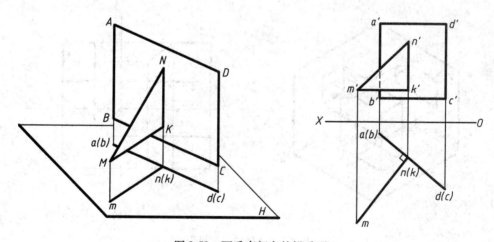

图 3-50　两垂直相交的铅垂面

第4章 立体的投影

本章学习指导

【目的与要求】熟练掌握各种立体的三面投影及其表面取点的方法;熟练掌握立体截切的基本形式和截交线的投影特点、形状及其求截交线的作图方法;熟练掌握立体表面相交时相贯线的形状、投影特点及其求相贯线的作图方法。

【主要内容】学习立体的投影及其表面取点的方法;学习求平面截切立体时所产生的截交线投影的方法和步骤;学习求相交立体所产生的相贯线投影的方法和步骤。

【重点与难点】重点是立体的投影及表面取点的方法,尤其是分析各投射方向的转向线在各投影图中的位置;要熟记不同位置截平面与圆柱、圆锥相交时所产生的截交线的形状;掌握两圆柱正交的基本形式和相贯线的变化趋势。难点是求各种截交线、相贯线的作图以及整理几何体截切、相贯后轮廓线的投影。

4.1 立体的三面投影及表面取点

从图4-1(a)可以看出,在三面投影体系中,立体分别向三个投影面投射,所得到的投影,叫做立体的三面投影,其投影图如图4-1(b)所示。

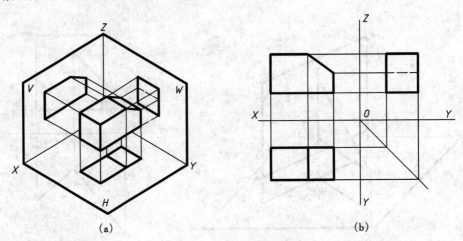

(a)   (b)

图4-1 立体的三面投影

画图时,投影轴省略不画,三面投影之间按投影方向配置。正面投影反映物体上下、左右的位置关系,表示物体的长度和高度;水平投影反映物体左右、前后的位置关系,表示物体的长度和宽度;侧面投影反映物体的上下、前后的位置关系,表示物体的高度和宽度,如图4-2所示。

三面投影之间的投影规律为:

①正面投影与水平投影之间——长对正;

②正面投影与侧面投影之间——高平齐;

③水平投影与侧面投影之间——宽相等。

画物体的三面投影时,物体的整体或局部结构的投影都必须遵循着上述投影规律。

需要注意,在确定"宽相等"时,一定要分清物体的前后方向,即水平投影和侧面投影中,以远离正面投影的方向为物体的前面。

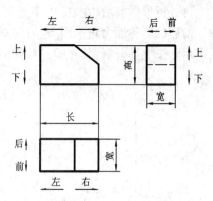

图4-2　三面投影之间的对应关系

4.1.1　平面立体的三面投影及表面取点

1.平面立体的三面投影

根据平面立体的形状特征,平面立体可分为棱柱和棱锥,见表4-1。在绘制平面立体三面投影时,只要将组成它的平面、棱线和顶点绘制出来,立体的三面投影即可完成,为此,绘制平面立体的三面投影可按下列过程进行:

①分析形体,若有对称面,绘制对称面有积聚性的投影——用点画线表示;

②对于棱柱,绘制顶面、底面的三面投影;

③对于棱锥,绘制底面、锥顶的三面投影;

④绘制棱柱(锥)棱线的三面投影;

⑤整理图线。

表4-1　平面立体(棱柱、棱锥)的三面投影及投影特性

名称	正六棱柱	正四棱锥
平面立体及其投影		
投影特性	各棱线互相平行	各棱线相交于一点

例4-1　画出图4-3所示正六棱柱的三面投影。

分析作图:先分析各表面以及棱线对投影面的相对位置。它由六个棱面和顶面、底面组成。顶面和底面为水平面,在水平投影上反映实形,正面投影和侧面投影分别积聚为直线;

棱面中的前、后两面为正平面,正面投影反映实形,水平投影和侧面投影分别积聚为直线;其余四个棱面均为铅垂面,水平投影积聚为直线,其他投影仍为小于实形的四边形。

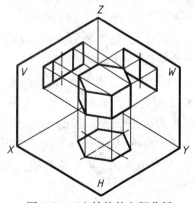

图4-3　正六棱柱的空间分析

再分析形体前后、左右、上下是否对称。如图 4-3 所示，正六棱柱在前后、左右方向对称。前后的对称面为正平面，左右的对称面为侧平面，分别作出它们有积聚性投影，用点画线表示。按上述分析，其作图过程如图 4-4 所示。

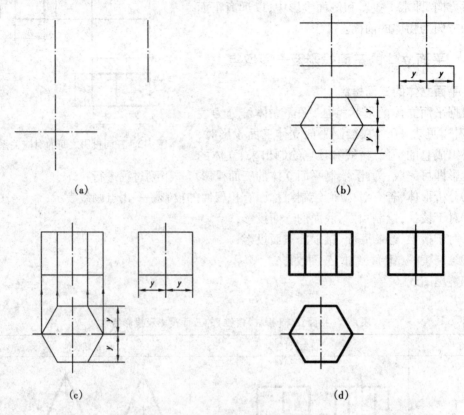

(a)　　　　　　　　　　　(b)

(c)　　　　　　　　　　　(d)

图 4-4　正六棱柱三面投影的作图过程

作图时，顶面和底面先画反映实形的水平投影——正六边形。应特别注意面与面的重影问题，只有准确地判断各表面投影的可见性，才能正确地表示立体各表面的相互位置关系。在图 4-4 中，除顶面和底面在水平投影重影以外，前棱面和后棱面在正面投影也重影，其余棱面的重影情况请自行分析。

例 4-2　画出图 4-5 所示的三棱锥的投影。

分析作图：图 4-5 为一正三棱锥，它由底面 *ABC* 和三个棱面 *SAB*、*SBC*、*SAC* 组成。底面 *ABC* 为一水平面，水平投影反映实形，其他两投影积聚为一直线；后棱面 *SAC* 为侧垂面，在侧面投影上积聚成直线，其他两投影为不反映实形的三角形；棱面 *SAB* 和 *SBC*

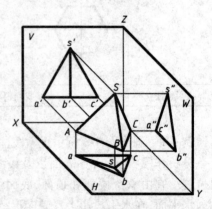

图 4-5　正三棱锥的空间分析

为一般位置平面，所以在三面投影上既没有积聚性，也不反映实形；底面三角形各边中 *AB*、*BC* 边为水平线，*CA* 边为侧垂线，棱线 *SA*、*SC* 为一般位置直线，*SB* 为侧平线。作图过程如图 4-6 所示。

72

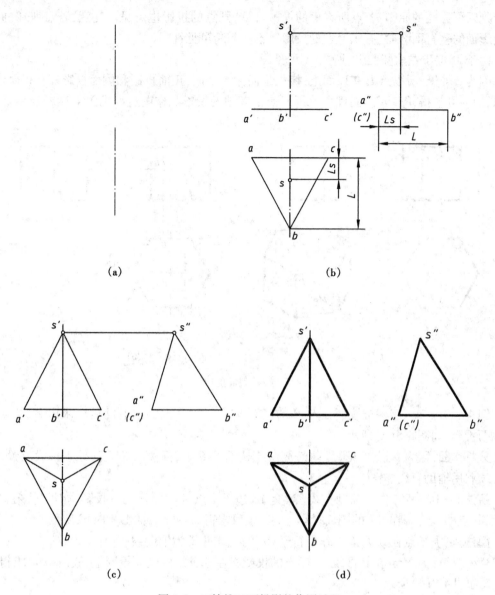

（a）   （b）

（c）   （d）

图 4-6　三棱锥三面投影的作图过程

2. 平面立体的表面取点

由于平面立体的表面均为平面,故立体表面取点可用第 3 章中平面上取点的方法来解决。

组成立体的平面有特殊位置平面,也有一般位置平面,特殊位置平面上点的投影可利用平面积聚性作图,一般位置平面上点的投影可选取适当的辅助直线作图。因此,作图时,首先要分析点所在平面的投影特性。

例 4-3　如图 4-7(a)所示,已知正六棱柱棱面上点 M、点 N 的正面投影 m' 和 n',P 点的水平投影 p,分别求出其另外两个投影,并判断可见性。

分析作图:由于 m' 可见,故 M 点在棱面 $ABCD$ 上,此面为铅垂面,水平投影有积聚性,m 必在面 $ABCD$ 有积聚性的投影 $ad(b)(c)$ 上。所以,按照投影规律由 m' 可求得 m,再根据 m' 和 m 求得 m''。

判断可见性的原则:若点所在面的投影可见,则点的投影也可见。注意,若点所在的面为投影面的垂直面,则在有积聚性的投影上不必判断可见性。

由于 M 位于左前棱面上,所以 m'' 可见。

因为 p 可见,所以点 P 在顶面上,棱柱顶面为水平面,正面投影和侧面投影都有积聚性,所以,由 p 可求得 p' 和 p''。同理可分析 N 点的其他两投影。作图过程见图 4-7(b)所示。

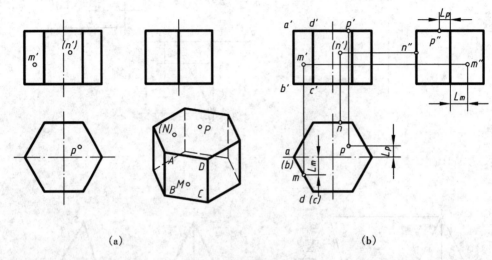

(a)   (b)

图 4-7　棱柱表面上取点

例 4-4　已知正三棱锥棱面上点 M 的正面投影 m' 和 N 点的水平投影 n,求出 M、N 点的其他两投影,如图 4-8(a)所示。

分析作图:因为 m' 点可见,所以点 M 位于棱面 SAB 上,而棱面 SAB 又处于一般位置,因而必须利用辅助直线作图。

解法 1:过 S、M 点作一辅助直线 SM 交 AB 边于 Ⅰ 点,作出 SⅠ 的各投影。因 M 点在 SⅠ 线上,M 点的投影必在 SⅠ 的同面投影上,由 m' 可求得 m 和 m'',如图 4-8(b)所示。

解法 2:过 M 点在 SAB 面上作平行于 AB 的直线 Ⅱ Ⅲ 为辅助线,即作 $2'3'$ ∥ $a'b'$,$2\,3$ ∥ $b(2''3''$ ∥ $a''b'')$,因 M 点在 Ⅱ Ⅲ 线上,M 点的投影必在 Ⅱ Ⅲ 线的同面投影上,故由 m' 可求得 m 和 m'',如图 4-8(c)所示。

点 N 位于棱面 SAC 上,SAC 为侧垂面,侧面投影 $s''a''(c'')$ 具有积聚性,故 n'' 必在 $s''a''(c'')$ 直线上,由 n 和 n'' 可求得 (n'),如图 4-8(d)所示。

判断可见性:因为棱面 SAB 在 H、W 两投影面上均可见,故点 M 在其他两投影面上也可见。棱面 SAC 的正面投影不可见,故点 N 的正面投影亦不可见。作图过程如图 4-8 所示。

4.1.2　回转体的三面投影及表面取点

回转体是由单一回转面或回转面和平面围成的立体。回转面是由一动线绕与它共面的一条定直线旋转一周而形成。这条动线称回转面的母线,母线在回转过程中的任意位置称为素线;与其共面的定直线称为回转面的轴线。

1.常见回转体的三面投影

常见的回转体主要有圆柱、圆锥、球等,其形成、三面投影及投影特性见表 4-2。

组成回转体的基本面是回转面,在绘制回转面的投影时,首先用点画线画出轴线的投

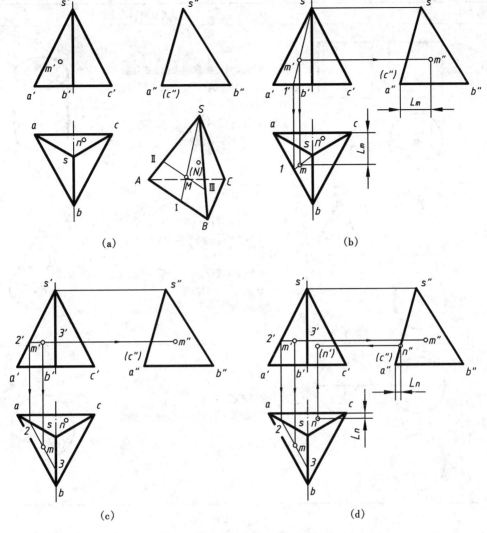

图 4-8　棱锥表面取点

影,然后分别画出相对于某一投射方向转向线的投影。所谓转向线一般是回转面在该投射方向上可见部分与不可见部分的分界线,其投影称为轮廓线。为此,常见回转体的三面投影的作图过程如下:

①分析形体,找出对称面,绘制对称面有积聚性的投影和轴线的投影——用点画线表示;

②对于圆柱,绘制顶面、底面的三面投影;

③对于圆锥,绘制底面和锥顶的三面投影;

④绘制相对于某一投射方向转向线的投影;

⑤整理图线。

表 4-2　常见回转体的形成、三面投影及投影特性

名称	投　影	形成及投影特性	
圆柱体		圆柱体是由圆柱面和两个底面围成。圆柱面是以直线 AA 为母线,绕与其平行的轴线 OO 旋转而成 　其轴线为铅垂线时,水平投影积聚为圆 　正面和侧面投影均为矩形	
圆锥体		圆锥体是由圆锥面和底面围成。圆锥面是以直线 SA 为母线,绕与其相交的轴线 SO 旋转而成 　其轴线为铅垂线时,水平投影为圆,即底面轮廓线,圆锥面无积聚性 　正面和侧面投影均为三角形	
球		球是由球面围成 　球面以半圆为母线,以圆的直径为轴线旋转 　三面投影均为圆	

例 4-5　画出图 4-9 所示圆柱的三面投影。

分析作图：图 4-9 所示圆柱的轴线为侧垂线,由圆柱面及左右两端面围成。圆柱体上下、前后对称,对称面分别为水平面和正平面;圆柱的两端面为侧平面,侧面投影反映圆的实形,在正面和水平投影面上,两端面的投影积聚成直线,其长度为圆的直径。圆柱面对 V 面的转向线为最上、最下素线 AA 和 BB,均为侧垂线,正面投影为 $a'a'$ 和 $b'b'$,水平投影 aa 和 bb 与轴线的水平投影重合,不再画出;圆柱面对 H 面的转向线为最前、最后素线 CC 和 DD,水平投影为 cc 和 dd,正面投影 $c'c'$ 和 $d'd'$ 与轴线的正面投影重合,所以也不画出。注意,圆柱面的侧面

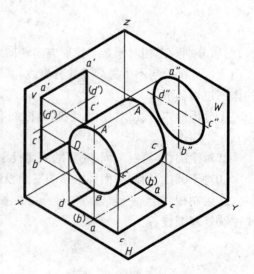

图 4-9　圆柱的空间分析

投影有积聚性,积聚于两端面在侧面投影的圆上。按上述分析,其作图过程如图 4-10 所示。

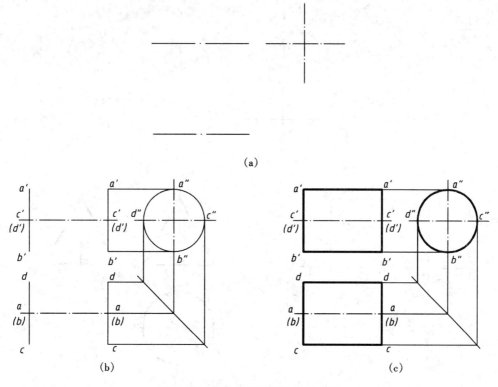

图 4-10　圆柱三面投影的作图过程

在正面投影中以 *AA* 和 *BB* 为界,前半圆柱面可见,后半圆柱面不可见;水平投影中以 *CC* 和 *DD* 为界,上半圆柱面可见,下半圆柱面不可见,据此可以判别圆柱面上的点的可见性。

例 4-6　画出图 4-11 所示的圆锥的三面投影。

分析作图:圆锥体由圆锥面和底面围成。图 4-11 所示为一正圆锥,前后、左右对称,对称面分别为正平面和侧平面;其轴线为铅垂线,底面为水平面,其水平投影反映圆的实形,同时,圆锥面的水平投影也落在圆的水平投影内;回转面对 *V* 面的转向线为最左、最右素线 *SA*、*SB*,且为正平线,其投影 *s'a'* 和 *s'b'* 为圆锥面正面投影的轮廓线;回转面对 *W* 面的转向线为最前、最后素线 *SC*、*SD*,且为侧平线,其投影 *s"c"* 和 *s"d"* 为圆锥面侧面投影的轮廓线。其作图过程如图 4-12 所示。

在正面投影中以 *SA* 和 *SB* 为界,前半圆锥面可见,后半圆锥面不可见;侧面投影中以 *SC* 和 *SD* 为界,左半圆锥面可见,右半圆锥面不可见,圆锥面在水平投影上均可见。

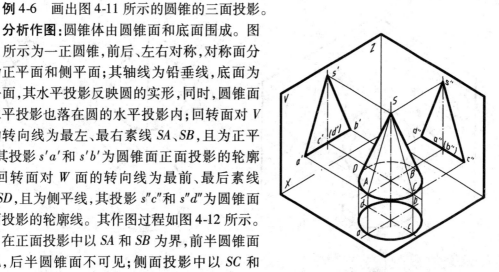

图 4-11　圆锥的空间分析

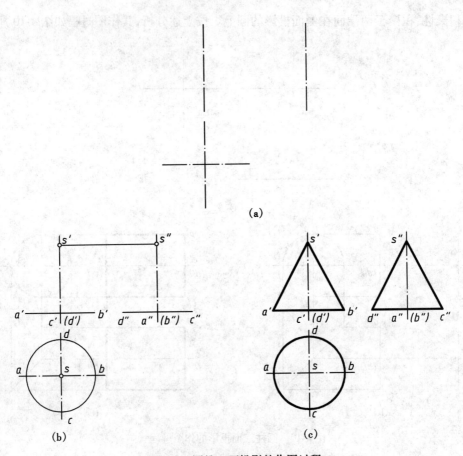

(a)

(b)　　　　　　　　　　　　　(c)

图 4-12　圆锥三面投影的作图过程

例 4-7　画出图 4-13(a)所示的球的三面投影。

分析作图:球由单一的球面围成,上下、左右、前后均对称。回转面对 V 面的转向线为

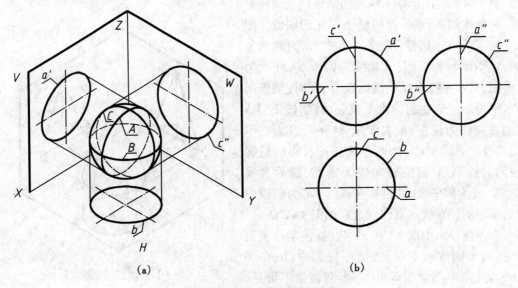

(a)　　　　　　　　　　　　　(b)

图 4-13　球三面投影的作图过程

一正平大圆 A;对 H 面的转向线为一水平大圆 B;对 W 面的转向线为一侧平大圆 C。所以,球的三面投影均为圆,圆的直径与球的直径相等。作图过程如图 4-13(b)所示。

作图时注意,正平大圆 A 的水平投影和侧面投影均与前后的对称面(点画线)重合,故其投影不再画出。同理,水平大圆 B 的正面投影和侧面投影以及侧平大圆 C 的正面投影和水平投影也不画出。

正面投影以 A 圆为界,前半球面可见,后半球面不可见;水平投影以 B 圆为界,上半球面可见,下半球面不可见;侧面投影以 C 圆为界,左半球面可见,右半球面不可见。

2. 常见回转体的表面取点

回转体表面取点主要是求回转面上点的投影,因此应首先分析回转面的投影特性,若其投影有积聚性,可利用积聚性法求解,若回转面投影没有积聚性,则需用辅助素线法或辅助圆法求解。

(1)积聚性法

例 4-8 如图 4-14(a)所示,已知点 M、E 的正面投影 m'、e' 和点 N 的水平投影 n,求其余两投影。

分析作图:如图 4-14 所示,由于圆柱面上的每一条素线都垂直于侧面,侧面投影有积聚性,故凡是在圆柱面上的点,它们的侧面投影一定在圆柱有积聚性的侧面投影(圆)上。已知圆柱面上点 M 的正面投影 m',其侧面投影 m'' 必定在圆柱的侧面投影(圆)上,再由 m' 和 m'' 可求得 m。用同样的方法可先求点 N 的侧面投影 n'',再由 n 和 n'' 求得 n',E 点请读者自行分析。

可见性的判断:因 m' 可见,且位于轴线上方,故 M 位于前、上半圆柱面上,则 m 可见。同理,可分析出点 N、E 的位置和可见性,其作图过程见图 4-14(b)。

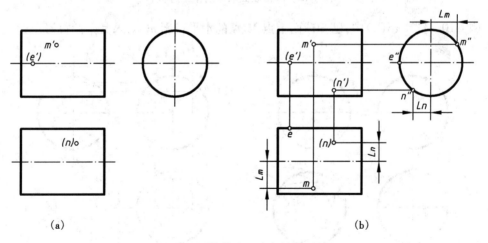

(a)   (b)

图 4-14　圆柱体表面取点的作图过程

(2)辅助线法

例 4-9 图 4-15(a)中,已知圆锥面上点 M、N 的正面投影 m'、n',点 P 的水平投影 p,求其余两投影。

分析作图:圆锥面各投影均无积聚性,表面取点时可选取适当的辅助线作图。

1)辅助素线法(求 M 点)　过锥顶 S 和点 M 作一辅助素线 SI,SI 的正面投影为 $s'1'$(连 s'、m' 并延长交锥底于 $1'$),然后求出其水平投影 $s1$。点 M 在 SI 线上,其投影必在该线的同面投影上,按投影规律由 m' 可求得 m 和 m''。

　　可见性的判断:由于 M 点在左半圆锥面上,故 m'' 可见;按此例圆锥摆放的位置,圆锥表面上所有的点在水平投影上均可见,所以 m 点也可见。因为 p 点不可见,故 P 点应在圆锥的底面上,而底面的正面、侧面投影均有积聚性,按投影规律可直接求出 p'、p''。作图过程见图 4-15(b)。

　　2)辅助圆法(求 N 点)　在图 4-15(b)中,过点 N 作一平行于圆锥底面的水平辅助圆,其正面投影为过 n' 且平行于底圆的直线 $2'3'$,其水平投影为直径等于 $2'3'$ 的圆,n 必在此圆上。由 n' 求出 n,再由 n 和 n' 求得 n''。

　　可见性的判断:N 点在右半圆锥面上,故 n'' 不可见。

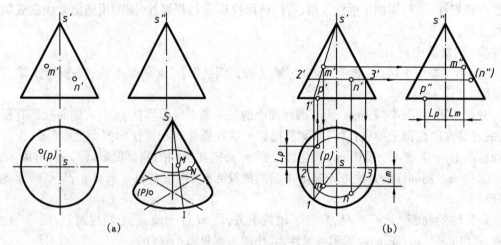

图 4-15　圆锥表面取点的作图过程

　　例 4-10　图 4-16(a)中,已知球面上点 M、N 的水平投影 m、n,求其余两投影。

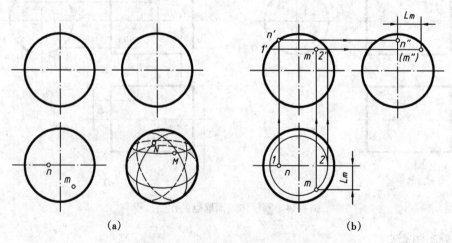

图 4-16　球表面取点的作图过程

　　球面上取点只能用辅助圆法作图。

　　分析作图:过点 M 作平行于水平面的辅助圆,其水平投影为圆的实形,正面投影为直线 $1'2'$,m' 必在该直线上,由 m 求得 m',再由 m 和 m' 作出 m''。当然,过点 M 也可作一侧平圆或正平圆求解。

可见性的判断:因 M 点位于球的右前方,故 m′可见,m″不可见。n 点位于前后的对称面上,故 N 点在正平的大圆上,由此可直接求出 n′、n″。作图过程如图 4-16(b)所示。

4.2 截切立体的投影

4.2.1 基本概念

在机器零件上经常见到一些立体被平面截去某一部分,即平面与立体相交。截交时,与立体相交的平面称为截平面,该立体称为截切体,截平面与立体表面产生的交线称为截交线,如图 4-17 所示。

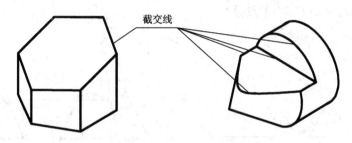

图 4-17 平面与立体相交

1. 截交线的性质

(1)公有性

截交线是平面截切立体表面形成的,因此它是平面和立体表面的公有线,既属于截平面,又属于立体表面。截交线上的点也是它们的公有点。

(2)封闭性

由于立体具有一定的大小和范围,所以,截交线一般都是由直线、曲线或直线和曲线围成的封闭的平面图形。

2. 求截交线的方法

根据截交线的性质,截交线是由一系列公有点组成,故求截交线的方法可归结为上节介绍的立体表面取点的方法。

3. 求截交线投影的步骤

①进行截交线的空间及投影的形状分析,找出截交线的已知投影。

②求出截平面与立体表面的一系列公有点,判断可见性,依次连接成截交线的同面投影,并加深立体的轮廓线到与截交线的交点处,完成全图。

4.2.2 平面与平面立体相交

平面与平面立体相交,其截交线是由直线围成的平面图形。多边形的各边是截平面与平面立体各表面的交线,其各顶点是平面立体的棱线与截平面的交点或两条截交线的交点。求平面与平面立体的截交线有两种方法:棱线法——求各棱线与截平面的交点;棱面法——求各棱面与截平面的交线。

1. 棱线法

当平面与平面立体的棱线相交时,截交线的顶点即为截平面与棱线的交点。

例 4-11 求三棱锥 S-ABC 被正垂面 P 截切后的投影。

分析:图 4-18(a)所示截平面 P 与三棱锥的各个棱线均相交,其截交线为三角形,三角形的三个顶点 Ⅰ、Ⅱ、Ⅲ 即为三棱锥的三条棱线与截平面的交点。因为截平面为正垂面,所以,截交线的正面投影积聚为直线,为已知投影,其水平投影和侧面投影均为三角形。

作图:如图 4-18(b)所示。

①画出三棱锥的侧面投影。

②标出截交线 Ⅰ Ⅱ Ⅲ 的正面投影 1′、2′、3′。

③按照投影规律求出截交线的水平投影 1、2、3 和侧面投影 1″、2″、3″。

④1、2、3 和 1″、2″、3″均可见,所以三角形 123 和 1″2″3″亦可见,连成粗实线。

⑤整理轮廓线,将棱线的水平投影加深到与截交线水平投影的交点 1、2、3 点处;同理,棱线的侧面投影加深到 1″、2″、3″点处。

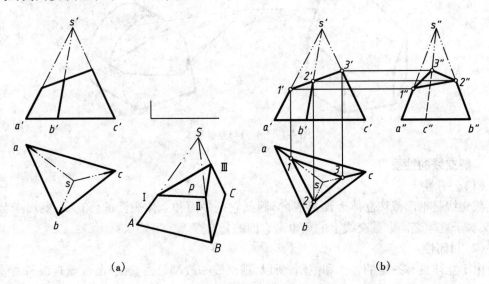

图 4-18 三棱锥的截交线及其投影

2. 棱面法

当平面与平面立体的棱线不相交时,需逐步分析截平面与棱面、截平面与截平面的交线。

例 4-12 求作如图 4-19(a)所示带切口五棱柱的投影。

分析:五棱柱被正平面 P 和侧垂面 Q 截切,与 P 平面的交线为 BAGF,与 Q 平面的交线为 BCDEF,P 与 Q 的交线为 BF。正平面与五棱柱的各棱线均不相交,侧垂面也只与三条棱线相交,因此,截交线的各顶点不能仅用棱线法求出。

由于截交线 BAGF 在正平面 P 上,故正面投影为反映实形的四边形,水平投影和侧面投影均积聚成直线;截交线 BCDEF 既属于五棱柱的棱面,也属于侧垂面 Q,所以其水平投影积聚在五棱柱棱面的水平投影上,侧面投影积聚成直线;P、Q 两截平面的交线是侧垂线 BF,侧面投影积聚成点。

作图:如图 4-19(b)所示。

①画出五棱柱的正面投影。

②在已知的侧面投影上标明截交线上各点的投影 a″、b″、c″、d″、e″、f″、g″。

③由五棱柱的积聚性,求出各点的水平投影 a、b、c、d、e、f、g。

④由各点的水平投影和侧面投影求出其正面投影 a'、b'、c'、d'、e'、f'、g'。

⑤截交线的三面投影均可见,按顺序连接各点的同面投影,并画出交线 BF 的三面投影。

⑥整理轮廓线。

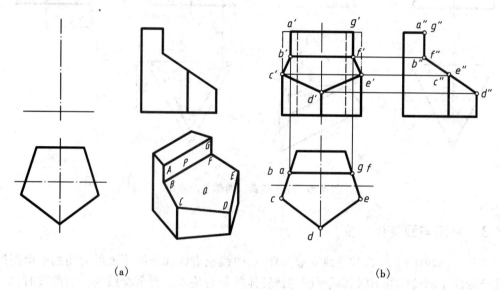

（a）　　　　　　　　　　　　（b）

图 4-19　带切口五棱柱的投影图

例 4-13　求正三棱锥被两个截平面截切后的水平投影和侧面投影。

分析:图 4-20(a)所示正三棱锥被正垂面 P 和水平面 Q 截切,正垂面与棱线交于 I 点;水平面与棱线分别交于Ⅳ、Ⅴ两点;两截平面的交线为正垂线 Ⅱ Ⅲ。因为两截平面都垂直于正面,所以,截交线的正面投影有积聚性;截平面 Q 与三棱锥的底面平行,故截交线是部分与底面各边平行的正三角形,其侧面投影积聚成直线。

作图:如图 4-20(b)所示。

①画出正三棱锥的侧面投影。

②在已知的正面投影上标出截交线上各点的投影 1'、2'、3'、4'、5'。

③作截交线的水平投影。由 1'、5'求出 1、5;过点 5 分别作与底面三角形两边平行的直线,其中一条与前棱线交于点 4,过点 4 引另一底边的平行线,由点 2'、3'向下投射,在与底边平行的两条线上求出 2、3,分别连接 2453、12 和 13,即求得截交线的水平投影;连接 23,即求得两截平面交线的水平投影。

④作截交线的侧面投影。由 1'、5'、3'、4'可求出 1″、5″、3″、4″,根据宽相等的投影规律,由 2 求出 2″。连接 5″4″2″3″,即为截平面 Q 与三棱锥截交线的侧面投影;3″1″2″即为截平面 P 与三棱锥截交线的侧面投影,2″3″为两截平面交线的侧面投影。

⑤判别可见性,整理轮廓线。截交线的三个投影均可见,画成粗实线。轮廓线应加深到三条棱线与截交线的交点 I、Ⅳ、Ⅴ处,以上被截掉,不应画出它们的投影。为便于看图,可用双点画线表示它们的假想投影。

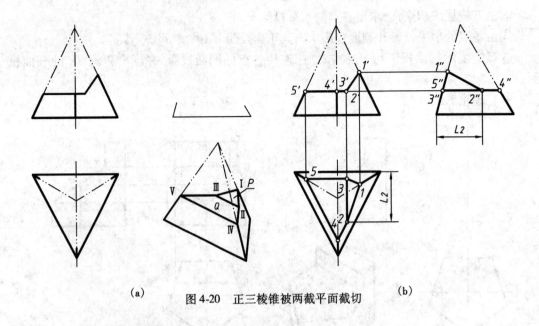

(a)   图 4-20   正三棱锥被两截平面截切   (b)

4.2.3 平面与回转体相交

平面与回转体相交,其截交线一般是直线、曲线或直线和曲线围成的封闭的平面图形,这主要取决于回转体的形状和截平面与回转体的相对位置。当截交线为一般曲线时,应先求出能够确定其形状和范围的特殊点,它们是曲面立体转向线上的点以及最左、最右、最前、最后、最高和最低等极限位置点。然后再按需要作适量的一般位置点,并标明投影的可见性,连成截交线。下面研究几种常见曲面立体的截交线,并举例说明截交线投影的作图方法。

1. 平面与圆柱相交

平面与圆柱相交,由于截平面与圆柱轴线的相对位置不同,截交线有三种形状:矩形、圆以及椭圆,详见表 4-3。

表 4-3   平面截切圆柱的截交线

截平面位置	平行于圆柱轴线	垂直于圆柱轴线	倾斜于圆柱轴线
立体图			

截交线	平行于轴线的矩形	垂直于轴线的圆	椭圆
投影图	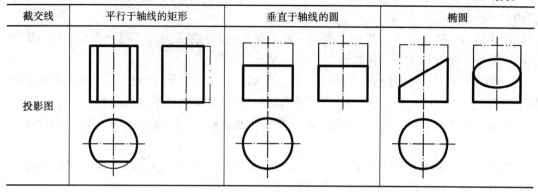		

例4-14 求正垂面 P 截切圆柱的侧面投影(图4-21(a))。

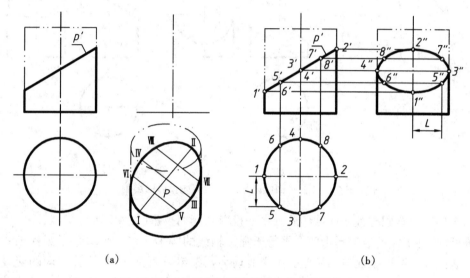

(a)　　　　　　　　　　　　　　　(b)

图4-21　正垂面截切圆柱的截交线的投影作图

分析: 图4-21(a)所示,圆柱轴线为铅垂线,截平面 P 倾斜于圆柱轴线,故截交线为椭圆,其长轴为Ⅰ Ⅱ,短轴为Ⅲ Ⅳ。因截平面 P 为正垂面,故截交线的正面投影积聚在 p' 上;又因为圆柱轴线垂直于水平面,圆柱的水平投影积聚成圆,而截交线又是圆柱表面上的线,所以,截交线的水平投影也在此圆上;截交线的侧面投影为不反映实形的椭圆。

截交线上的特殊点包括确定其范围的极限点,即最高、最低、最前、最后、最左、最右各点以及投射方向上可见与不可见的分界点,截交线为椭圆时还需求出其长短轴的端点。点Ⅰ、Ⅱ、Ⅲ、Ⅳ即为特殊点,其中,Ⅰ、Ⅱ为最高点(最右点)和最低点(最左点),同时也是长轴的端点和正面投影轮廓线上的点;Ⅲ、Ⅳ为最前、最后的点,也是椭圆短轴上的点和侧面投影轮廓线上的点。若要光滑地将椭圆画出,还需在特殊点之间选取一般位置点Ⅴ、Ⅵ、Ⅶ、Ⅷ。截交线有可见与不可见部分时,分界点一般在轮廓线上,其判别方法与曲面立体表面上点的可见性判别相同。

作图: 如图4-21(b)所示。

①画出截切前圆柱的侧面投影,再求截交线上特殊点的投影。在已知的正面投影和水

平投影上标明特殊点的投影 $1'$、$2'$、$3'$、$4'$ 和 1、2、3、4,然后再求出其侧面投影 $1''$、$2''$、$3''$、$4''$,它们确定了椭圆投影的范围。

②求适量一般位置点的投影。选取一般位置点的正面投影和水平投影为 $5'$、$6'$、$7'$、$8'$ 和 5、6、7、8,按投影规律求得侧面投影 $5''$、$6''$、$7''$、$8''$。

③判别可见性,光滑连线。椭圆上所有点的侧面投影均可见,按照水平投影上各点的顺序,光滑连接 $1''$、$5''$、$3''$、$7''$、$2''$、$8''$、$4''$、$6''$、$1''$ 各点成粗实线,即为所求截交线的侧面投影。

④整理轮廓线,将轮廓线加深到与截交线相交的点处,即 $3''$、$4''$ 处,轮廓线的上部分被截掉,不应画出。

当截平面与圆柱轴线相交的角度 α 发生变化时,其侧面投影上椭圆的形状也随之变化。当角度为 $45°$ 时,椭圆的侧面投影为圆,如图 4-22 所示。

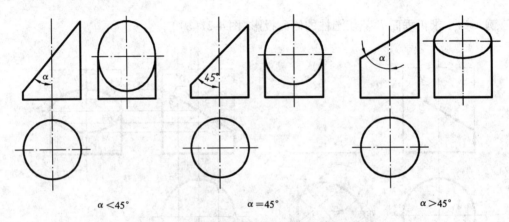

$\alpha < 45°$ $\alpha = 45°$ $\alpha > 45°$

图 4-22 截平面倾斜角度对截交线投影的影响

例 4-15 补全圆柱被平面截切后的水平投影和侧面投影(图 4-23(a))。

分析:圆柱上端的通槽是由两个平行于圆柱轴线的侧平面和一个垂直于圆柱轴线的水平面截切而成。两侧平面与圆柱面的截交线均为两条铅垂直素线,与圆柱顶面的交线分别是两条正垂线;水平面与圆柱的截交线是两段圆弧;三个截平面的交线是两条正垂线。因为三个截平面的正面投影均有积聚性,所以截交线的正面投影积聚成三条直线;又因为圆柱的水平投影有积聚性,四条与圆柱轴线平行的直线和两段圆弧的水平投影也积聚在圆上,四条正垂线的水平投影反映实长;由这两个投影即可求出截交线的侧面投影。

作图:如图 4-23(b)所示。

①根据投影关系,作出截切前圆柱的侧面投影。

②在正面投影上标出特殊点的投影 $1'$、$2'$、$3'$、$4'$、$5'$、$6'$,按投影关系从水平投影的圆上找出对应点 1、2、3、4、5、6。(对称位置点略)

③根据特殊点的正面投影和水平投影,求出其侧面投影 $1''$、$2''$、$3''$、$4''$、$5''$、$6''$。

④判断可见性按顺序连线。水平投影:连接 3、4 和 2、5 及对称点,其他投影积聚在圆周上。侧面投影:连接 $1''2''3''4''5''6''$ 及对称点,$3''4''$ 与顶面的侧面投影重合,两截平面的交线 $2''5''$ 及对称线的侧面投影应为虚线。

⑤加深轮廓线到与截交线的交点(即 $1''$ 和 $6''$ 点)处,上边被截掉。

若圆柱上端左右两边均被一水平面 P 和侧平面 Q 所截,其截交线的形状和投影请读者自行分析,其作图过程如图 4-24 所示。要注意 $1''$ 到前轮廓线、$4''$ 到后轮廓线之间不应有线。

在圆柱上切槽、打孔是机械零件上常见的结构，应熟练地掌握其投影的画法。图 4-25 在空心圆柱（即圆筒）的上端开槽的投影图，其外圆柱面截交线的画法与图 4-23 相同，内圆柱表面也会产生另一套截交线，其画法与外圆柱面截交线的画法相似，但各截平面与圆柱孔的截交线的侧面投影均不可见，应画成虚线；还应注意在中空部分不应画线，圆柱孔的轮廓线均不可见，应画成虚线。

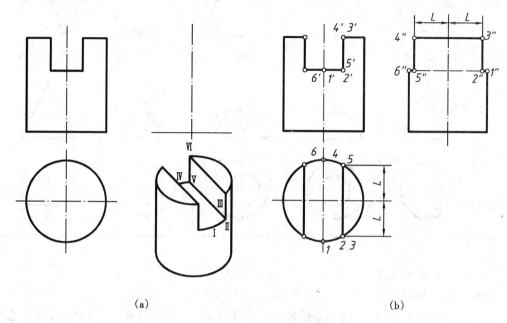

（a） （b）

图 4-23 圆柱切槽的投影图

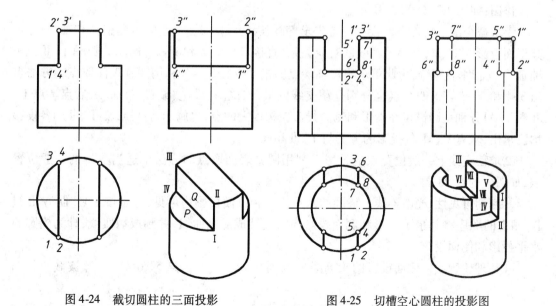

图 4-24 截切圆柱的三面投影   图 4-25 切槽空心圆柱的投影图

2. 平面与圆锥相交

当截平面与圆锥轴线的相对位置不同时，其截交线有五种基本形式（见表 4-4）。

87

表4-4 平面与圆锥相交的截交线

截平面位置	过锥顶	与轴线垂直 $\theta=90°$	与轴线倾斜 $\alpha<\theta<90°$	与一条素线平行 $\theta=\alpha$	与轴线平行或倾斜 $0°\leqslant\theta<\alpha$
立体图	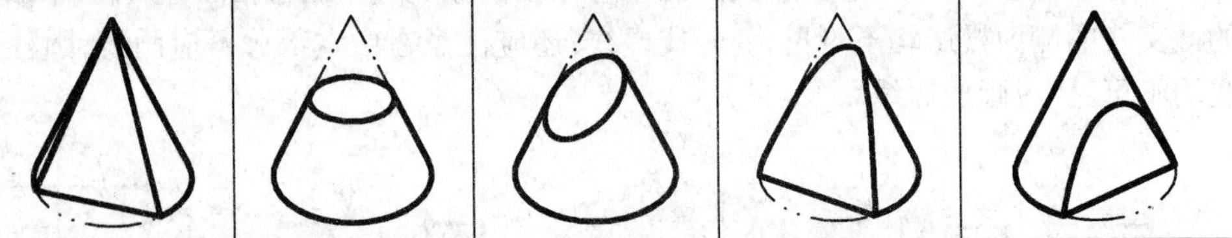				
截交线	过锥顶的三角形	圆	椭圆	抛物线和直线	双曲线和直线
投影图	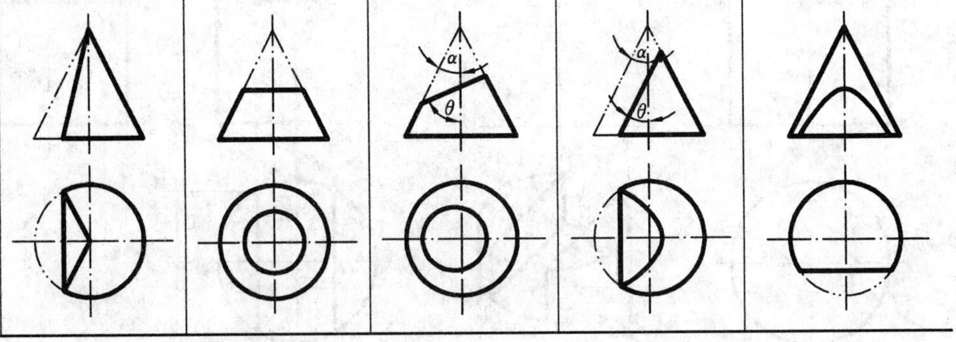				

例4-16 求正垂面截切圆锥的投影(图4-26(a))。

分析: 正垂面倾斜于圆锥轴线,且 $\theta>\alpha$,截交线为椭圆,其长轴是Ⅰ Ⅱ,短轴是Ⅲ Ⅳ。截交线的正面投影有积聚性,故利用积聚性可找到截交线的正面投影;截交线的水平投影和侧面投影仍为椭圆,但不反映实形。

作图: 如图4-26(b)(c)所示。

①求截交线上特殊点的投影。首先求椭圆长、短轴的端点:点Ⅰ、Ⅱ是椭圆长轴的端点,其正面投影为1'、2',利用轮廓线的对应关系,直接求出1、2和1″、2″;椭圆的长轴Ⅰ Ⅱ与短轴Ⅲ Ⅳ互相垂直平分,由此可求出短轴端点的正面投影3'、4',利用圆锥表面取点的方法求出3、4和3″、4″。这四个点也分别是截交线的最低、最高、最左、最右、最前、最后点。点Ⅰ、Ⅱ和Ⅴ、Ⅵ分别是圆锥正面投影和侧面投影轮廓线上的点,也属于特殊点,点Ⅰ、Ⅱ的各投影均已求出,求点Ⅴ、Ⅵ各投影的方法与Ⅰ、Ⅱ相同。

②求截交线上一般位置点的投影。利用圆锥表面取点的方法求适当数量的一般位置点,如图中的点Ⅶ、Ⅷ。

③判别可见性,光滑连线。椭圆的水平投影和侧面投影均可见,分别按Ⅰ Ⅶ Ⅲ Ⅴ Ⅱ Ⅵ Ⅳ Ⅷ Ⅰ的顺序将其水平投影和侧面投影光滑连接成椭圆曲线,并画成粗实线,即为椭圆的水平投影和侧面投影。

④整理轮廓线。侧面投影的轮廓线加深到与截交线的交点5″、6″处,上部被截掉不加深。

图4-27是侧平面截切圆锥截交线的投影作图。截平面平行于圆锥轴线($\theta=0°$),截交线是双曲线。其正面投影和水平投影都有积聚性,侧面投影反映实形。作图时先求出特殊点的各投影,再求一些一般位置点的投影。

图中3″、1″、2″是截交线上特殊点的侧面投影,4″、5″是一般位置点的侧面投影,光滑连接

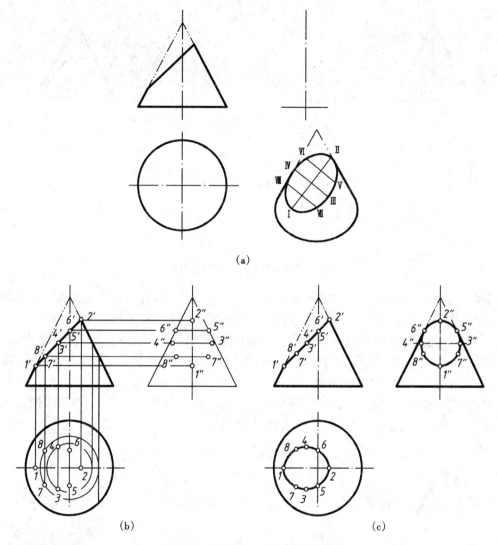

图 4-26　圆锥被正垂面截切的投影

2″4″3″5″1″各点,即为截交线的侧面投影。截平面与圆锥侧面投影的轮廓线没有交点,应完整画出。

例 4-17　求圆锥切口后的投影(图 4-28(a))。

分析: 图中圆锥被三个截平面截切。其中 P 平面是垂直于圆锥轴线的水平面,其截交线为圆弧,正面和侧面投影有积聚性,水平投影反映圆弧的实形;R 平面是倾斜于圆锥轴线的正垂面,其截交线为一段椭圆弧,正面投影有积聚性,水平和侧面投影均为一段椭圆弧但不反映实形;Q 平面是过锥顶的正垂面,其截交线为过锥顶的两直线段;P 与 Q、Q 与 R 的交线均为正垂线。

作图: 如图 4-28(b)所示。

①求水平面 P 与圆锥的截交线的投影。2′4′1′5′3′所对应的水平投影反映实形,侧面投影积聚为一直线,均可直接画出,其水平投影的半径可从正面投影中确定。

②求正垂面 R 与圆锥的截交线的投影。6′8′10′9′7′所对应的水平投影和侧面投影的作图过程参见例 4-16 的方法画出。

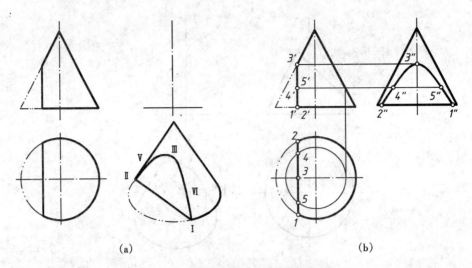

图 4-27　圆锥被侧平面截切后的投影

③求过锥顶正垂面 Q 与圆锥截交线的投影。2′6′、3′7′所对应的水平投影和侧面投影也为过锥顶的直线,只要找到其所在素线的投影,即可定出它们的另外两个投影。

④求三个截平面交线的投影。交线上各端点Ⅱ、Ⅲ、Ⅵ、Ⅶ的各投影前面均已求出。

⑤判别可见性,连线。截交线的投影中除截平面交线的水平投影 23 和 67 不可见,画成虚线外,其余均可见,应画成粗实线。

⑤整理轮廓线。圆锥被三个截平面截去部分轮廓线的投影不应画出,如侧面投影中应加深到与截交线的交点处,其中间部分被截掉,不应画出。

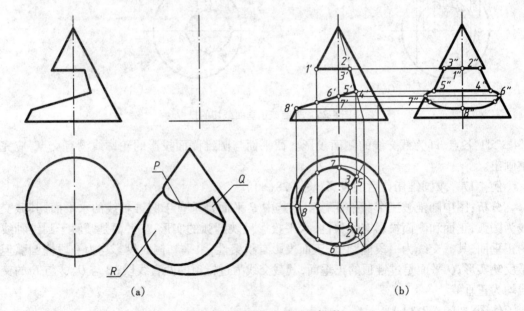

图 4-28　圆锥切口的三面投影

3.平面与球相交

平面与球相交,不论截平面位置如何,其截交线都是圆;圆的直径随截平面距球心的距离不同而改变:当截平面通过球心时,截交线圆的直径最大,等于球的直径;截平面距球心越远,截交线圆的直径越小。当截平面相对于投影面的位置不同时,截交线圆的投影可能是圆、直线或椭圆。

图 4-29 所示用水平面截切球,截交线的水平投影反映圆的实形,正面投影和侧面投影都是直线段,且长度等于该圆的直径。

例 4-18 求铅垂面截切球的投影(图 4-30(a))。

分析: 铅垂面截切球,截交线的形状为圆,其水平投影积聚成直线 12,长度等于截交线圆的直径;正面投影和侧面投影均为椭圆,利用球表面取点的方法,求出椭圆上的特殊点和一般位置点的投影,按顺序光滑连接各点的同面投影成为椭圆即可。

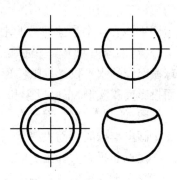

图 4-29 水平面截切球

作图: 如图 4-30(b)所示。

① 求出截切前球的投影,再求截交线上特殊点的投影。

a. 求球轮廓线上点的投影。截交线水平投影中 1、2、5、6、7、8 分别是球面各投影轮廓线上点的水平投影,利用轮廓线的对应关系,可以直接求出 1′、2′、5′、6′、7′、8′ 和 1″、2″、5″、6″、7″、8″。

b. 求椭圆长、短轴端点的投影。椭圆短轴端点的投影为 1′、2′ 及 1、2 和 1″、2″,前面已求出。椭圆长轴端点的水平投影为直线 12 的中点 3、4,利用球表面取点的方法(作辅助正平圆)可求出 3′、4′ 和 3″、4″。

② 求截交线上一般位置点的投影。根据连线的需要,在 12 上取适当数量的点,再利用辅助圆法求出其正面投影和侧面投影。

③ 判别可见性,光滑连线。截交线的正面投影以 5′、6′ 为界,5′、1′、6′ 可见,加深成粗实线;5′、3′、7′、2′、8′、4′、6′ 不可见,加深成虚线。侧面投影均可见用粗实线光滑连接,即得所求。

④ 整理轮廓线。正面投影的轮廓线加深到与截交线的交点 5′、6′ 处,其左边部分被切去;侧面投影的轮廓线加深到与截交线的交点 7″、8″ 处,其后面部分被切去;被切去部分轮廓

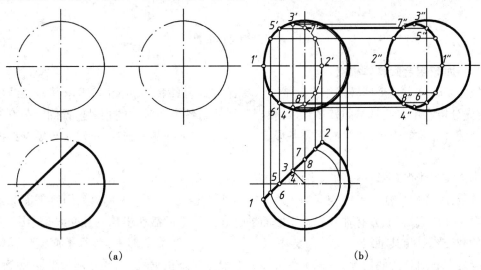

(a)　　　　　　　　　　　　(b)

图 4-30 铅垂面截切球的投影

线的投影不应画出。

例 4-19 补全半球切槽的水平投影和侧面投影(图 4-31(a))。

分析:半球被两个侧平面和一个水平面截切,其截交线的空间形状均为圆弧。水平面与半球截交线的水平投影反映实形,正面投影和侧面投影积聚成直线;两侧平面与半球交线的侧面投影反映实形,正面投影和水平投影积聚成直线。三个截平面的交线为两条正垂线。

作图:如图 4-31(b)所示。

①画出半球的侧面投影。

②在正面投影上标出 1′、2′、3′、4′、5′、6′、7′、8′各点。

③求水平面截半球的截交线投影。截交线的水平投影是 1 7 4 和 2 8 6,其半径可由正面投影上 7′(8′)至轮廓线的距离得到;侧面投影是直线 1″7″4″和 2″8″6″。

④求侧平面截半球的截交线投影。截交线的侧面投影是圆弧 1″3″2″(4″5″6″与 1″3″2″重合),其半径可由 3′至半球底面的距离得到;水平投影是直线 1 2 和 4 6。

⑤求截平面之间交线的投影。交线的水平投影 1 2、4 6 两直线已求出,连接 1″2″(4″6″与其重合)即为侧面投影,且不可见,画成虚线。

⑥整理轮廓线。开槽后没有影响水平投影的轮廓线,故水平投影的轮廓线应正常画出;侧面投影的轮廓线加深到与截交线的交点 7″、8″处,其上部被切去部分的轮廓线不应画出。

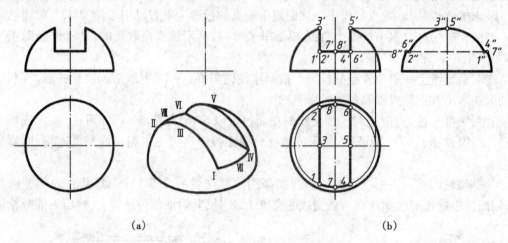

(a)   (b)

图 4-31　开槽半球的投影

4. 平面与组合回转体相交

组合回转体由几个回转体组合而成。求平面与组合回转体相交时,若求其截交线的投影,首先分析它由哪些基本回转体组成,根据截平面与各个回转体的相对位置确定截交线的形状及结合部位的连接形式,然后将各段截交线分别求出并顺序连接,即可求出截交线的投影。

例 4-20 求吊环截交线的水平投影和侧面投影(图 4-32)。

分析:吊环由同轴且直径相等的半球与圆柱光滑相切组成。在其两侧用侧平面和水平面左右对称地截切,上方有轴线垂直于侧面的通孔。侧平面截切半球的截交线是半圆,截切圆柱的截交线是与其轴线平行的直线,两截交线形成一个倒 U 形平面;水平面截切圆柱的截交线是左右对称的两段圆弧;三个截平面的交线是两条正垂线;只要分别求出各截交线的投影,即为吊环截交线的投影。

作图：(图 4-32)

①求截交线的水平投影。截交线的水平投影是左右对称的两条直线和两段圆弧(在圆柱的水平投影上)，两条直线可根据截交线的正面投影直接作出，并在其中间画出孔的投影，由于孔的水平投影不可见，故画成虚线。

②求截交线的侧面投影。作出侧平面截切半球所得的半圆和截切圆柱所得的两条直线，且直线与半圆相切；水平面与圆柱截交线的侧面投影为一直线。左、右两侧截交线的侧面投影重合。水平圆柱孔的侧面投影为圆。

③判别可见性，整理图线。截交线的三面投影均可见，画成粗实线。

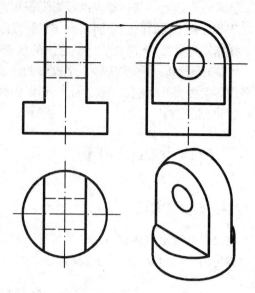

图 4-32 吊环截交线的投影

例 4-21 求顶尖头部的水平投影(图 4-33(a))。

分析：顶尖头部的圆锥、圆柱为同轴回转体，且圆锥底圆的直径与圆柱的直径相等。左边的圆锥和圆柱同时被水平面 Q 截切，而右边的圆柱不仅被 Q 截切，还被侧平面 P 截切。Q 与圆锥面的截交线是双曲线，与圆柱的截交线是与其轴线平行的两条直线；截平面 Q 的正面、侧面投影均积聚成直线，故只需求出截交线的水平投影。侧平面 P 只截切一部分圆柱，其截交线是一段圆弧；截平面 P 的正面和水平投影积聚成直线，侧面投影反映实形。两截平面的交线是正垂线。

作图：如图 4-33(b)所示。

①作出截切前顶尖头部的水平投影，求截交线上特殊点的投影。在正面投影上标出 $1'$、$2'$、$3'$、$4'$、$5'$、$6'$，利用表面取点的方法求出其侧面投影 $1''$、$2''$、$3''$、$4''$、$5''$、$6''$ 和水平投影 1、2、3、4、5、6。

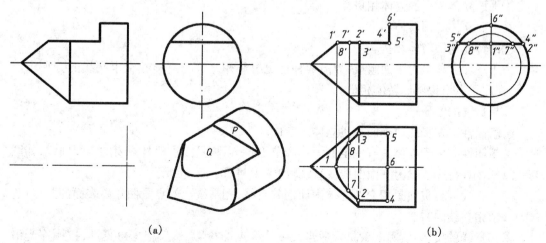

(a)　　　　　　　　　　　　　(b)

图 4-33 顶尖头部的投影

②求截交线上一般位置点的投影。根据连线的需要,在 $1'2'$、$1'3'$ 之间确定两个一般位置点 $7'$、$8'$,利用辅助圆法分别求出其侧面投影 $7''$、$8''$ 和水平投影 7、8。

③判别可见性,光滑连线。截交线的水平投影可见,画成粗实线。

④整理轮廓线。顶尖头部水平投影的轮廓线不受影响,画成粗实线。锥、柱的交线圆在水平投影上为直线,注意 2、3 之间上部被 Q 面截去,下部被遮住,应画成虚线;P、Q 的交线 4、5 加深成粗实线。

4.3 相贯立体的投影

4.3.1 概念与术语

在机器上常出现两立体相交的情况。两立体相交称为相贯,相贯时两立体表面产生的交线称为相贯线,参与相贯的立体叫做相贯体,如图 4-34 所示。相贯线也为两立体的分界线。

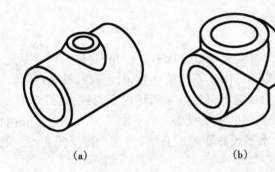

| (a) | (b) | (c) |

图 4-34　立体表面的相贯线

1. 相贯的基本形式

按照立体的类型不同,立体相贯有三种情况:

①平面立体与平面立体相贯;

②平面立体与回转体相贯;

③回转体与回转体相贯。

由于平面立体是由平面组成,故前两种情况可利用平面与立体相交求交线的方法求出交线,在此重点讨论两回转体相贯。

2. 相贯线的性质

①表面性。相贯线位于两相贯立体的表面。

②封闭性。由于立体具有一定的大小和范围,所以相贯线一般是封闭的空间曲线,如图 4-34(a)所示,特殊情况为平面曲线或直线,如图 4-34(b)、(c)所示。

③公有性。相贯线是相交两立体表面的共有线,相贯线上的点是两立体表面的共有点。

3. 求相贯线的方法

求相贯线的投影,实际上就是求适当数量公有点的投影,然后根据可见性,按顺序光滑连接同面投影。求相贯线上点的投影的常见方法有积聚性法和辅助平面法。

4. 求相贯线投影的作图过程

①进行相贯线的空间及投影的形状分析,找出相贯线的已知投影,确定求相贯线投影的方法。

②作图。求出相贯立体表面的一系列公有点,判断可见性,用相应的图线依次连接成相贯线的同面投影,并加深各立体的轮廓线到与相贯线的交点处,完成全图。

为了准确地画出相贯线,一般先作出相贯线上的一些特殊点,即确定相贯线投影的范围和变化趋势的点,如曲面立体轮廓线上的点,相贯线在其对称平面上的点以及最高、最低、最左、最右、最前、最后等极限位置点;然后按需要再作适量的一般位置点,从而较准确地连线,作出相贯线的投影,并表明可见性。只有同时位于两立体可见表面上的一段相贯线的投影才可见,否则不可见。

4.3.2 利用积聚性法求相贯线的投影

当相交的两立体中只要有一个是轴线垂直于某一投影面的圆柱时,圆柱面在这一投影面上的投影就有积聚性,因此相贯线在该投影面上的投影即为已知。利用这个已知投影,按照曲面立体表面取点的方法,即可求出相贯线的另外两个投影。通常把这种方法称为表面取点法或称为利用积聚性法求相贯线的投影。

1. 圆柱与圆柱相贯

例 4-22 求两正交圆柱相贯线的投影(图 4-35(a))。

分析:两圆柱轴线垂直相交,称为正交。其相贯线是空间封闭曲线,且前后对称。直立圆柱的轴线是铅垂线,该圆柱面的水平投影积聚成圆,相贯线的水平投影积聚在这个圆上。横圆柱的轴线是侧垂线,圆柱面的侧面投影积聚成圆,相贯线的侧面投影也一定在这个圆上,且在两圆柱侧面投影重叠区域内的一段圆弧上。因此,只需作出相贯线的正面投影。

作图:如图 4-35(b)所示。

①求相贯线上特殊点(轮廓线上的点)的投影。在相贯线的水平投影上标出最左、最右、最前、最后点 Ⅰ、Ⅱ、Ⅲ、Ⅳ 的水平投影 1、2、3、4,在侧面投影上相应地作出 1″、2″、3″、4″,由 1、2、3、4 和 1″、2″、3″、4″作出其正面投影 1′、2′、3′、4′。可以看出,Ⅰ、Ⅱ和Ⅲ、Ⅳ又分别是相贯线上的最高点和最低点,也是最前、最后、最左、最右点。

②求相贯线上一般位置点的投影。根据连线需要,在相贯线的水平投影上作出前后对称的四个点 Ⅴ、Ⅵ、Ⅶ、Ⅷ的水平投影,根据点的投影规律作出侧面投影,继而求出 5′、6′、7′、8′。

③判别可见性,光滑连线。相贯线的正面投影中,Ⅰ、Ⅴ、Ⅲ、Ⅵ、Ⅱ位于两圆柱的可见表面上,则前半段相贯线的投影 1′5′3′6′2′可见,应光滑连接成粗实线,后半段相贯线的投影 1′7′4′8′2′不可见,且重合在前半段相贯线的可见投影上。应注意,在 1′、2′之间不应画水平圆柱的轮廓线。

两圆柱正交,在机械零件上最常见,其相贯线的变化趋势如表 4-5 所示。

圆柱上钻孔及两圆柱孔相贯都与内圆柱面形成相贯线,相贯线投影的画法与图 4-35 相同,只是可见性有些不同,如表 4-6 所示。

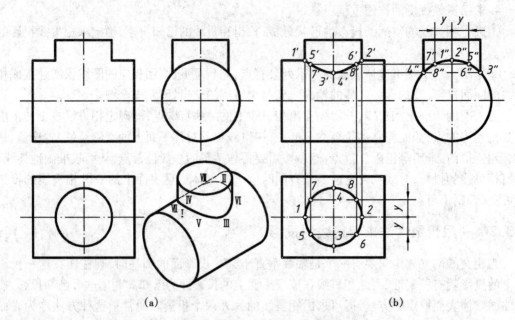

（a）   （b）

图 4-35　两正交圆柱的相贯线

表 4-5　两正交圆柱相贯线的变化趋势

两圆柱直径对比	直径不等		直径相等
	直立圆柱直径大	直立圆柱直径小	
立体图			
相贯线的形状	左右两条空间曲线	上下两条空间曲线	两条平面曲线——椭圆
投影图			
相贯线的投影	以小圆柱轴投影为实轴的双曲线		相交两直线
特　征	在两圆柱轴线平行的投影面上的投影为双曲线,其弯曲趋势总是向大圆柱投影内弯曲		在两圆柱轴线平行的投影面上的投影为相交两直线

表 4-6　圆柱孔的正交相贯形式

形式	圆柱与圆柱孔相贯	圆柱孔与内、外圆柱面相贯	圆柱孔与圆柱孔相贯
立体图	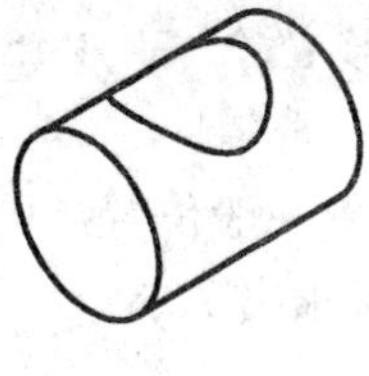	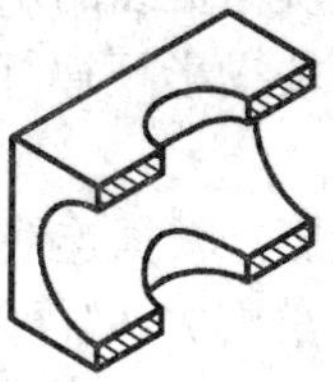	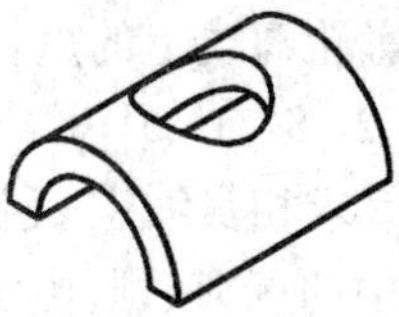
投影图	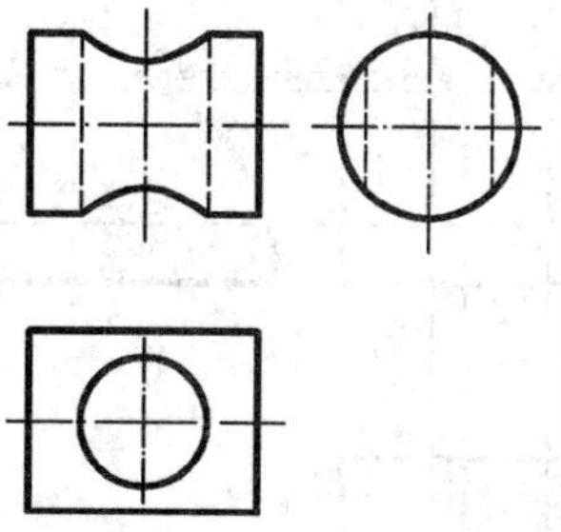	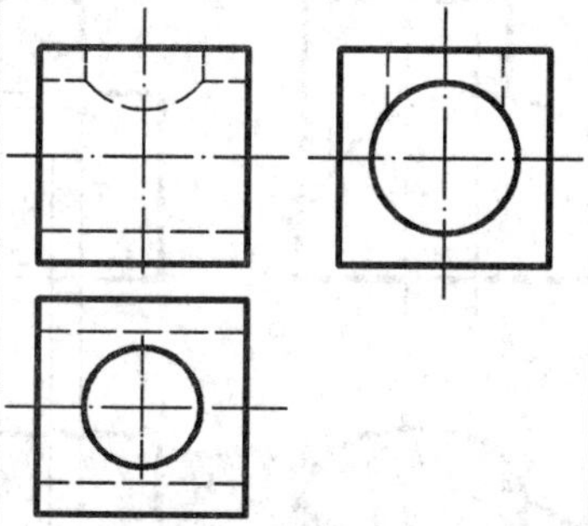	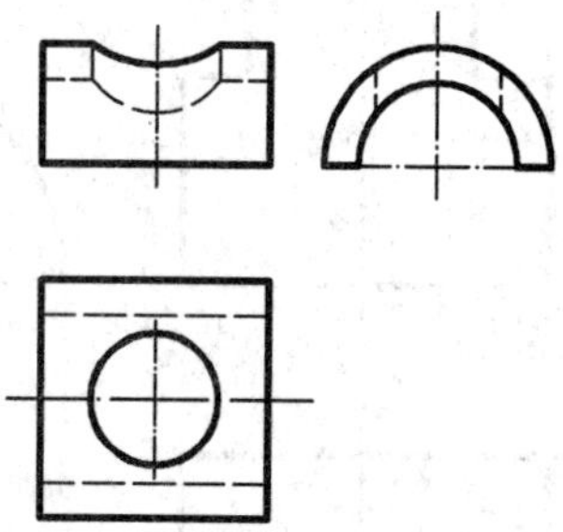

2. 圆柱与方柱相贯

圆柱与方柱及圆柱与方孔相贯,可用求截交线的方法求出相贯线,如表4-7所示。

表 4-7　圆柱与方柱及圆柱与方孔相贯

形式	圆柱与方柱相贯	圆柱与方孔相贯	圆筒与方孔相贯
立体图		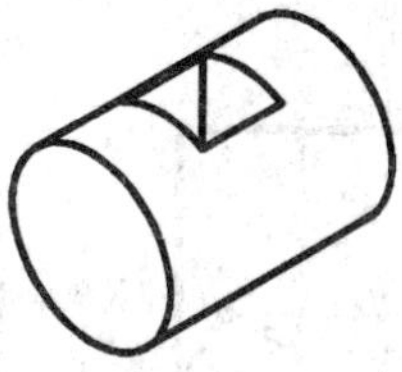	
投影图	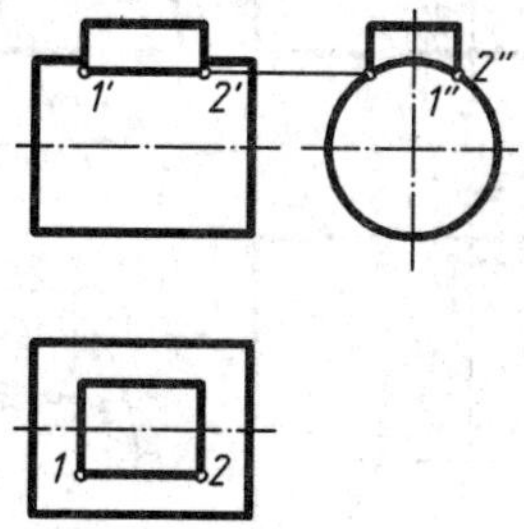	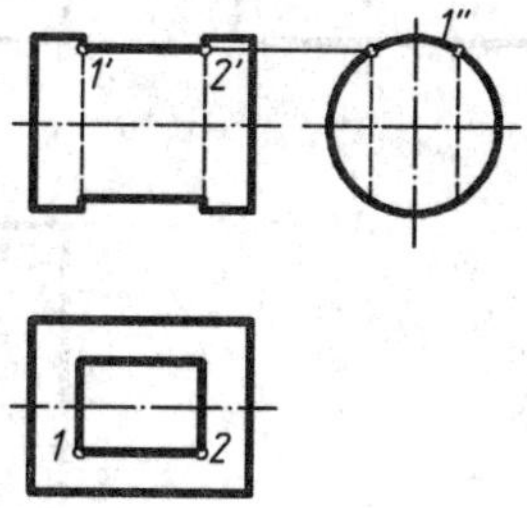	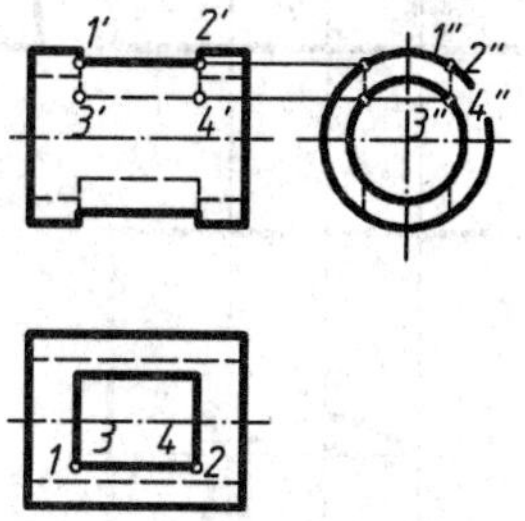

例 4-23　求两圆柱偏交相贯线的投影如图 4-36(a) 所示。

分析:两偏交圆柱的轴线垂直交叉。从图中可以看出,相贯线是一条前后不对称、但左右对称的封闭的空间曲线。直立圆柱的轴线为铅垂线,圆柱面的水平面投影积聚成圆,故相贯线的水平投影也在此圆上。半圆柱的轴线为侧垂线,其侧面投影积聚成半圆,相贯线同时又在半圆柱的表面上,故相贯线的侧面投影也在半圆柱面的侧面投影上,且在两立体侧面投影的公共区域内。有了相贯线的水平投影和侧面投影,即可求出其正面投影。

作图:如图 4-36(b)、(c)、(d)所示。

①求相贯线上特殊点的投影。从相贯线的水平投影可以看出,1、2、3、4、5、6 为两圆柱各投影轮廓线上的点,均为特殊点,按投影规律标出其侧面投影 1″、2″、3″、4″、5″、6″,即可求出 1′、2′、3′、4′、5′、6′。

②求相贯线上一般位置点的投影。根据连线需要,求出适量一般位置点的投影。如图4-36 中的点Ⅶ、Ⅷ,由水平投影 7、8 求出 7″、8″,再由 7、8 和 7″、8″求出 7′、8′。

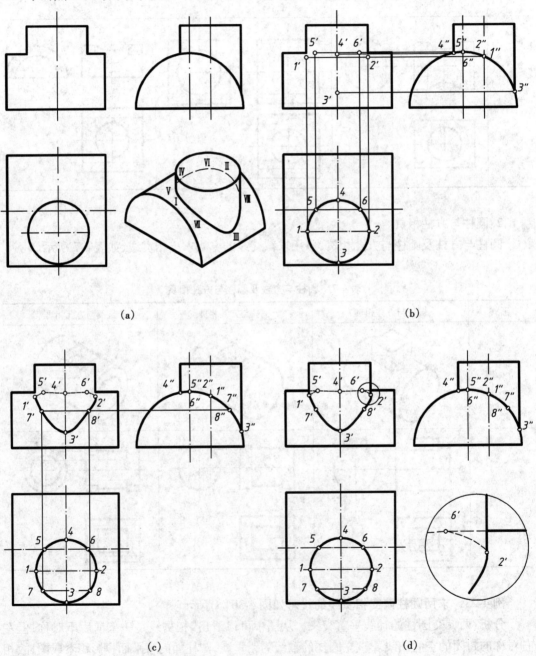

(a)　　　　　　　　　　　　　　　　(b)

(c)　　　　　　　　　　　　　　　　(d)

图 4-36　两圆柱偏交相贯线的投影

③判别可见性,光滑连线。点Ⅰ、Ⅶ、Ⅲ、Ⅷ、Ⅱ在两圆柱正面投影的可见表面上,其投影1′、7′、3′、8′、2′可见,按顺序光滑连接成曲线,并画成粗实线;而点Ⅰ、Ⅱ以后部分的相贯线的正面投影不可见,按1′5′4′6′2′的顺序光滑连接成曲线,并画成虚线。

④整理轮廓线:半圆柱正面投影轮廓线应加深至与相贯线的交点5′、6′处,重影部分不可见,应画成虚线;直立圆柱正面投影的轮廓线应加深至与相贯线的交点1′、2′处,重影部分可见,应画成粗实线,详见局部放大图,如图4-36(d)所示。

4.3.3 辅助平面法求相贯线的投影

辅助平面法的作图方法是:假想用一辅助平面同时截切相交的两立体,则在两立体的表面分别得到截交线,这两组截交线的交点是辅助平面与两立体表面的三面共有点,即相贯线上的点。按此方法作一系列辅助平面,可求出相贯线上的若干点,依次光滑连接成曲线,可得所求的相贯线。这种求相贯线的方法称为辅助平面法(或三面共点辅助平面法),如图4-37所示。

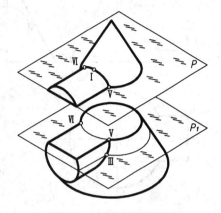

图4-37 辅助平面法原理

为方便作图,所选辅助平面与两曲面立体截交线的投影是简单易画的直线或圆(圆弧)构成的平面图形。

例4-24 求作圆柱与圆锥相贯线的投影(图4-38(a))。

分析:圆柱与圆锥轴线正交,形体前后对称,故相贯线是一条前后对称的空间曲线。圆柱轴线为侧垂线,因此相贯线的侧面投影与圆柱的侧面投影重合,只须求出相贯线的正面及水平投影即可。

作图:如图4-38(b)、(c)、(d)所示。

①求相贯线上特殊点的投影。过锥顶作辅助正平面R,与圆锥的交线正是圆锥正面投影的轮廓线,与圆柱的交线为圆柱正面投影的轮廓线,由此得到相贯线上点1′、2′的投影,也是相贯线上的最高、最低点,其侧面投影为1″2″,按投影规律求出1、2点;过圆柱轴线作辅助水平面P,与圆柱面的交线为圆柱对水平投影的轮廓线,与圆锥的交线为水平圆,两交线的交点为3、4,是相贯线上最前、最后点,也是圆柱水平投影轮廓线上的点,其侧面投影为3″4″按投影规律求出3′、4′,如图4-38(b)所示。

②求相贯线上一般位置点的投影。在适当位置作水平面P_1、P_2为辅助平面,它与圆锥面的截交线为圆,与圆柱面的截交线为两条平行直线,它们的水平投影反映实形,两截交线交点的侧面投影分别是5″、6″和7″、8″,由5″、6″求出5、6和5′、6′;由7″、8″求出7、8和7′、8′,如图4-38(c)所示。

③判别可见性,光滑连线。Ⅰ、Ⅱ两点是相贯线在正面投影中可见与不可见的分界点,Ⅰ、Ⅴ、Ⅲ、Ⅶ、Ⅱ位于前半个圆柱和前半个圆锥面上,故前半段相贯线的投影1′5′3′7′2′可见,应光滑连接成粗实线;而后半段相贯线的投影1′6′4′8′2′不可见,且重合在前半段相贯线的可见投影上。Ⅲ、Ⅳ两点为相贯线在水平投影中可见性的分界点,其上边部分在水平投影上可见,故3、5、1、6、4光滑连接成粗实线,3、7、2、8、4光滑连接成虚线,如图4-38(c)所示。

④整理轮廓线。在正面投影中,圆柱、圆锥的轮廓线与相贯线的交点均为1′、2′,故均加

深到 1′、2′处;在水平投影中,圆柱的轮廓线加深到与相贯线的交点 3、4 处,重影区域可见,应为粗实线;圆锥轮廓线(底圆)不在相贯区域,正常加深,但重影区域被圆柱遮住,应为虚线弧,如图 4-38(d)所示。

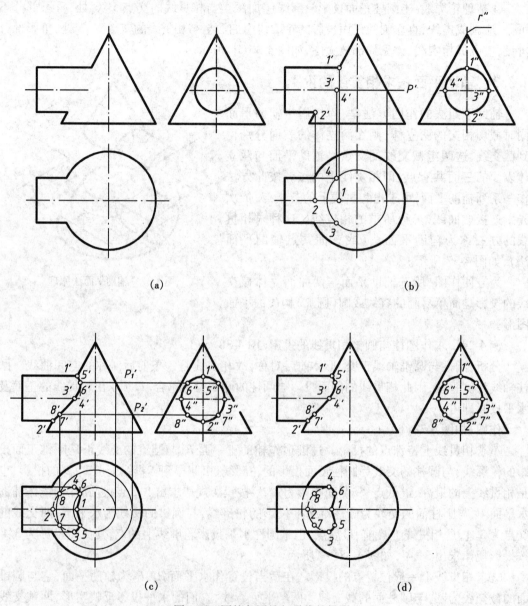

图 4-38　圆柱与圆锥相贯线的投影

例 4-25　求作圆柱与半球偏交相贯线的投影(图 4-39(a))。

分析:圆柱与半球偏交、全贯,相贯线为封闭的空间曲线,且前后对称,左右不对称。由于圆柱的水平投影积聚成圆,所以相贯线的水平投影积聚在圆柱水平投影的圆上,可利用辅助平面法求出相贯线的正面和侧面投影。作图时,选择正平面、水平面、侧平面作为辅助平面,与半球的截交线均为半圆或圆,与圆柱的截交线是两条与轴线平行的直线或与轴线垂直的圆,可在不同位置选择合适的辅助平面。

作图:如图 4-39(b)所示。

①求相贯线上特殊点的投影。由相贯线的水平投影可知，圆柱轮廓线上点的水平投影 1、2、3、4 是相贯线上的最左、最右、最前、最后点，过 1、2 作正平面 P，截半球和圆柱均为对正面投影的轮廓线，故可直接求出 1′、2′，按投影规律求出 1″、2″；过 3、4 作侧平面 Q，与半球的截交线为平行于侧面的半圆，截圆柱为侧面投影的轮廓线，两交线的交点即为 3″、4″，再求出 3′、4′；过 5、6 作侧平面 Q_1，用同样的方法可求出半球侧面投影轮廓线上相贯线的点 5、6 和 5″、6″及 5′、6′。

②求相贯线上一般位置点的投影。在相贯线的水平投影上标出 7、8 两点，过 7、8 作辅助的侧平面，与半球的截交线为平行于侧面的半圆，与圆柱的截交线为平行于圆柱轴线的两条直线，其交点即为 7″、8″，由此可作出其正面投影 7′、8′。

③判别可见性，光滑连线。在正面投影中，相贯线前半段可见，后半段不可见，但它们的投影重合，按 1、5、3、7、2 的顺序光滑连接成曲线，画成粗实线。在侧面投影中，相贯线以 3″、4″为分界点，3″7″2″8″4″可见，画成粗实线；3″5″1″6″4″不可见，应画成虚线。

④整理轮廓线。正面投影中，圆柱、半球的轮廓线与相贯线的交点均为 1′、2′，故均加深到 1′、2′处，注意 1′、2′之间半球的轮廓线不应画出；侧面投影中，圆柱轮廓线应加深到与相贯线的交点 3″、4″处，重影区域可见，画成粗实线。半球的轮廓线应加深到与相贯线的交点 5″、6″处，重影区域不可见，画成虚线弧。注意，半球轮廓线在 5″、6″之间不应画线。

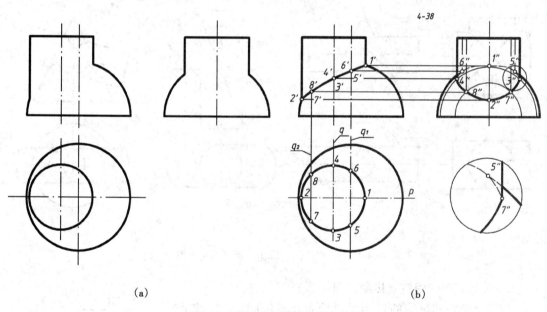

图 4-39　圆柱与半球相贯线的投影

4.3.4　相贯线的特殊情况

两曲面立体相交时，其相贯线在一般情况下是空间封闭曲线，在特殊情况下它们的相贯线是平面曲线或直线。

1. 两同轴回转体的相贯线是垂直于轴线的圆

两同轴回转体相交时，它们的相贯线是垂直于回转体轴线的圆，当轴线平行于某一投影面时，则这些圆在该投影面上的投影是两回转体轮廓线交点间的直线，如图 4-40 所示。

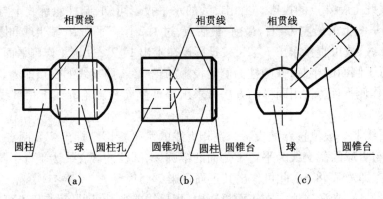

图4-40　同轴回转体相贯线的投影

2. 两个回转面外切于同一球面的回转体的相贯线是平面曲线

表4-5所示两等径正交圆柱的相贯线是椭圆,其正面投影是两回转体轮廓线交点间的相交直线;两圆柱或圆柱与圆锥轴线相交,只要它们外切于同一球面,其相贯线是平面曲线——椭圆,投影图如图4-41所示。图中圆柱、圆锥的轴线相交,且平行于正面,它们的相贯线是两个垂直于正面的椭圆,其正面投影为两条相交直线。

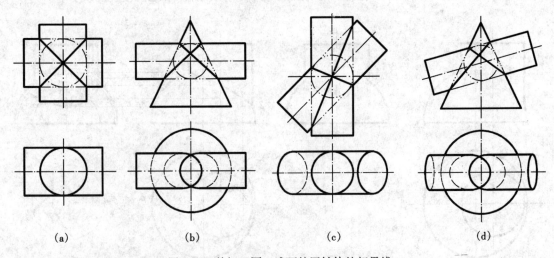

图4-41　外切于同一球面的回转体的相贯线

3. 两正交圆柱相贯线投影的简化画法

两正交圆柱相贯线的投影可以用简化画法画出,如图4-42所示,是以 $1'$(或 $2'$)为圆心,以 $R(D/2)$ 为半径画弧,与小圆柱轴线相交于一点,再以此交点为圆心、R 为半径,用圆弧连接 $1'$、$2'$ 即可。注意,此简化画法在第6章组合体及以后各章中才可用。

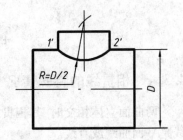

图4-42　两正交圆柱相贯线的简化画法

4.3.5　多体相贯

前面,只介绍了两个立体相贯求其相贯线的方法,但许多机件上常常会出现多体相交的情况,如图4-43所示。在求相贯线时,应首先分析它是由哪些基本体构成及彼此间的相对位置关系,判断出每两个相交立体相贯线的形状,然后分别求出这些相贯线。在画图过程中,要注意相贯线之间的连接点。

例4-26 求三个圆柱相交的相贯线投影(图4-43(a))。

分析:该立体由圆柱Ⅰ、Ⅱ、Ⅲ三部分组成。直立圆柱Ⅰ和Ⅱ同轴,横圆柱Ⅲ分别与圆柱Ⅰ、Ⅱ正交。Ⅰ与Ⅲ、Ⅱ与Ⅲ的相贯线均为一段空间曲线;圆柱Ⅰ与Ⅱ的相贯线为垂直轴线的部分圆弧面;Ⅱ的上表面(环行平面)与Ⅲ的截交线为平行于圆柱Ⅲ的两条直线段。综上所述,三圆柱之间的交线是由两段空间曲线和两段直线段及一条圆弧组成。

作图:如图4-43(b)所示。

①求圆柱Ⅰ与Ⅲ、Ⅱ与Ⅲ的相贯线。由于圆柱Ⅰ的水平投影和圆柱Ⅲ的侧面投影均有积聚性,故它们的相贯线 *DBACE* 的水平投影和侧面投影分别在相应的圆弧上,按照投影规律求出正面投影 *d'*、*b'*、*a'*、*c'*、*e'*,*d'b'a'* 可见,*a'c'e'* 不可见,但两者重合,加深成粗实线;同理可求出空间曲线 *FHG* 的三面投影。

②求圆柱Ⅱ的上表面与Ⅲ的截交线。由于圆柱Ⅲ的轴线为侧垂线,所以截交线 *DF*、*EG* 在侧面投影上积聚为点 *d"f"*、*e"g"*;水平投影和正面投影均为直线段 *df*、*eg* 和 *d'f'*、*e'g'*。其中 *df*、*eg* 为虚线。圆柱Ⅱ的上面环形平面 *DFGE* 为水平面,其正面投影和侧面投影积聚成直线,且 *d"*、*e"* 之间不可见,为虚线,水平投影为反映实形的环形 *dfge*。

③整理轮廓线。圆柱Ⅲ的水平投影轮廓线应加深到 *b*、*c* 两点处,且可见,应为粗实线;圆柱Ⅱ的水平投影中,被圆柱Ⅲ遮住的部分应画成虚线。

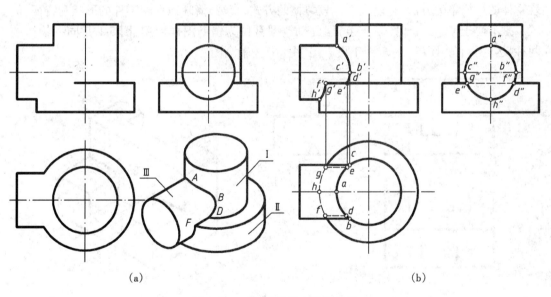

(a)　　　　　　　　　　　　　(b)

图4-43　三个圆柱相交的相贯线

第5章 轴 测 图

本章学习指导

【目的与要求】了解轴测图的形成、画法及应用,熟悉轴测图的投影特点。掌握正等轴测图及斜二轴测图的画法。

【主要内容】轴测图的形成及分类,轴间角与轴向伸缩系数的几何意义,正等轴测图和斜二轴测图的画法以及轴测图的剖切画法。

【重点与难点】轴测图的投影特点,坐标定点法绘制轴测图,平行于坐标面的圆的正等轴测图的画法。

5.1 轴测图的基本知识

5.1.1 多面正投影图与轴测图的比较

一组正投影图可以完整、确切地表达物体的各部分形状特征,如图 5-1(a)所示,且作图简便,标注尺寸方便,但缺点是不够直观,缺乏立体感。轴测图是一种在二维平面里描述三维物体的最简单的方法,它以人们比较习惯的方式,直观、清晰地反映零件的形状和特征,但缺点是不便于度量,且作图较复杂,因此轴测图常作为辅助图样使用,图 5-1 是同一物体的两种投影图,其中图(a)为多面正投影图,图(b)为轴测图。

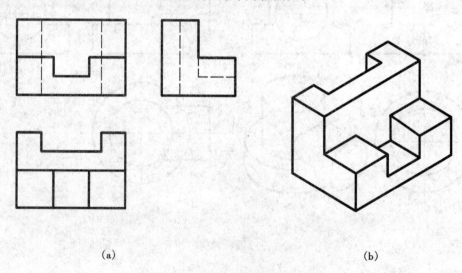

(a)   (b)

图 5-1 多面正投影图和轴测图的比较

5.1.2 轴测图的形成

将物体连同其直角坐标体系,沿不平行于任一坐标平面的方向,用平行投影法将其投射在单一投影面上所得到的图形称为轴测投影,也称轴测图,如图 5-2 所示。图中的单一投影

104

面 P 称为轴测投影面。

按照投射线方向与轴测投影面的不同位置,轴测图分为正轴测图和斜轴测图两类。投射线垂直于轴测投影面所得到的轴测图称为正轴测图;投射线倾斜于轴测投影面所得到的轴测图,称为斜轴测图。

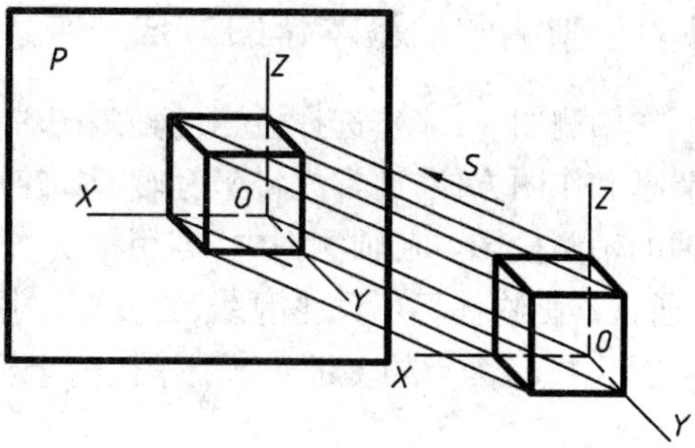

5.1.3 轴间角及轴向伸缩系数

1. 轴间角

图 5-2 轴测图的形成

轴测投影中,任意两直角坐标轴在轴测投影面上的投影之间的夹角称为轴间角。

2. 轴向伸缩系数

直角坐标轴的轴测投影的单位长度与相应直角坐标轴上的单位长度的比值称为轴向伸缩系数,分别用 p_1、q_1、r_1 表示。为便于作图,轴向伸缩系数宜采用简单的数值,即应简化,简化轴向伸缩系数分别用 p、q、r 表示。

5.1.4 轴测图的分类

按照投射方向与轴向伸缩系数的不同,轴测图可按图 5-3 所示分类。工程上常用的轴测图是正等轴测图和斜二轴测图。

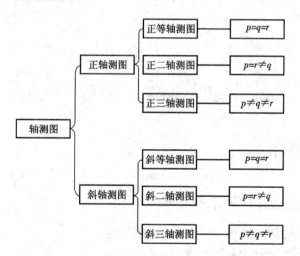

图 5-3 轴测图的分类

5.1.5 轴测图的投影特征

轴测图是用平行投影法得到的投影图,它仍具有平行投影的特性,即:

①线性不变,直线的轴测投影仍为直线;
②平行性不变,空间平行线段的轴测投影仍然平行,且长度比不变;
③从属性不变,点、线、面的从属性不变;
④相切性不变。

5.1.6 轴测图的基本作图方法

作轴测图时,应先选择恰当的轴测图种类(即确定轴间角和轴向伸缩系数)。为使轴测图清晰和作图方便,通常先将坐标轴 OZ 的轴测投影画成铅垂位置,再由轴间角画出其他坐标轴的轴测投影。在轴测图中,需用粗实线画出物体可见轮廓线。为了使物体的轴测图清晰,通常不画物体不可见轮廓线,必要时才用虚线画出物体的不可见轮廓线。

图5-4(a)为点的多面正投影图,用坐标法求点的轴测投影的作图步骤如图5-4(b)所示。

①沿 OX 轴截取 $b_xO = x_B \cdot p$,得点 b_x。

②过点 b_x 作线段 $/\!/OY$,沿该线段截取 $b_xb = y_B \cdot q$,得点 b。

③过点 b 作线段 $/\!/OZ$,沿该线段截取 $bB = z_B \cdot r$,得点 B。点 B 即为空间相应点的轴测投影。

由以上作图可知,"轴测"的含义就是沿相应的轴向(坐标轴及其轴测投影)测量线段的长度。坐标法是作点、线、面和体的轴测投影的基本作图方法。

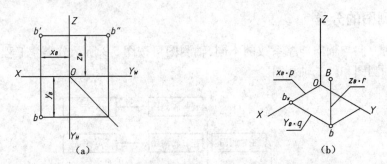

图5-4 点的轴测投影的基本作图方法——坐标法

5.2 正等轴测图

5.2.1 正等轴测图的轴向伸缩系数和轴间角

当投射线垂直于轴测投影面 P 且该平面 P 与物体上的三根直角坐标轴之间的夹角相等时,三个轴向伸缩系数相等($p_1 = q_1 = r_1$),这时在平面 P 上得到该物体的正等轴测图。

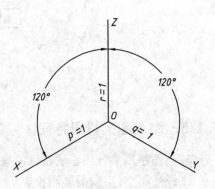

图5-5 正等轴测图的基本参数

根据计算,正等轴测图的轴向伸缩系数 $p_1 = q_1 = r_1 = 0.82$。轴间角 $\angle XOY = \angle YOZ = \angle ZOX = 120°$。为便于作图,常采用简化轴向伸缩系数 $p = q = r = 1$,作图时沿轴向按实际尺寸量取,如图5-5 所示。用简化轴向伸缩系数画出的图形沿各轴向的长度都分别放大了 $1/0.82 \approx 1.22$ 倍,但不影响轴测图的立体感。本章例题均采用简化轴向伸缩系数作轴测图。

5.2.2 基本立体的正等轴测图的画法

1. 长方体的正等轴测图的画法

①在已知正投影图上选定坐标原点及坐标轴,如图 5-6(a)所示。

②画投影 OX、OY、OZ,从 O 点沿 OX、OY 轴分别量取线段 $OA = o'a'$(长)、$OC = oc$(宽),得到 A、C 点,过 A、C 点分别作 OY、OX 轴的平行线,两线交于点 B,平面 $OABC$ 即为长方体顶面的正等轴测投影;过 A、B、C 各点分别向下作直线平行于 OZ 轴,使 $AD = BE = CF = c'f'$(高),得到 D、E、F 各点,并用直线按顺序连接,如图 5-6(b)所示。

③擦去辅助作图线,加深可见轮廓线,完成长方体的正等轴测图,如图 5-6(c)所示。

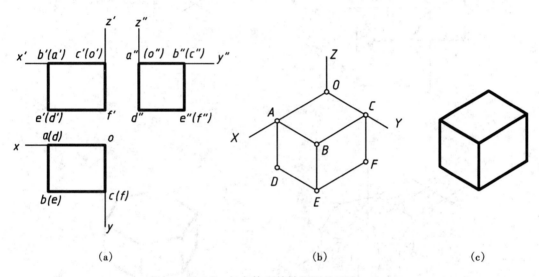

(a)	(b)	(c)

图 5-6　长方体正等轴测图的画法

从图中看出,长方体上处于不同位置的三个面的正等轴测投影均是平行四边形,它们组成长方体的正等轴测图。若是正方体,则这三个面的正等轴测投影是三个相同的菱形,请读者自行分析。

2. 正六棱柱的正等轴测图的画法

①如图 5-7(a)所示,正六棱柱的顶面与底面是相同的正六边形水平面,选择顶面中心作为坐标原点 O,并确定坐标轴 OX、OY、OZ。

②画出直角坐标轴的轴测投影 OX、OY、OZ,在 OX 轴上从 O 点量取 $O\text{I} = O\text{IV} = a/2$,在 OY 轴上从 O 点量取 $O\text{VII} = O\text{VIII} = b/2$,如图 5-7(b)所示。

③过点 VII、VIII 作 OX 轴的平行线,并分别以 VII、VIII 为中点、按长度 $c/2$ 量得 II、III 和 VI、V 点,并连接成六边形;再过 VI、I、II、III 各点向下作 OZ 轴的平行线,在各线上量取高 h 得到底面正六边形的可见点,如图 5-7(c)所示。

④连接底面各可见点,擦去多余作图线,加深可见轮廓线,完成正六棱柱的正等轴测图,如图 5-7(d)所示。

3. 三棱锥的正等轴测图的画法

①在投影图中选择点 B 作为坐标原点 O,并确定坐标轴 OX、OY、OZ,如图 5-8(a)所示。

②画出直角坐标轴的轴测投影 OX、OY、OZ,在 OX 轴上量取 $BA = a_x$ 得点 A,在 OY 轴上

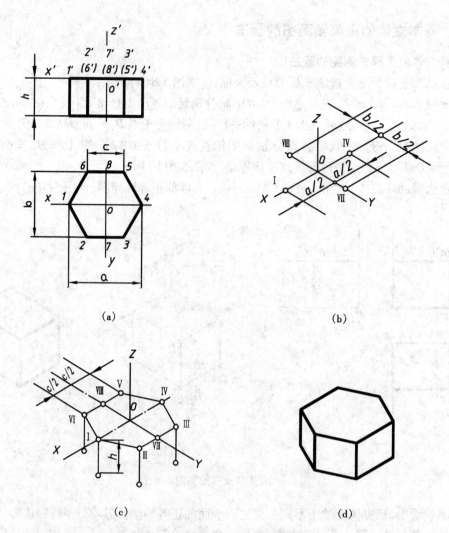

图 5-7　正六棱柱的正等轴测图画法

量取 c_y 得一交点；过该点作 OX 轴的平行线，并由该点量取 C_x 得点 C，如图 5-8(b)所示。

③在 OY 轴上由 O 点量取 s_y 得一交点，过该点作 OX 轴的平行线，并量取 s_x 得点 S_0，过 S_0 作 OZ 轴的平行线，并向上量取 s_z 得点 S，S 点即为锥顶 S 的轴测投影，如图 5-8(c)所示。

④连接各顶点，擦去多余作图线，加深可见轮廓线，完成三棱锥的正等轴测图，如图 5-8(d)所示。

4. 平行于坐标面的圆的正等轴测图画法

平行于坐标面的圆的正等轴测图是椭圆。画图时常采用四心近似画法，先作出外切菱形，再求出四段圆弧的圆心及半径，然后，用四段圆弧光滑连接成椭圆。下面以平行于水平面的圆为例，说明其正等轴测图的画法。

①以圆心为坐标原点 O，作直角坐标轴 OX、OY，并作圆的外切正方形，得切点 a、b、c、d，如图 5-9（a）所示。

②作直角坐标轴的轴测投影 OX、OY，在 OX、OY 轴上从 O 点量取圆的半径得到切点 A、C、B、D，过点 A、C 作 OY 轴的平行线，过 B、D 点作 OX 轴的平行线，画出菱形，即为外切正方形的轴测投影；画出菱形的对角线，如图 5-9(b)所示。

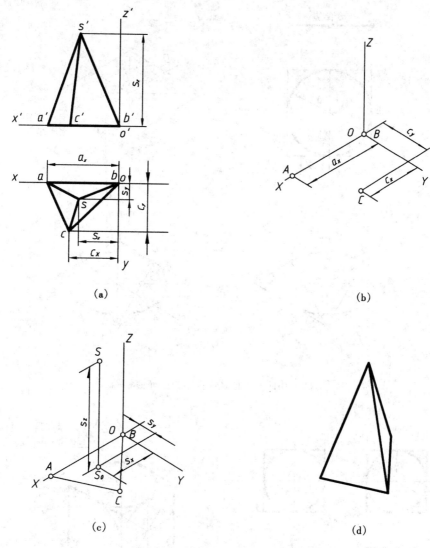

(a)

(b)

(c)

(d)

图 5-8 三棱锥的正等轴测图画法

　　③分别以 1、2 点为圆心、1D、2B 为半径画大圆弧 DC、AB；连接 1D、1C（或连接 2A、2B），与长对角线分别交于 3、4 点，如图 5-9（c）所示。

　　④分别以 3、4 点为圆心、以 3 A、4C 为半径画小圆弧 A D、C B，四段圆弧即连成近似椭圆，如图 5-9（d）所示。

　　图 5-10 画出平行于三个坐标面的圆的正等轴测图，它们均为椭圆，其画法相似；椭圆的长、短轴都在菱形的长、短对角线上，只是方向不同。

　　5. 圆柱的正等轴测图的画法

　　①在正投影图中选择顶面圆心为坐标原点 O，并确定直角坐标轴 OX、OY、OZ，如图 5-11（a）所示。

　　②画出直角坐标轴的轴测投影 OX、OY、OZ，从 O 点向 OZ 轴下方量取圆柱高 h，得底圆圆心，过圆心作 OX、OY 的平行线；再分别画出顶圆、底圆的外切菱形，如图 5-11（b）所示。

　　③用四心近似画法画出顶面、底面与菱形内切的椭圆，画法与图 5-9 相同，如图 5-11（c）

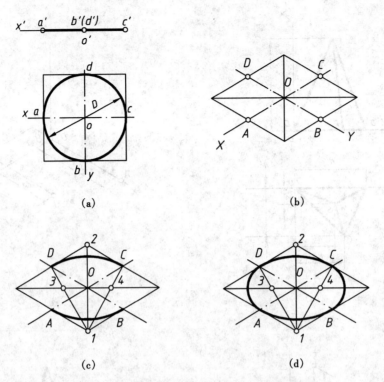

(a)

(b)

(c)

(d)

图 5-9 用四心近似画法作圆的正等轴测图

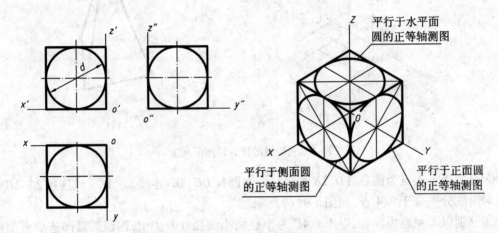

平行于水平面
圆的正等轴测图

平行于侧面圆
的正等轴测图

平行于正面圆
的正等轴测图

图 5-10 平行于三个坐标面的圆的正等轴测图

所示。

④画出两椭圆的公切线,擦去多余作图线,描深,即完成圆柱的正等轴测图,如图 5-11 (d)所示。

6. 圆锥台的正等轴测图画法

①在正投影图中选择顶面圆心为坐标原点 O,并确定直角坐标轴 OX、OY、OZ,如图 5-12 (a)所示。

②画出直角坐标轴的轴测投影 OX、OY、OZ,按照圆锥台的高 h 向下量取底面圆心,过圆心分别作 OX、OY 的平行线,再画出其顶面、底面圆的外切菱形,然后按四心近似画法画出与

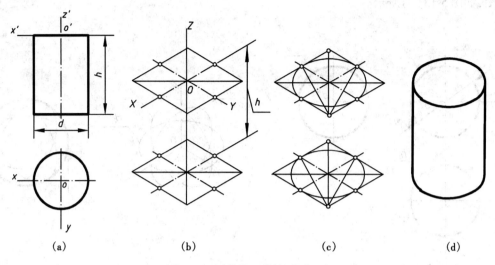

图 5-11　圆柱的正等轴测图画法

菱形内切的椭圆,如图 5-12(b)所示。

　　③作顶面、底面椭圆的公切线,擦去多余作图线,描深,完成全图,如图 5-12(c)所示。

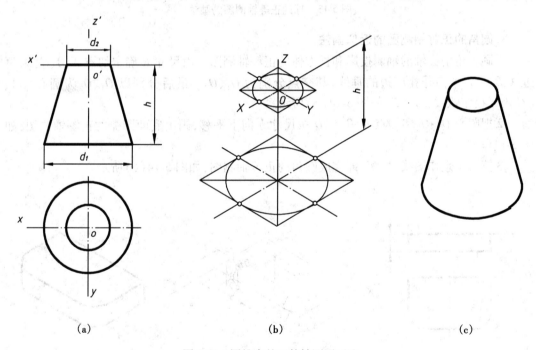

图 5-12　圆锥台的正等轴测图画法

7. 球的正等轴测图画法

　　①在正投影图中选择球心为坐标原点 O,并确定直角坐标轴 OX、OY、OZ,如图 5-13(a)所示。

　　②画出直角坐标轴的轴测投影 OX、OY、OZ,并分别画出平行三个投影面的球大圆的轴测投影,如图 5-13(b)所示。

　　③画出球的三个轴测投影球大圆的外切圆,擦去多余作图线,描深,即完成球的正等轴

测图,如图5-13(c)所示。

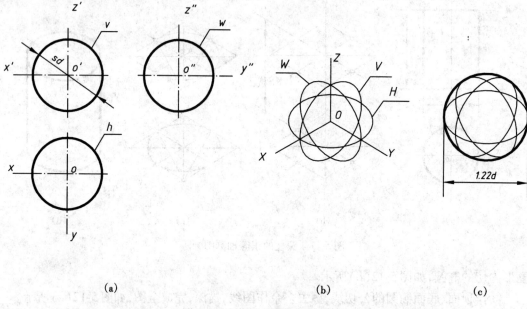

图 5-13　球的正等轴测图的画法

8.圆角的正等轴测图的近似画法

①画直角坐标轴的轴测投影和长方体的正等轴测图。由尺寸 R 确定切点 A、B、C、D,再过 A、B、C、D 四点作相应边的垂线,其交点分别为 O_1、O_2。最后分别以 O_1、O_2 为圆心,OA、OC 为半径作弧线 AB、CD,如图5-14(b)所示。

②把圆心 O_1、O_2 和切点 A、B、C、D 按尺寸 h 向下平移,画出底面圆弧的正等轴测图,如图5-14(b)所示。

③擦去多余作图线,描深,即完成圆角的正等轴测图,如图5-14(c)所示。

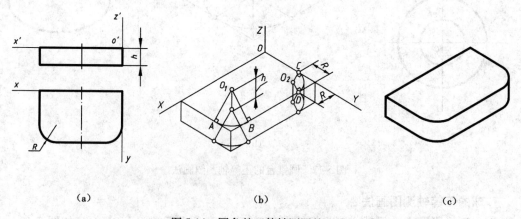

图 5-14　圆角的正等轴测图的画法

5.2.3　组合体正等轴测图的画法

组合体大多是由几个基本立体以叠加、挖切等形式组合而成。因此在画组合体的正等

112

轴测图时,应首先对其进行形体分析,分析其形成方式,各组成部分的形状及其相对位置,然后按相对位置逐个画出各组成部分的正等轴测图,再按组合方式完成其正等轴测图。

1.挖切类组合体正等轴测图的画法

图5-15(a)所示组合体的作图步骤如下:

①在正投影图上选取坐标原点 O,并确定直角坐标轴 OX、OY、OZ,如图5-15(a)所示;

②画直角坐标轴的轴测投影 OX、OY、OZ,并画出长方体的轴测图,如图5-15(b)所示;

③按照正面投影从顶面向下切去四棱柱,如图5-15(c)所示;

④按照正面、水平投影从左侧面向右开槽,如图5-15(d)所示;

⑤按照正面、侧面投影从顶面向下切去四棱柱,如图5-15(e)所示;

⑥擦去多余作图线,加深、完成轴测图,如图5-15(f)所示;

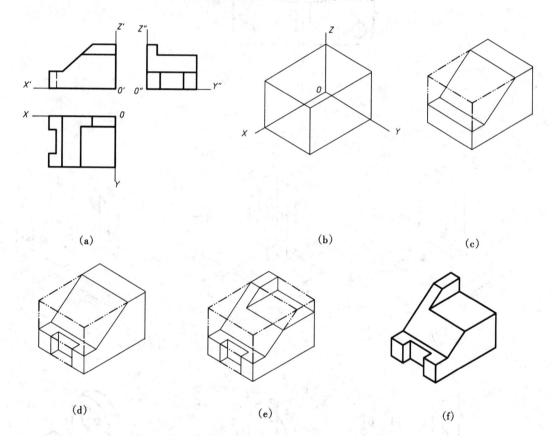

| (a) | (b) | (c) |

| (d) | (e) | (f) |

图5-15 挖切类组合体的正等轴测图画法

2.叠加类组合体正等轴测图的画法

图5-16(a)所示轴承座的作图步骤如下:

①在投影图上选取坐标原点 O,并确定直角坐标轴 OX、OY、OZ,如图5-16(a)所示。

②画出直角坐标轴的轴测投影 OX、OY、OZ 及底板Ⅰ,立板Ⅱ,如图5-16(b)所示。

③按四心近似画法画出立板Ⅱ的椭圆,如图5-16(c)所示。

④画全支撑板轴测图,按四心近似画法画出底板Ⅰ圆柱孔的轴测图,如图5-16(d)所示。

⑤画出底板上的圆角,其作图方法如图5-16(e)所示。

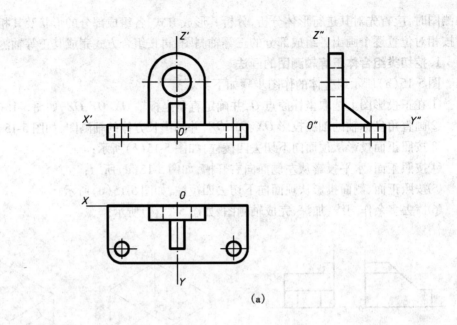

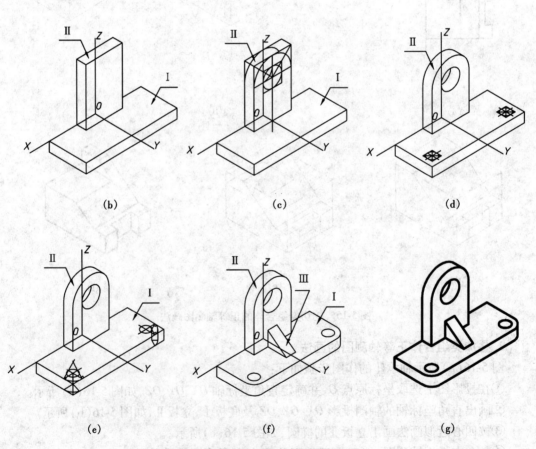

图 5-16 轴承座的正等轴测图的画法

⑥在立板前面按照投影图画出肋板Ⅲ,如图 5-16(f)所示。

⑦擦去多余作图线,加深,完成轴承座的正等轴测图,如图 5-16(g)所示。

5.3　斜二轴测图

5.3.1　斜二轴测图的轴向伸缩系数和轴间角

　　当投射线倾斜于轴测投影面 P,而轴测投影面 P 平行于物体上的坐标平面 XOZ 且两个轴的轴向伸缩系数相等时,即可得到斜二轴测图($p_1 = r_1 = 1$、$\angle XOZ = 90°$)。为作图简便且有较强立体感,常采用国家标准推荐的轴向伸缩系数 $q_1 = 0.5$,轴间角 $\angle XOY = \angle YOZ = 135°$,如图 5-17 所示。

　　注意:$q_1 = 0.5$,平行于 OY 轴方向的线段的斜二轴测图长度是其实长的一半。

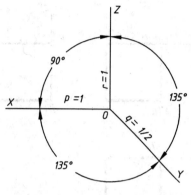

图 5-17　斜二轴测图的基本参数

5.3.2　平行于各坐标面圆的斜二轴测图画法

　　由图 5-18(b)平行于各坐标面的圆的斜二轴测图可以看出,平行于 XOZ 坐标面的圆的斜二轴测图反映实形,平行于其他坐标面的圆的斜二轴测图为椭圆,且椭圆的近似画法较复杂。当零件的某一投影具有较多圆时,宜选用斜二轴测图,并使多圆的方向平行于轴测投影面 XOZ。而当物体上有平行于两(或三)个坐标面的圆时,则宜选用正等轴测图的画法。

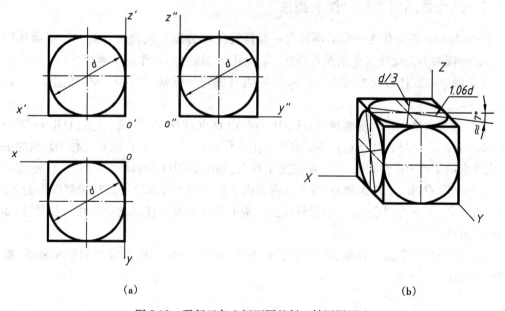

(a)　　　　　　　　　　　　　　　　(b)

图 5-18　平行于各坐标面圆的斜二轴测图画法

5.3.3　正方体的斜二轴测图的画法

　　①在投影图上选取坐标原点 O,并确定直角坐标轴 OX、OY、OZ,如图 5-19(a)所示。

②画出直角坐标轴的轴测投影 OX、OY、OZ，从 O 点出发作顶面各点的轴测投影，使 OA = oa、OC = $oc/2$，过 A、C 分别作直线平行于 OY、OX，两线交于点 B，平面 $OABC$ 即为正方体顶面的轴测投影；过 A、B、C 点分别向下作 OZ 的平行线，并使 $AD = BE = CF = c'f'$，如图 5-19（b）所示。

③擦去多余作图线，加深，完成正方体的斜二轴测图，如图 5-19（c）所示。

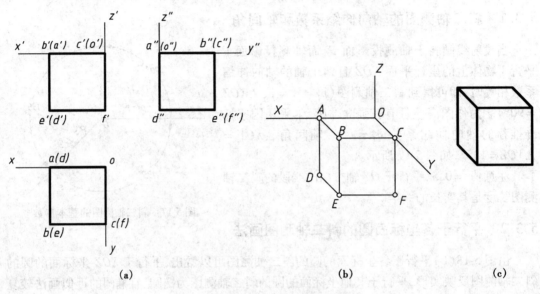

图 5-19　正方体的斜二轴测图的画法

5.3.4　组合体的斜二轴测图的画法

图 5-20 所示组合体为一空心圆柱与一带圆孔的部分圆柱面及由它们的切平面连接而成，其正面投影多为反映实形的圆及圆弧，宜采用斜二轴测图。作图步骤如下：

①选取空心圆柱后面的圆心为坐标原点 O，并确定坐标轴 OX、OY、OZ，如图 5-20（a）所示；

②画出直角坐标轴的轴测投影 OX、OY、OZ，由 O 点沿 OY 作出 Ⅱ、Ⅰ点（OⅡ = $o''2''/2$ = $4''3''/2$，OⅠ = $o''1''/2$），由 O 点向 OZ 轴下方作出Ⅳ点（OⅣ = $o''4''$），由Ⅳ点作 OY 轴的平行线，由Ⅱ点向下作 OZ 轴的平行线，两线交于Ⅲ点，如图 5-20（b）所示；

③分别以 O、Ⅱ、Ⅰ点为圆心，按正面投影图上的不同半径画空心圆柱轴测投影的各圆、圆弧，再以Ⅲ、Ⅳ点为圆心，按正面投影图上立板的圆柱孔及圆柱面的半径画圆和圆弧，如图 5-20（c）所示；

④作立板与空心圆柱各圆、圆弧的切线，擦去多余作图线，加深，完成斜二轴测图，如图 5-20（d）所示。

5.4　轴测图中的剖切画法

在正投影图中，表达物体的内部形状通常采用剖视的表达方法。在轴测图中，为了表达物体的内部形状，也可假想用剖切平面将物体的一部分剖去，通常是沿着两个坐标平面将物

116

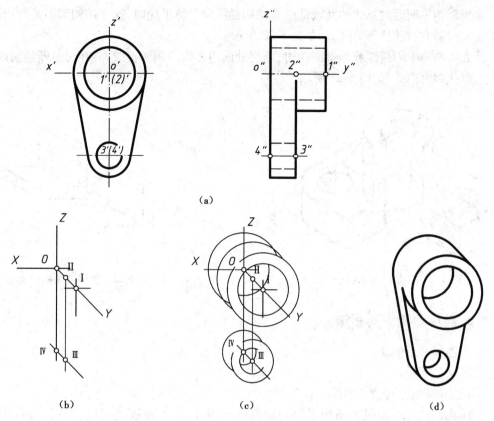

图 5-20　组合体的斜二轴测图的画法

体剖去四分之一。

5.4.1　轴测剖切画法的一些规定

①轴测图中剖面线的方向应按图 5-21 绘制,其中图(a)为正等轴测图剖面线的方向,图(b)为斜二轴测图剖面线的方向。注意平行于三个坐标面的剖面区域内的剖面线方向是不同的。

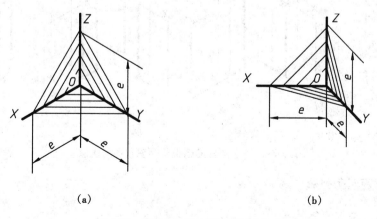

图 5-21　常用轴测图上剖面线的方向

②当剖切平面通过物体的肋或薄壁等结构的纵向对称平面时，这些结构都不画剖面线，而用粗实线将它与邻接部分分开，如图5-22所示。

③表示物体中间折断或局部断裂时，断裂处的边界线应画波浪线，并在可见断裂面内加画细点以代替剖面线，如图5-23所示。

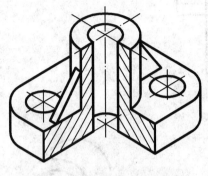

图5-22 肋板的剖切画法

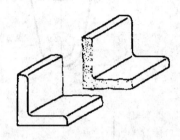

图5-23 物体断裂面的画法

5.4.2 剖切轴测图的画法

1.先画外形后剖切

其画法如下：

①确定坐标轴的位置，如图5-24(a)所示；

②画出圆筒的轴测图及剖切平面与圆筒内外表面、上下底面的交线，如图5-24(b)所示；

③画出剖切平面后面零件可见部分的投影，如图5-24(c)所示；

④擦掉多余的轮廓线及外形线，加深并画剖面线，如图5-24(d)所示。

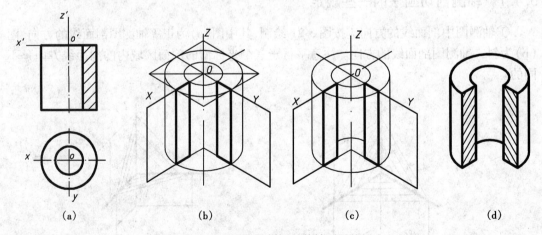

(a)   (b)   (c)   (d)

图5-24 空心圆柱的剖视正等轴测图的画法

2.先画断面后画外形

其画法如下：

①确定坐标轴的位置，如图5-25(a)所示；

②画出空心圆柱和底板上圆孔中心的轴测投影，如图5-25(b)所示；

③画出剖切平面上的断面形状,如图 5-25(c)所示;

④画出剖切平面后面零件可见部分的投影,并整理加深,如图 5-25(d)所示。

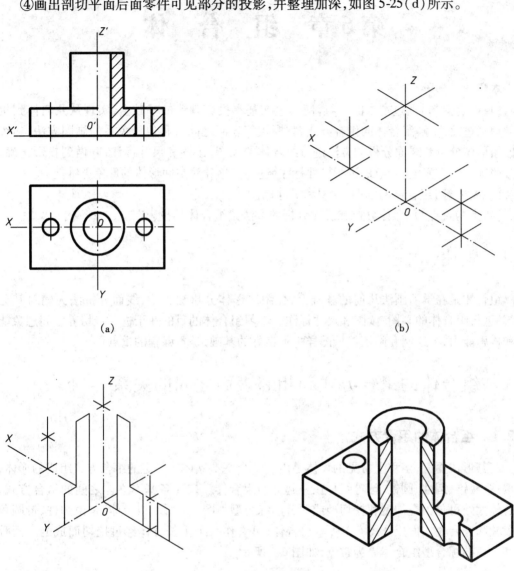

(a)

(b)

(c)

(d)

图 5-25　组合体的剖视正等轴测图的画法

第6章 组 合 体

本章学习指导

【目的与要求】通过本章的学习,使学生在基本投影理论的基础上,实现从几何体到机件的顺利过渡,了解组合体的组合方式,掌握相邻表面之间各种位置关系的画图方法,熟练掌握用形体分析和线面分析的方法进行组合体的画图、读图和尺寸标注,并做到投影正确,能按照制图标准完整、清晰地进行尺寸标注,进一步培养对空间形体的形象思维能力。

【主要内容】组合体的画图、读图和尺寸标注。

【重点与难点】用形体分析和线面分析的方法读组合体的投影图。

6.1 概述

组合体是在学习画法几何的基础上,介绍以形体分析法为主、线面分析法为辅对其分析,并进行组合体的画图、读图和尺寸标注。学习组合体的目的在于进一步培养空间想象能力和构思能力,为绘制和阅读机械图样打下良好的基础,是本课程的重点。

6.2 组合体的组合方式和相邻表面之间的关系

6.2.1 组合体的组合方式

就其形成而言,工程上常见的物体是由若干个基本立体按一定的组合方式组成的形体,如棱柱、棱锥、圆柱、圆锥、球等组合在一起称为组合体。按照各基本立体之间的组合方式,组合体大致可分为叠加型和挖切型或两者的综合型。图6-1所示组合体,是由圆柱、带圆角的棱柱和圆台叠加而成。图6-2所示组合体,可看作一个由长方体经过挖切而成的。而叠加和挖切的综合型组合体更为常见,如图6-3所示。

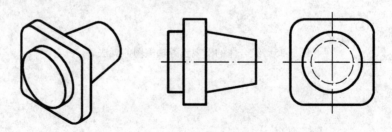

图 6-1　叠加型组合体

6.2.2 相邻表面之间的关系

无论组合体是由哪一种形式组合而成,画它们的投影时,都必须正确地表示各基本立体相邻表面之间的关系。就叠加型组合体而言,两基本立体相邻表面之间有贴合、相切和相交

120

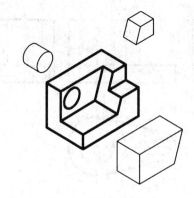

图6-2 挖切型组合体

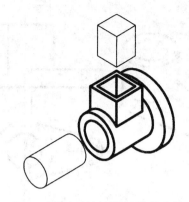

图6-3 叠加与切割综合的组合体

的情况。

1. 贴合

两基本立体之间以平面分界,在与该平面垂直的投影面上的投影积聚成直线,如图6-1所示。基本立体之间的相互位置不同,其表面之间的关系也不同,有平齐和相错之分。当两基本立体的表面平齐(共面)时,分界处无线,其投影为一个封闭的线框;当两形体表面相错时,中间应有线隔开,其投影被分为两个封闭的线框,如图6-4所示。

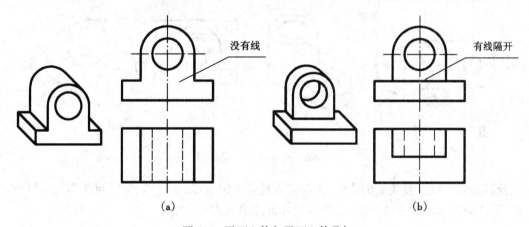

图6-4 平面立体与平面立体叠加

2. 相切

两个基本立体的表面(平面与曲面、曲面与曲面)相切时,两立体表面在相切处光滑过渡,不画分界线,相切面的投影应画到切点处。如图6-5所示,(a)图正确,(b)图错误。

3. 相交

当两立体表面相交时,其表面产生交线,如图6-6所示。

6.2.3 形体分析法

物体的形状多种多样,但经过分析,都可以看作是由一些基本立体组合而成。所以,将组合体假想地分解成若干个基本形体,并分析它们之间的相对位置、组合方式以及相邻表面之间关系的方法,叫作形体分析法。

利用形体分析法可以将组合体化繁为简、化整为零。只要掌握相邻两基本立体的组合

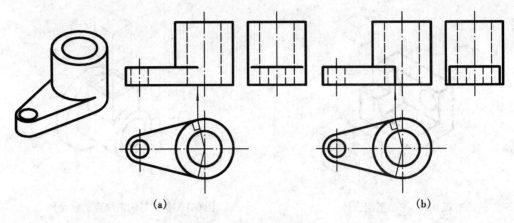

图 6-5 两立体表面相切

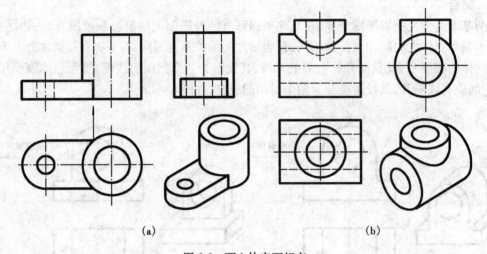

图 6-6 两立体表面相交

方式及其表面不同过渡关系的作图,无论多么复杂的组合体,其画图、读图问题都变得简单。所以,形体分析法是组合体画图、读图和尺寸标注最基本的方法。

6.3 画组合体三面投影的方法和步骤

画组合体的三面投影图,先要进行形体分析,了解各基本立体之间的组合方式和表面之间的关系,再选择正面投射方向,逐个画出各基本立体的三面投影,最后整体考虑。下面举例说明画组合体三面投影的方法和步骤。

6.3.1 叠加式组合体的画图方法和步骤

例 6-1 画出图 6-7(a)所示轴承座的三面投影。

1. 形体分析

1)组合方式 如图 6-7(b)所示,假想将轴承座分解为底板Ⅰ、轴套Ⅱ、支板Ⅲ、肋板Ⅳ四个基本立体。其中Ⅰ为具有两个圆角、四个小圆柱孔的底板;Ⅱ为上部有一小圆柱孔的轴

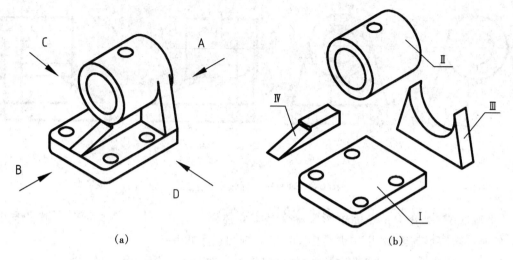

(a)   (b)

图 6-7 轴承座

套(空心圆柱);Ⅲ为上部有部分圆柱面的支板;Ⅳ为上部有部分圆柱面的肋板。该组合体可以看作是由Ⅰ、Ⅱ、Ⅲ、Ⅳ叠加在一起的,而每一部分又都经过了挖切,所以轴承座也是叠加与挖切综合的实例。

2)基本立体相临表面之间的关系   立体Ⅱ的外表面与Ⅲ的两个斜面相切;立体Ⅰ、Ⅲ贴合,但右端面平齐;立体Ⅱ、Ⅳ相交;立体Ⅰ、Ⅳ,Ⅲ、Ⅳ贴合。

2.正面投影投射方向的选择

正面投影是各投影中最主要的投影,选择投射方向时,首先要选择正面投射方向。应该考虑以下两个方面。

1)安放位置   组合体的安放位置一般选择物体平稳时的位置,如图 6-7(a)所示,轴承座的底板底面水平向下为安放位置。

2)正面投影的投射方向   一般选择能够反映组合体各组成部分形状特征以及相互位置关系的方向作为正面投射方向,同时还应考虑到尽量使其他投影虚线较少和图幅的合理利用。如图 6-7(a)所示,当轴承座安放位置确定后,一般会从 A、B、C、D 四个方向比较正面投射方向。图 6-8(a)是以 A 向作为正面投射方向,正面投影虚线过多,显然没有 B 向清楚,如图 6-8(b)所示;若以 C 向作为正面投射方向,侧面投影会出现较多的虚线,如图 6-8(c)所示;再比较 D 向与 B 向,若以 D 向作为正面投射方向,所得正面投影如图 6-8(d)所示,它能反映肋板Ⅳ的实形,且能较清楚地反映四个组成部分的相对位置和组合方式;而 B 向反映支板Ⅲ的实形以及轴套Ⅱ与支板Ⅲ的相切关系和轴承座的对称情况。各有各的特点,所以 D 向与 B 向均可作为正面投射方向,但考虑图幅的合理利用,宜选择 D 向作为正面投射的方向。

3.画图步骤

①选比例、定图幅。根据组合体的大小和复杂程度确定画图比例和图幅大小,一般应采用标准比例和标准图幅,尽量采用1∶1的比例。

②布图、选择作图基准。根据组合体的总长 、总宽 、总高,将三个视图布置在适当的位置。由于轴承座左右方向不对称,故以右端面为长度方向的作图基准;前后的对称面为宽度方向的作图基准;底面为高度方向的作图基准,如图 6-9(a)所示。

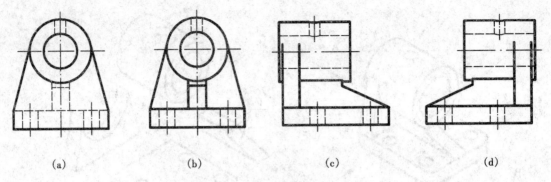

(a)   (b)   (c)   (d)

图 6-8 轴承座正面投影的选择

③画底图。画组合体三面投影要逐个基本立体画。对同一基本立体要三个投影同时画,先画反映实形的投影,以便提高作图速度。画图顺序如下:

　　a. 从反映底板实形的水平投影画起,画底板的三面投影,如图6-9(b)所示;

　　b. 从反映轴套实形的侧面投影画起,画轴套的三面投影,如图6-9(c)所示;

　　c. 从反映支板相切的侧面投影画起,画支板的三面投影,注意支板与轴套相切处不画线,如图6-9(d)所示;

　　d. 从反映肋板与轴套交线有积聚性的侧面投影画出交线的正面投影,再从正垂面与侧平面交线有积聚性的正面投影画出交线的侧面投影和水平投影,完成肋板的三面投影,并画出底板、轴套上的圆柱孔等细节,如图6-9(e)所示;

　　e. 综合考虑、检查 、校对,按各线型要求加深 、完成三面投影,如图6-9(f)所示。

6.3.2　挖切式组合体的画图方法和步骤

例6-2　画出图6-10(a)所示组合体的三面投影。

1. 形体分析

从轴测图可以看出,该体是一个挖切型的组合体。它可以看成是一个完整的长方体在左右对称的方向上依次切去Ⅰ、Ⅱ两个三棱柱体,再从上部切去四棱柱体Ⅲ,然后钻了一个圆柱孔形成的,如图6-10(b)所示。

2. 正面投射方向的选择

对该组合体同样也要从四个方向进行比较,找出一个最佳方向,比较过程同上例,请读者自行分析。通过比较,可选定 A 作为正面投影的投射方向。

3. 画图步骤

①选比例、定图幅。根据组合体的大小和复杂程度确定画图比例和图幅大小,一般应采用标准比例和标准图幅,尽量采用1:1的比例。

②布图、选择作图基准。此形体前后、左右对称,选择左右方向的对称面作为长度方向上的作图基准;前后对称面作为宽度方向上的作图基准;底面作为高度方向上的作图基准。

③画底图。画图时请注意,先画出挖切前的完整形状的三面投影,再按挖切顺序依次画出切去每一部分后的三面投影。对于被切的形体,应先画出反映其形状特征的投影。例如,切去形体Ⅱ,应先画正面投影,按投影规律,其他两投影很容易画出。画图过程如图6-11所示。

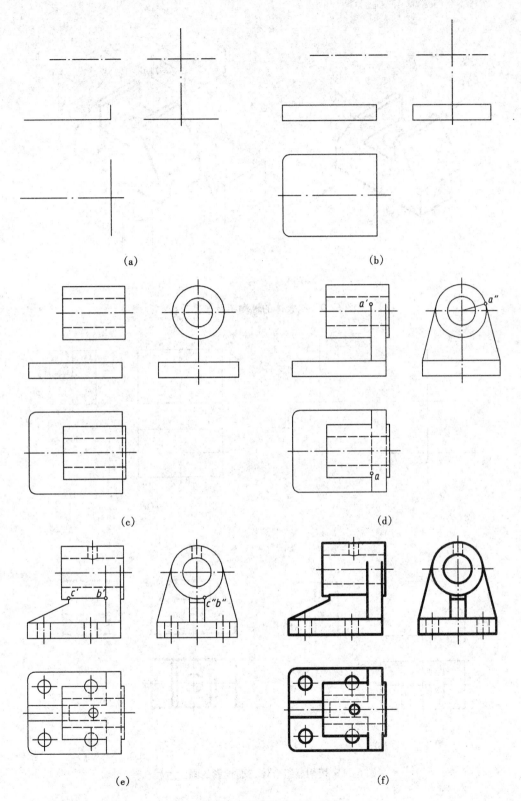

图 6-9　轴承座的画图步骤

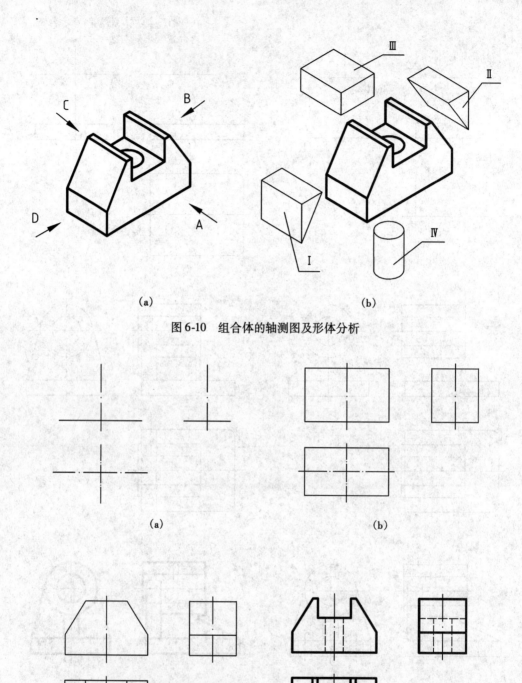

图 6-10　组合体的轴测图及形体分析

(a)　　　　　　　　　　　　　(b)

(a)　　　　　　　　　　　　　(b)

(c)　　　　　　　　　　　　　(d)

图 6-11　切割型组合体三面投影的画图过程

6.4　组合体的读图

读图是画图的逆过程。画图是通过形体分析法,按照基本形体的投影特点,逐个画出各基本立体的三面投影,完成组合体的三面投影。读图是根据组合体的三面投影,首先利用形体分析法,分析、想象组合体的空间形状,对那些不易看懂的局部形状则应用线面分析法分析想象其局部结构。要能正确、迅速地读懂投影图,必须掌握一定的读图知识,反复练习。

6.4.1　组合体读图的基本知识

1. 几个投影要联系起来看
如图 6-12 所示 ,四个物体的正面投影完全相同,而水平投影不同,其形状则各不相同,见立体图。因此通常物体的一个投影不能反映物体的确切形状。

2. 要善于抓住特征投影
所谓特征投影是指形状特征投影和位置特征投影。

最能清晰地表达物体的形状特征的投影称为形状特征投影,如图 6-12 所示,水平投影明显地表达了物体的形状特征。

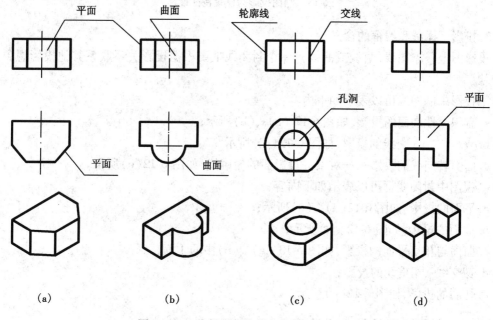

（a）　　　　　　（b）　　　　　　（c）　　　　　　（d）

图 6-12　一个投影不能确定物体的空间形状

最能清晰地表达构成组合体各形体之间的相互位置关系的投影称为位置特征投影。

如图 6-13 所示,从正面投影看,封闭线框 A 内有两个封闭线框 B、C,而且从正面和水平投影比较明显地看出它们的形状特征,一个是孔,一个是凸出体,但并不能确定哪个是孔哪个是凸出体,而图(a)的侧面投影却明显地反映出形体 B 是孔,形体 C 是凸出体,图(b)相反。故侧面投影清晰地表达了物体间的位置特征。

可见,在读图时,首先从特征投影入手,再结合其他投影,就能比较快地想象出物体的空间形状。但要注意,物体的形状特征和位置特征并非完全集中在一个投影上,所以在读图时不但要抓住反映特征较多的投影(一般为正面投影),还要配合其他投影一起分析,想象形状。

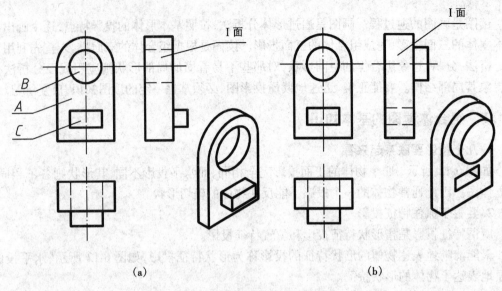

图6-13　侧面投影为位置特征投影

3. 投影上图线和线框的含义

投影图上一条图线(直线或曲线)、一个封闭线框要根据投影关系联系其他投影想象空间形状。

①投影中的图线可以表示如下内容:

a. 有积聚性表面的投影,如图6-12 (a) 、(b)所示;

b. 表面与表面交线的投影,如图6-12(c) 所示 ;

c. 曲面转向线的投影——对某一投影面的轮廓线,如图6-12(c)所示。

②视图中封闭线框可以表示如下内容:

a. 平面的投影,如图6-12(a) 、(d)所示;

b. 曲面的投影,如图6-12 (b) 所示;

c. 曲面与相切平面的投影,如图6-13 (a) 、(b)中的Ⅰ面;

d. 截交线 、相贯线的投影;

e. 孔洞的投影,如图6-12(c)所示。

6.4.2　组合体读图的基本方法

组合体读图的基本方法有形体分析法和线面分析法。

1. 形体分析法

用形体分析法读图,首先从正面投影入手划分出代表基本立体的封闭线框,再分别将每个封闭线框根据投影规律找出其他投影,想象出其形状,最后根据各部分的组合方式和相对位置,综合想象出组合体的整体形状。下面举例说明用形体分析法读图的基本方法与步骤。

例6-3　读图6-14所示支架的三面投影,试想象其形状。

分析:

①分解形体。从正面投影入手,划分封闭线框。图6-14所示正面投影,支架可分为四个封闭线框Ⅰ、Ⅱ(理论上的切线使其封闭)、Ⅲ、Ⅳ。

②对投影,想形体。根据投影关系,分别找出线框Ⅰ、Ⅱ、Ⅲ、Ⅳ所对应的其他两投影,如图6-15所示。

形体Ⅰ可看成圆柱,将圆柱前后对称截切,左端开一U形槽,右端与圆柱相交的左底板如图6-15(a)所示。

形体Ⅱ为右端带圆角及两个圆柱孔、左端与圆柱相切的右底板,如图6-15(b)所示。

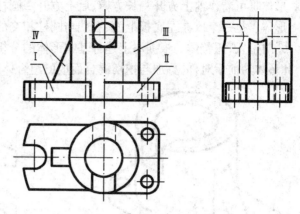

图6-14 支架的三面投影

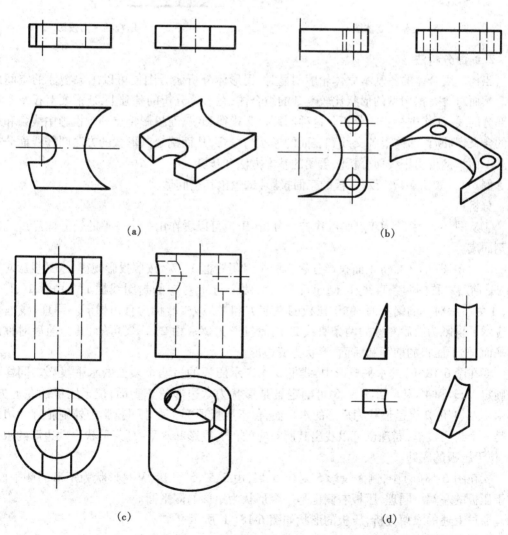

(a)

(b)

(c)

(d)

图6-15 形体分析法看图举例

形体Ⅲ可看作前上方开一长方槽、后上方开一圆柱孔的空心圆柱,如图 6-15(c)所示。

形体Ⅳ是一个放在左底板上面、右端与圆柱相交的肋板,如图 6-15(d)所示。

③对位置,想整体。根据对上述各基本形体的分析,明确它们之间的相对位置及组合方式,此形体为前后对称、叠加与挖切混合而成的组合体,其形状如图 6-16 所示。

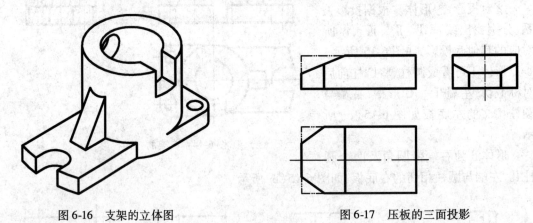

图 6-16 支架的立体图   图 6-17 压板的三面投影

2.线面分析法

当构成组合体的各基本立体轮廓明显时,用形体分析法看图便可以想象物体的空间形状。然而对含有挖切型的形状比较复杂的组合体,在形体分析的基础上,还需要对投影上切割部分的线、面作进一步的分析。这种利用投影规律和线、面投影特点分析投影中线条和线框的含义,判断该形体上各交线和表面的形状与位置,从而确定其形状的方法叫作线面分析法。下面举例说明用线面分析法看图的基本方法和步骤。

例 6-4 如图 6-17 所示压板的三面投影,试想象其空间形状。

分析:

①从图 6-17 中所示双点画线作初步分析,压板可以看作由一个完整的长方体经过几次切割而成。

②图 6-18(a) 中,将正面投影分解为两个封闭线框 1′、2′,按照投影规律,水平投影对应 1′的是前后对称的两条直线 1,侧面投影也为两个与 1′对应的封闭线框 1″。由 1、1′、1″可知,Ⅰ为前后对称的铅垂面,位于压板的左前方和左后方,形状是直角梯形。同理,线框 2′对应水平投影为前后对称的两条直线 2,侧面投影为 2″。由 2、2′、2″可知,Ⅱ为前后对称的正平面,位于压板的前面和后面,形状为五边形。

③在图 6-18(b)的水平投影中,线框 3、4 表示压板的另两个表面的水平投影。同样可以确定 3′、3″和 4′、4″。由 3、3′、3″可确定Ⅲ是形状为六边形的正垂面,位于压板的左上方。再由 4、4′、4″可知Ⅳ是形状为矩形的水平面,位于压板顶部。而水平投影中外围轮廓六边形也是一个封闭线框,同理也可以找出其所对应的正面投影和水平投影,形状为六边形的水平面,位于压板的底部。

④在图 6-18(c)中,侧面投影 5″对应 5、5′,由 5、5′、5″可知,Ⅴ是形状为矩形的侧平面,位于压板的左端。同理,压板右侧也是一个形状为矩形的侧平面。

通过上述的线面分析,压板的形状如图 6-18(d)所示。

3.根据两面投影补画第三投影

已知两投影,补画第三投影,在读懂已知两投影的基础上,想象物体的空间形状,画出第

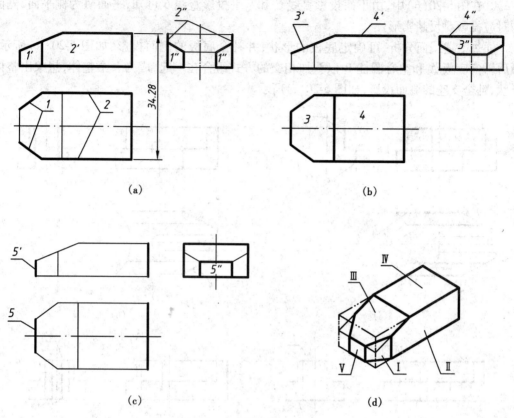

图 6-18　压板的线面分析

三投影。这一练习既包含看图的过程,同时又检验看图的效果。下面举例说明其作图方法和步骤。

例 6-5　如图 6-19 所示,由支座的两投影,补画第三投影。

分析:首先按照形体分析法,将支座分解为 A 、B 两个基本立体。对照水平投影,进行初步分析,形体 A 为底板,形体 B 为空心圆柱。由于形体 A 为切割型的形体,形状较为复杂,须用线面分析法读图。

①如图 6-20(a)所示,从正面投影入手,划分为三个封闭线框。先看 2′、4′,它们分别对应水平投影 2、4。由 2 、2′和 4、4′可知,平面 Ⅱ、Ⅳ 为正平面,它们侧面投影积聚成两条直线 2″、4″。

图 6-20(b)中,正面投影封闭线框 5′,它所对应的水平投影为直线 5。由 5 、5′可知,平面 Ⅴ 为铅垂面,它在侧面投影中所对应的投影为 5″。

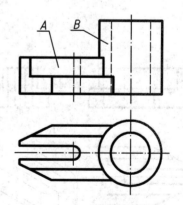

图 6-19　支座的两面投影

②在图 6-20(c)中,水平投影中线框 1 、3 所对应的正面投影为直线 1′、3′。由 1 、1′和 3 、3′可知,平面 Ⅰ、Ⅲ 分别为前后对称的水平面,其侧面投影为直线 1″、3″。另外,水平投影外轮廓也是一个封闭线框,此平面为底板底面,也是水平面。

③在图6-20(d)中,由正面投影直线6′和水平投影直线6可知,平面Ⅵ为侧平面,侧面的对应投影6″反映实形。

通过上述线面分析,可确定底板的形状,并补全底板的侧面投影,如图6-20(e)所示。最后再把底板A和空心圆柱B以叠加相交的方式组合在一起,成为一个整体,想象出整体形状,补全支座的侧面投影,如图6-20(f)所示。

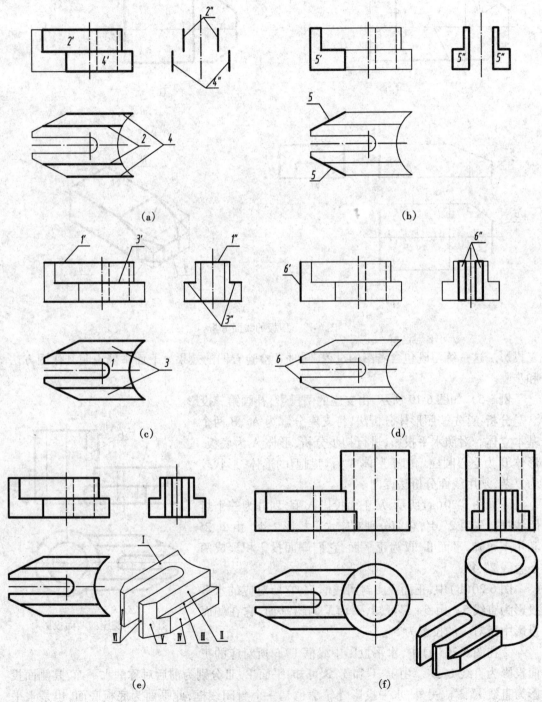

图6-20 由两个投影图求第三投影图

6.5 组合体的尺寸标注

投影只表示组合体的形状,其大小要靠标注在投影上的尺寸来确定。同时,尺寸也是加工和检验零件的依据,所以标注尺寸必须要做到以下几点:

①正确——尺寸标注要符合国家标准;

②完整——尺寸标注要齐全,不遗漏,不重复;

③清晰——尺寸布置要恰当,注写在最明显的地方,以便看图;

④合理——尺寸标注既要保证设计要求,又要适合加工、检验、装配等生产工艺要求。

正确标注尺寸已在第 2 章作过介绍。合理标注尺寸将在零件图中介绍。本节重点介绍尺寸标注的完整和清晰问题。

6.5.1 基本立体的尺寸标注

基本立体一般应标注它的长、宽、高三个方向的定形尺寸。定形尺寸是确定基本立体形状大小的尺寸。值得注意的是,并不是每一个基本立体都必须注出三个方向的尺寸,还应注意有些方向的尺寸具有双向性。表 6-1 介绍了常见的基本立体的尺寸标注和应注意的问题。

表 6-1 常见基本立体的尺寸标注

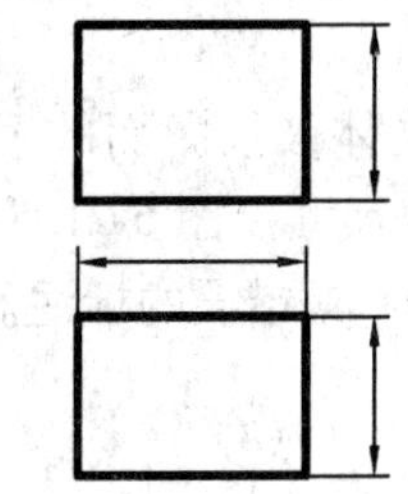 四棱柱:注长、宽、高三个方向的尺寸	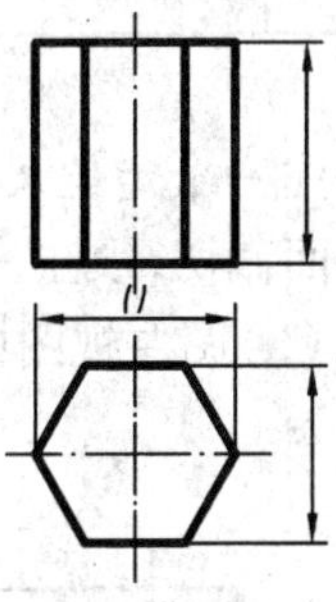 六棱柱:注对边和高度尺寸,对角尺寸为制造工艺的参考尺寸,参考尺寸加圆括号	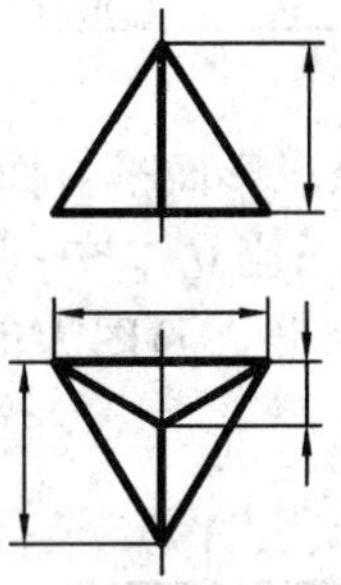 三棱锥:除注底面的长、宽尺寸和棱锥高度尺寸外,还应注锥顶的定位尺寸	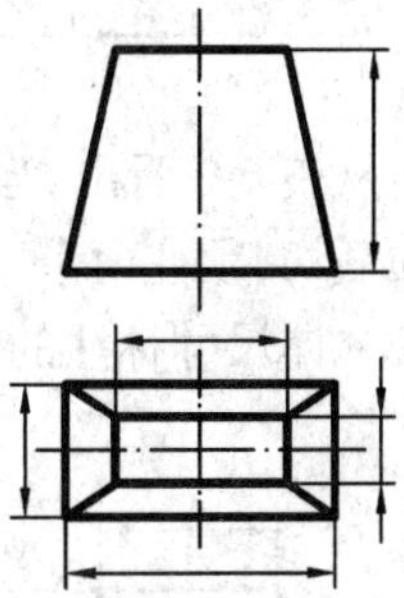 四棱台:注上、下底面的长、宽以及高度尺寸。如上、下底面为正方形,可用符号"×"将长、宽连接起来
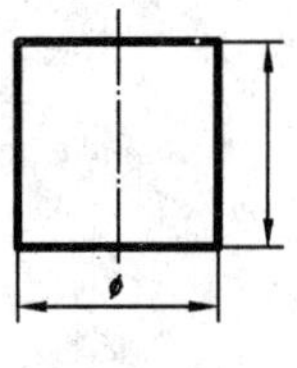 圆柱:注出圆柱的直径和高度尺寸。直径数值前须加注"φ"	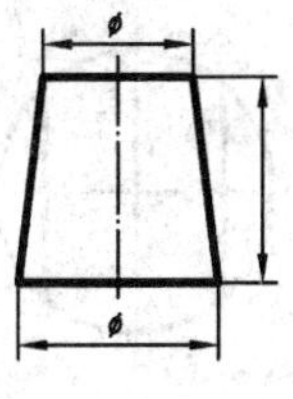 圆台:注出上、下底圆直径和高度尺寸	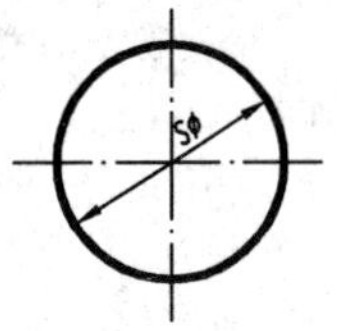 球:注出球直径,须在直径数值前面注"Sφ"	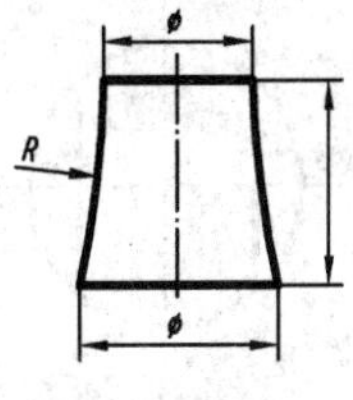 圆弧回转体:注出上、下底圆直径和高度尺寸以及形成回转体母线的半径

6.5.2 截切立体的尺寸标注

标注截切立体的尺寸,除注出完整基本立体的定形尺寸外,还应注出截平面的定位尺寸,定位尺寸应从尺寸基准出发进行标注。截切立体的尺寸基准一般选择对称面、回转体轴线、底面、端面。值得注意的是,当立体大小和截平面的位置确定以后,截交线也就确定,所以不应标注截交线的尺寸。表 6-2 为常见截切立体的尺寸标注。

表6-2 截切立体的尺寸标注

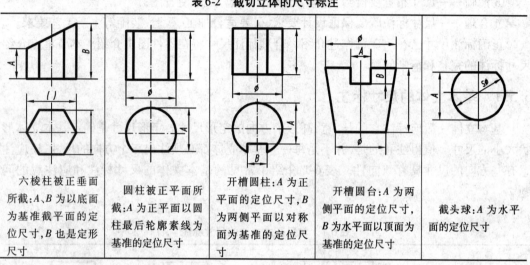

| 六棱柱被正垂面所截:A、B 为以底面为基准截平面的定位尺寸,B 也是定形尺寸 | 圆柱被正平面所截:A 为正平面以圆柱最后轮廓素线为基准的定位尺寸 | 开槽圆柱:A 为正平面的定位尺寸,B 为两侧平面以对称面为基准的定位尺寸 | 开槽圆台:A 为两侧平面的定位尺寸,B 为水平面以顶面为基准的定位尺寸 | 截头球:A 为水平面的定位尺寸 |

从表 6-2 看出,当立体被投影面平行面截切,须注一个定位尺寸;当立体被投影面的垂直面截切,须注两个定位尺寸;当立体被一般位置平面截切,须注三个定位尺寸。图 6-21 为截切立体尺寸标注的正、误对照,(a)图为正确注法,(b)图左视图中尺寸 14 是错误的标注。

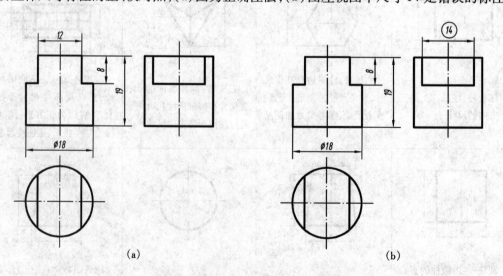

图 6-21 截切立体尺寸标注的正误对照

6.5.3 相贯立体的尺寸标注

标注相贯立体的尺寸,首先要标注各相贯立体的定形尺寸,还要标注各基本立体之间的定位尺寸。参与相贯的立体大小和位置确定后,相贯线的形状也就确定,切忌标注相贯线的尺寸。表6-3为相贯立体的尺寸标注。

表6-3　相贯立体的尺寸标注

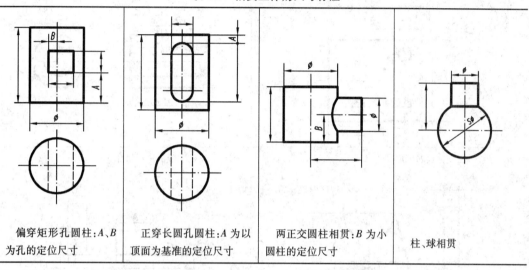

| 偏穿矩形孔圆柱:A、B 为孔的定位尺寸 | 正穿长圆孔圆柱:A 为以顶面为基准的定位尺寸 | 两正交圆柱相贯:B 为小圆柱的定位尺寸 | 柱、球相贯 |

图6-22 为相贯立体尺寸标注的正误对照,(a)图的尺寸标注是正确的,(b)图中标注的 $R8$ 是相贯线的定形尺寸,是错误的,尺寸7、3也是错误的。

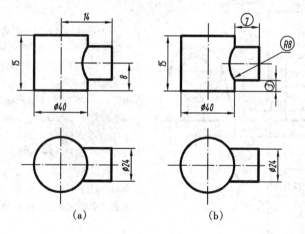

图6-22　相贯立体尺寸标注的正误对照

6.5.4 组合体的尺寸标注

1.完整地标注尺寸

组合体是由若干个基本立体组合而成的,因此标注组合体的尺寸时仍采用形体分析法,首先注出各基本立体的定形尺寸,再注出各基本立体相对基准的定位尺寸,最后综合考虑,

135

注出组合体的总体尺寸。下面以表6-4说明轴承座尺寸标注的方法和步骤。

表6-4 轴承座的尺寸标注

第一步:注底板的定形尺寸及底板上四个圆柱孔的定形、定位尺寸	第二步:注轴套的定形尺寸及小圆孔定形、定位尺寸
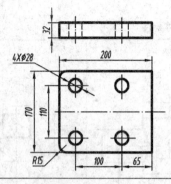	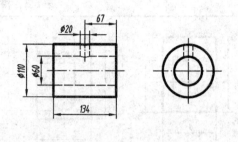
第三步: 注支撑板的定形尺寸	第四步:注肋板的定形尺寸
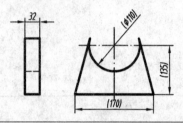	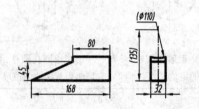

第五步:注出以上四个基本立体相对基准的定位尺寸及总体尺寸	
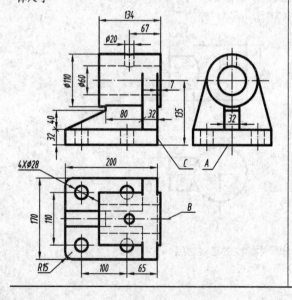	说明:以底板的右端面 C 为长度方向的尺寸基准,注出轴套的定位尺寸7。以对称面 B 为宽度方向的尺寸基准,说明轴承座各部分沿宽度方向是对称的。再以底面 A 为高度方向的尺寸基准,注出轴套高度方向的定位尺寸135,支板与肋板高度方向的定位尺寸与底板高度尺寸32重合。最后分析轴承座的总体尺寸:由于底板长200与轴套长度定位尺寸7等于总体长度尺寸,因此,总体长度尺寸不需再注。总宽尺寸即为底板宽度尺寸170。在加工时,为了便于确定轴套的中心位置,尺寸135必须注出,为避免封闭尺寸,总高尺寸不注,可由135与55(轴套半径)之和得出

2. 清晰标注尺寸应注意的问题

①尺寸尽可能地注在表示特征最明显的投影上。如表6-4轴承座轴套的定位尺寸135注在正面投影上比注在侧面投影上好。支撑板厚度尺寸32注在正面投影比注在水平投影

上更明显。

②同一形体的定形尺寸和定位尺寸应尽量注在同一投影上。如表6-4中轴承座轴套的定形尺寸 Φ60、Φ110、134 与高度和长度方向的定位尺寸 135、7 集中注在了正面投影上。

③半径尺寸必须注在反映圆弧的投影上,并且不能注出半径的个数,图 6-23(a)正确,图(b)、图(c)均为错误注法。

④回转体的直径尺寸最好注在非圆投影上,如图 6-24(a)所示。直径尺寸注在反映圆的投影上,成辐射形式,不清晰,如图 6-24(b)所示。

⑤尺寸线平行排列时,为避免尺寸线与尺寸界线相交,应小尺寸在里,大尺寸在外。表6-4 中,轴套 Φ60 在里,Φ110 在外。

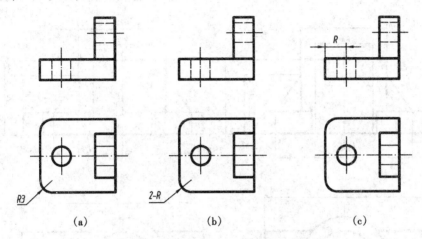

图 6-23　圆弧半径尺寸注法的正误对照

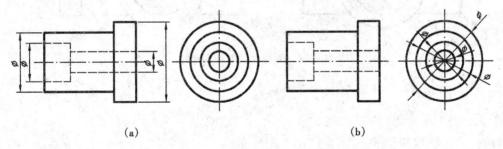

图 6-24　同心圆直径尺寸注法的正误对照

⑥尺寸应尽量注在投影外部,保持投影图的清晰。如所引尺寸界线过长或多次与图线相交时,可注在投影图内适当的空白处,如表6-4 肋板的定形尺寸 80。

⑦一般应避免标注封闭尺寸,如图 6-25 所示,轴向尺寸 L_1、L_2、L_3 都标注时,称为封闭尺寸。加工零件时,要想同时满足这三个尺寸,无论是工人的技术水平还是设备条件都是不允许的,所以不标注 L_3;同样,(b)图中的 80 也不应注出。

⑧相对于某个尺寸基准对称的结构,尺寸应合起来标注,如图 6-26(a)中的 38、44 标注正确,(b)图中两个 19 和 22 标注错误。

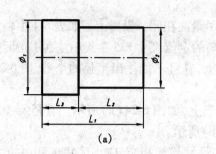

(a)

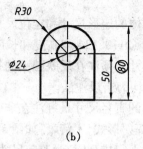

(b)

图 6-25　避免标注封闭尺寸

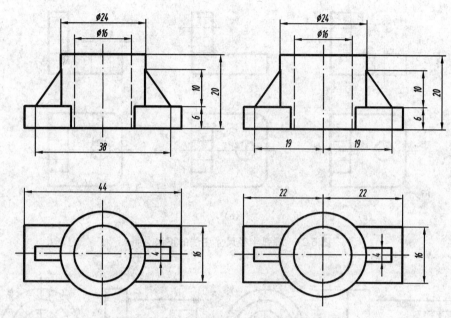

图 6-26　对称尺寸的正误对照

第7章 机件的表达方法

本章学习指导

【目的与要求】掌握国家标准《技术制图》和《机械制图》中关于图样画法、视图、剖视图、断面图的种类及画法与标注等机件的表达方法,进一步提高和发展空间想象能力和空间思维能力,为学好零件图和装配图奠定良好的基础。

【主要内容】视图、剖视图和断面图的画法及标注,局部放大图、简化画法及应用。

【重点与难点】剖视图、断面图的画法与标注。

7.1 视图

根据有关标准和规定,用正投影法所绘制的机件的图形称为视图。视图尽量避免使用虚线表达物体的轮廓及棱线。

视图分为基本视图、向视图、局部视图和斜视图。

7.1.1 基本视图

当机件的外部结构形状在各个方向都需要表达时,根据国标规定,在原有三个投影面的基础上再增设三个投影面,组成一个正六面体,如图7-1所示。该六面体的六个表面称为基本投影面。机件向基本投影面投射所得的视图称为基本视图。各基本视图的名称为:主视图(由前向后投射)、俯视图(由上向下投射)、左视图(由左向右投射)、右视图(由右向左投射)、仰视图(由下向上投射)、后视图(由后向前投射)。当基本投影面如图7-2展开后,各视图之间仍然保持"长对正、高平齐、宽相等"的投影规律,即:

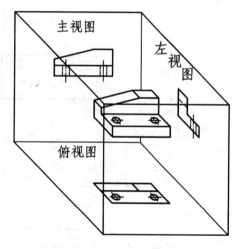

图7-1 正六面体立体图

①主视图、俯视图、仰视图长对正;

②主视图、左视图、右视图、后视图高平齐;

③俯视图、仰视图、左视图、右视图宽相等。

各基本视图的配置关系如图7-3所示。在同一张图纸内基本视图按图7-3配置时不标注各视图的名称。

虽然机件可以用六个基本视图表示,但是在实际应用时并不是所有的机件都需要六个基本视图。应针对机件的结构形状、复杂程度优先选用主、俯、左视图,然后再根据需要确定基本视图数量,避免不必要的重复表达。

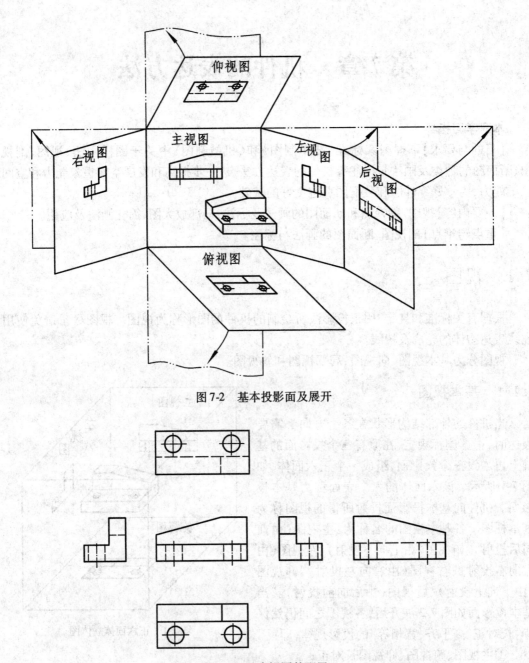

图 7-2　基本投影面及展开

图 7-3　基本视图的配置

7.1.2　向视图

1.概念

在实际绘图时,有时为了合理利用图纸可以不按基本视图规定位置绘制,如图 7-4 所示,这种自由配置的视图称为向视图。画向视图必须加以标注。

2.标注

①在向视图的上方,用大写的拉丁字母(如 A、B、C 等)标出向视图的名称"×",并在相应的视图附近用箭头指明投射方向,同时注上相应的字母。

②表示投射方向的箭头尽可能配置在主视图上,表示后视图的投射方向时,应将箭头配置在左视图或右视图上。

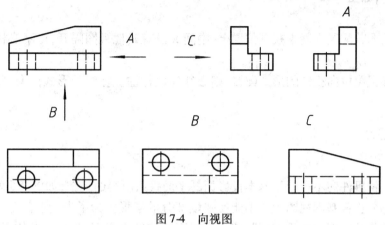

图7-4 向视图

7.1.3 局部视图

1. 概念

局部视图是将机件的某一部分向基本投影面投射所得的视图。

当机件的某一部分形状未表达清楚,又没有必要画出完整的基本视图时,可以只将机件的该部分画出,已表达清楚的部分不画。如图7-5所示,机件左方凸台的形状在主、俯视图中均未表达清楚,但又不必画出完整的左视图,故用A向局部视图表达凸台形状,这样既重点突出,简单明了,又作图简便。

2. 画法

①局部视图的范围即断裂边界用波浪线表示,如图7-5(a)、(b)所示。

②当所表达的结构形状是完整的,且轮廓线又是封闭的图形时,则波浪线可省略,如图7-5(c)所示。

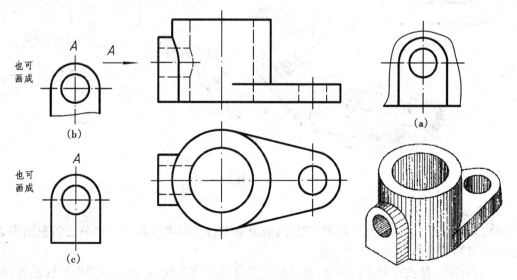

图7-5 局部视图

③局部视图既可以按基本视图位置配置(图7-5(a)),也可按向视图的形式配置(图7-5(b)、(c)),还可以按第三角画法配置在视图上所需表示机件局部结构的附近,并且用点画线将两者相连,如图7-42所示。

3. 标注

①局部视图若配置在基本视图位置上,中间又没有其他视图隔开,可不必标注,如图7-5(a)所示。

②若局部视图按向视图的形式配置,则必须加以标注。标注的形式同向视图,如图7-5(b)、(c)所示。

7.1.4 斜视图

1. 概念

斜视图是将机件向不平行于基本投影面的平面投射所得的视图,如图7-6所示,机件上倾斜结构的部分在各基本视图中均不能反映该部分的实形。为了表达该部分的实形,选择一个平行于倾斜结构部分且垂直于某基本投影面的辅助投影面,将倾斜结构部分向该辅助投影面投射得到斜视图。其方法是利用换面法的原理画出的。

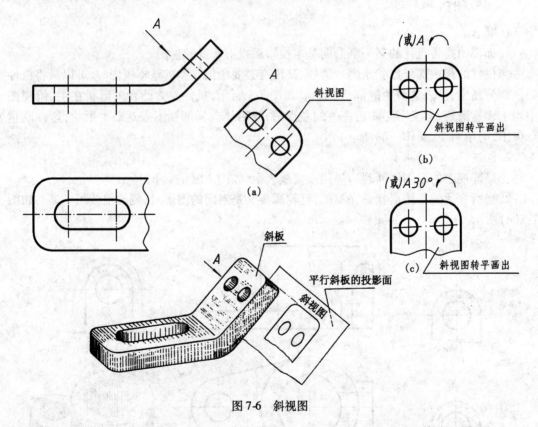

图7-6 斜视图

2. 画法

①斜视图只画出机件倾斜结构的部分,而原来平行于基本投影面的部分在斜视图中省略不画,其断裂边界用波浪线表示。

②斜视图一般按投射方向配置,也可配置在其他适当位置,并允许将图形旋转配置,如图7-6所示。

142

3. 标注

①斜视图标注同向视图，如图7-6(a)所示。

②当图形旋转配置时必须标出旋转符号，如图7-6(b)所示。

③表示视图名称的字母应靠近旋转符号的箭头端，也允许将旋转角度值标在字母之后，如图7-6(c)所示。

④旋转符号的方向应与实际旋转方向相一致。旋转符号的尺寸和比例如图7-7所示。

h=字体高度
h=R
符号笔画宽度=1/10h或1/14h

图7-7　旋转符号的尺寸和比例

7.2　剖视图

用视图表达机件的结构形状时，如果机件的内部结构比较复杂(图7-8)，在视图中就会出现较多虚线，既影响图形的清晰，又不利于看图。为了尽量避免使用虚线而又清楚地表达机件的内部结构，常采用剖视画法。

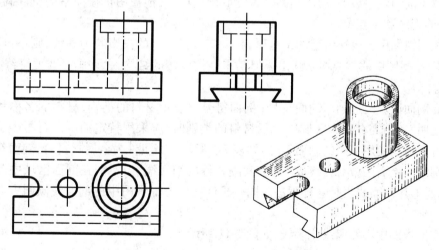

图7-8　机件的立体图和三面投影图

7.2.1　剖视的基本概念

假想用剖切面剖开机件，将处在观察者和剖切面之间的部分移去，将其余部分向投影面投射所得的图形称为剖视图，如图7-9所示。剖视图简称为剖视，用来剖切机件的假想面称为剖切面，剖切面可为平面或柱面，一般为平面。

7.2.2　剖视图的画法

①为了能表达机件的真实形状，所选剖切平面一般应平行于相应的投影面，且通过机件

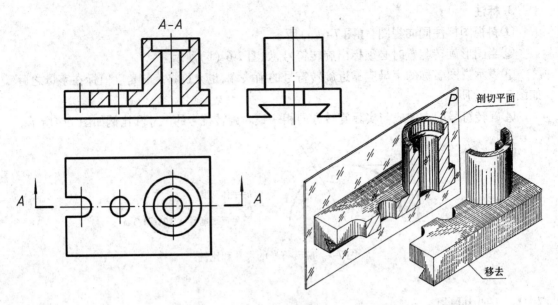

图7-9 剖视图概念

的对称平面或回转轴线。如图7-9所示,剖切平面是正平面且通过机件的前后对称平面。

②剖视图由两部分组成,一是机件和剖切面接触的部分,该部分称为剖面区域,如图7-10(b)所示。另一部分是剖切面后边的可见部分的投影,如图7-10(c)所示。

③由于剖切是假想的,所以当某个视图取剖视后,其他视图仍按完整的机件画出,如图7-9中的俯视图和左视图。

④在剖视图中已表达清楚的结构形状,在其他视图中的投影若为虚线,则不再画出,如图7-9俯、左视图中的虚线均不画出。但是未表达清楚的结构,允许画必要的虚线,如图7-10所示。

⑤在剖面区域内应画出剖面符号(剖面符号仅表示材料的类别,材料的名称和代号必须另行注明)。若需在剖面区域中表示材料的类别时,应采用特定的剖面符号表示。国标规定对各种材料使用不同的剖面符号,如表7-1所示。当机件为金属材料时,剖面符号是与主要轮廓线或剖面区域对称线成45°且间隔相等的细实线,当不需在剖面区域中表示材料类别时,其通用剖面线也是这种画法。同一机件在各个剖视图中的剖面线倾斜方向和间隔都必须一致。

⑥在剖视图中不要漏线或多线,如图7-11所示。

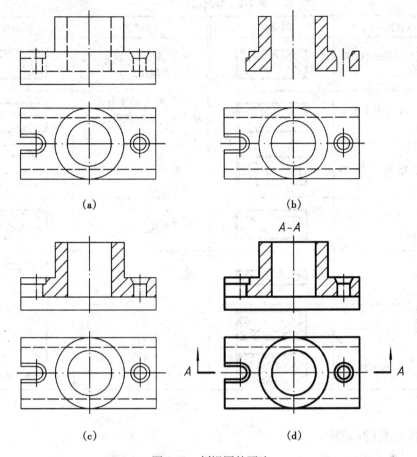

图 7-10 剖视图的画法

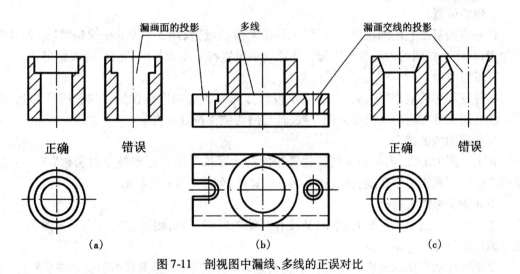

图 7-11 剖视图中漏线、多线的正误对比

表 7-1　常用剖面符号

材料名称	剖面符号	材料名称	剖面符号
金属材料(已有规定剖面符号者除外)	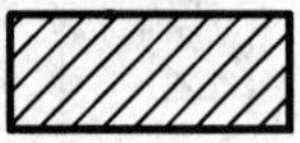	转子、电枢、变压器和电抗器等迭钢片	
非金属材料(已有规定剖面符号者除外)		型砂、填沙、粉末冶金、砂轮、陶瓷、刀片、硬质合金刀片等	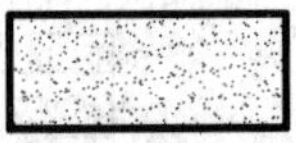
线圈绕组元件	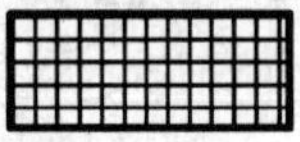	混凝土	
玻璃	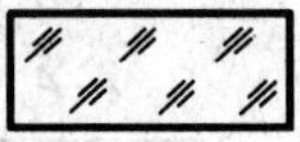	钢筋混凝土	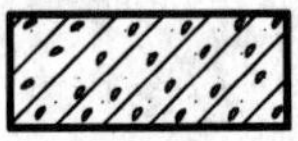
木质胶合板	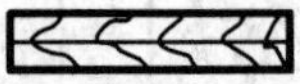	砖	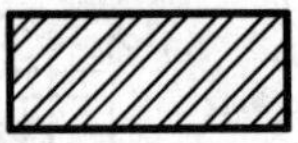
木材　纵断面 / 横断面		液体	

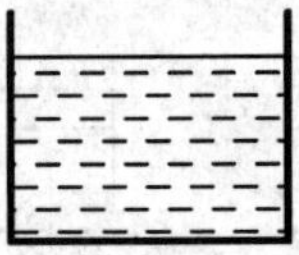

7.2.3　剖视图的标注

对剖视图进行标注的目的是为了便于看图,一般用剖切符号表示剖切位置和投射方向。

1. 剖切位置

在相应的视图上用剖切位置符号(宽用粗实线绘制,长用 5 ~ 10 mm 的粗短线)表示剖切位置,并注上相同的大写拉丁字母。注意剖切位置符号不能与图形的轮廓线相交。

2. 投射方向

机件被剖切后应指明投射方向,表示投射方向的箭头则应画在剖切位置符号的起、迄处。注意箭头的方向应与投射方向一致,且与剖切位置符号垂直。

3. 剖视图的名称

在剖视图的上方,用与表示剖切位置相同的大写拉丁字母标出视图的名称"×—×",字母之间的短画线为细实线,长度约为字母的宽度,如图 7-10(d)所示。

下列情况可以省略标注:

①剖视图按投影关系配置,中间又没有其他图形隔开时,则可省略箭头。如图 7-12 剖视的俯视图标注。

②单一剖切平面通过机件的对称平面或基本对称的平面,且剖视图按投影关系配置,中间又没有其他图形隔开时,不必标注。如图 7-12 剖视的主视图标注。

7.2.4　剖视图的分类及应用

剖视图按剖切机件范围的大小可分为全剖视图、半剖视图和局部剖视图。

1. 全剖视图

（1）概念

用剖切面完全地剖开机件所得的剖视图称为全剖视图。

（2）适用范围

全剖视图主要用于外形简单内部形状复杂且又不对称的机件。

（3）全剖视图的画法

图 7-9、图 7-10 中的主视图、图 7-17 的俯视图等都是采用全剖视图的画法。

（4）全剖视图的标注

全剖视图的标注采用前述剖视图的标注方法。

2. 半剖视图

（1）概念

当机件具有对称平面时，向垂直于对称平面的投影面上投射所得的图形，可以对称中心线为界，一半画成剖视图，另一半画成视图，这种剖视图称为半剖视图。

（2）适用范围

内外结构形状都比较复杂且又对称的机件，均可采用半剖视图的表达方法。

如图 7-12 所示，该机件的内外形状都比较复杂，若主视图取全剖，则该机件前方的凸台将被剖掉，因此就不能完整地表达该机件的外形。由于该机件前后、左右对称，为了清楚地表达该机件顶板下的凸台及顶板形状和四个小孔的位置，将主视图和俯视图都画成半剖视图。

（3）半剖视图的画法

①视图与剖视图的分界线必须是点画线，不能用粗实线或其他类型线。

②由于机件对称，如内部结构已在剖视部分表达清楚，在画视图部分时表示内部形状的虚线不画。

③画半剖视图时剖视图部分的位置通常按以下习惯配置。

主视图中位于对称线右边，俯视图位于对称线前边或右边，左视图中位于对称线右边。

（4）半剖视图的标注

①半剖视图的标注同全剖视图。如图 7-12 所示，俯视图取半剖视，剖视图在基本视图位置，与主视图之间无其他图形隔开，所以省略箭头。主视图取半剖视，因剖切平面通过对称平面，且俯视图与主视图之间无其他图形隔开，故不必标注。

②应特别注意：剖切符号不能在中心线画成垂直相交的情况，如图 7-13（b）所示。

3. 局部剖视图

（1）概念

用剖切面局部地剖开机件，所得的剖视图称为局部剖视图，如图 7-14 所示。局部剖视图的剖切位置及范围可根据实际需要而定，它是一种比较灵活的表达方法。运用得好，可使视图简明、清晰，但在一个视图中局部剖视图数量不应过多，以免图形支离破碎，给看图带来不便。

（2）适用范围

局部剖视图一般用于内外结构形状均需表达的不对称的机件。

（3）局部剖视图的画法

①局部剖视图中视图与剖视之间用波浪线或双折线分界，如图 7-14 所示。

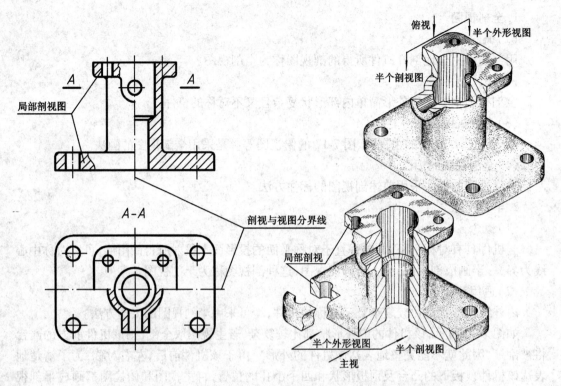

局部剖视图

剖视与视图分界线

俯视

半个外形视图

半个剖视图

局部剖视

半个外形视图

半个剖视

主视

图 7-12　半剖视图

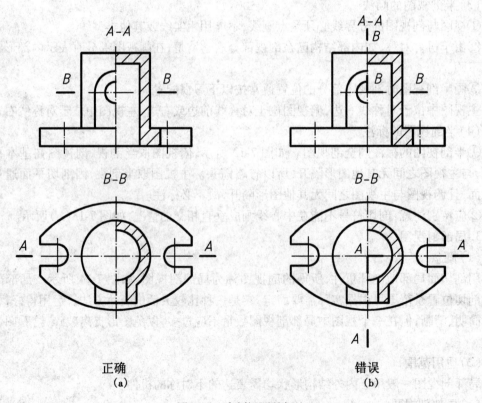

正确
（a）

错误
（b）

图 7-13　半剖视图的标注

②当被剖切结构为回转体时,允许将该结构的轴线作为局部剖视与视图的分界线,如图7-30(b)俯视图所示。

③波浪线不能与图形上的轮廓线重合或画在轮廓线的延长线上,如图7-15(b)、(e)所示。

④波浪线相当于剖切部分断裂面的投影,因此波浪线不能穿越通孔、通槽或超出剖切部分的轮廓线之外,如图7-15(c)、(g)所示。

⑤当机件为对称图形而对称线与轮廓线重合时,则不能采用半剖视图,而应采用局部剖视图表达,如图7-16所示。

(4)局部剖视图的标注

局部剖视图的标注与全剖视图相同,但当单一剖切平面的剖切位置明确时,不必标注。如图7-14、7-15、7-16所示。

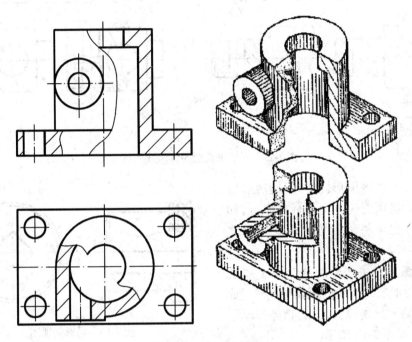

图7-14 局部剖视图

7.2.5 剖切面的种类

根据机件的结构特点,剖开机件的剖切面可以有单一剖切面、几个平行的剖切面、几个相交的剖切面三种情况。

1.单一剖切面

①用单一平面(或柱面)剖开机件获得的剖视图,如前所述的全剖视图、半剖视图和局剖视图。

②用一个垂直于基本投影面的单一剖切平面剖开机件得到的剖视图如图7-17所示。它一般用来表达机件上倾斜部分的内部结构形状,其作图方法与斜视图相同。

画这种剖视图时应注意:

①剖视图尽量按投射关系配置,如图7-17(a)所示的A—A全剖视图,也可以移到其他

149

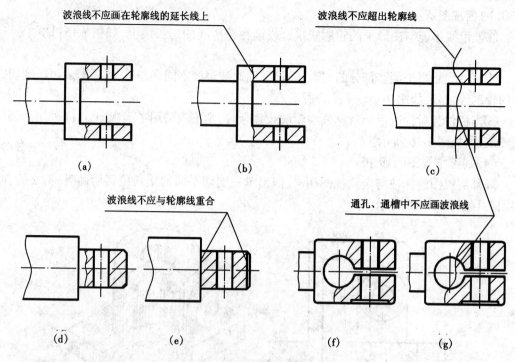

图 7-15　局部剖视图中波浪线的画法

适当位置并允许将图形旋转,但旋转后应在图形上方指明旋转方向并标注字母,如图 7-17(b)也可将旋转角度标在字母之后,如图 7-17(c)所示;

②在图形中主要轮廓线与水平线成45°时,该图形的剖面线应画成与水平线成30°或60°的平行线,其倾斜的趋势与原剖面线一致,如图 7-17 所示。

③画这种剖视图时,必须进行标注,即用剖切符号和字母标明剖切位置及投射方向,并在剖视图上方注明剖视图名称" ×—×",且注意字母一律水平书写,如图 7-17 中的"A—A"所示。

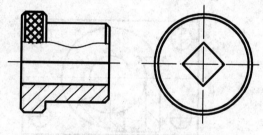

图 7-16　局部剖视图

2.几个相交的剖切面

(1)概念

用几个相交的剖切平面(交线垂直于某一投影面)剖切机件获得剖视图。

(2)适用范围

这种剖视图多用于表达具有公共回转轴的机件。如轮盘、回转体类机件和某些叉杆类机件。

如图 7-18 所示,圆盘上分布的四个孔与左侧的凸台只用一个剖切平面不能同时剖切到。为此需用两个相交的剖切平面分别剖开孔和凸台,移去左边部分,并将倾斜的部分旋转到与侧平面平行后,再进行投射而得到左视图。

150

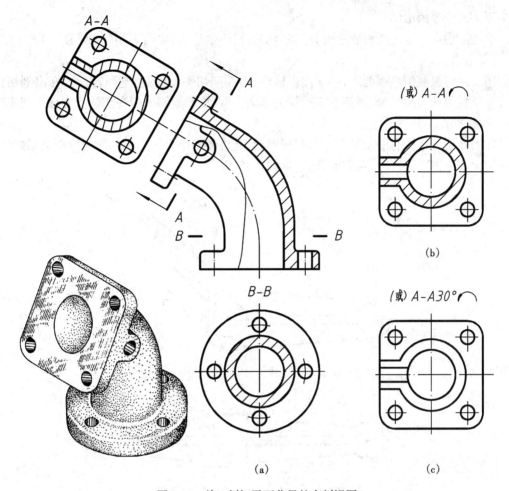

图 7-17 单一剖切平面获得的全剖视图

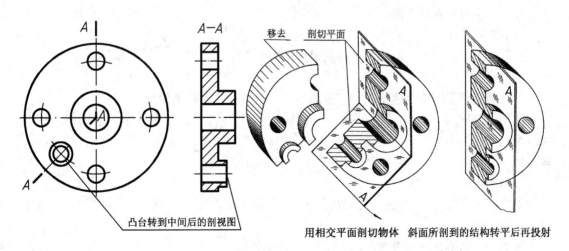

图 7-18 旋转绘制的全剖视图(一)

（3）画图

①剖切平面的交线应与机件上的公共回转轴重合。

②倾斜剖切平面后边未被遮挡的其他结构仍按原来的位置投射,如图 7-19 中的小孔就

是按原来的位置画出的。

③当剖切后产生不完整要素时,应将该部分按不剖绘制,如图7-20(a)所示。

(4)标注

①画旋转绘制的剖视图时,必须加以标注,即在剖切平面的起、讫和转折处标出剖切位置符号及相同的大写字母,用箭头表示投射方向,并在旋转绘制的剖视图的上方标注相应的大写字母,如图7-19所示。

②当转折处地方有限而又不致引起误解时,允许省略字母。当剖视图按投影关系配置,中间又无其他图形隔开时,可省略箭头,如图7-18所示。

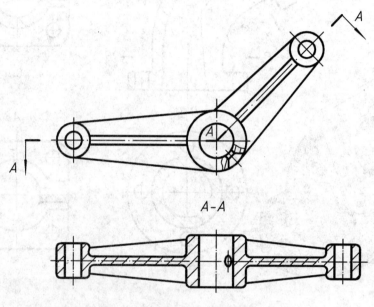

图7-19　旋转绘制的全剖视图(二)

3.几个平行的剖切平面

(1)概念

用几个平行的剖切平面剖开机件获得剖视图的方法。

(2)适用范围

这种剖视图多用于表达不在同一平面内且不具有公共回转轴的机件。

如图7-21所示,机件上部的小孔与下部的轴孔,只用一个剖切平面是不能同时剖切到的。为此需用两个互相平行的剖切平面分别剖开小孔和轴孔,移去左边部分,再向侧面投射即得到全剖视图。

(3)画图

①剖切平面转折处不画任何图线,且转折处不应与机件的轮廓线重合,如图7-21(a)所示。

②剖切平面不得互相重叠。

③剖视图中不应出现不完整的要素,如图7-22(a)所示;仅当两个要素在图形上具有公共对称中心线或轴线时,可以对称中心线或轴线为界各画一半,如图7-22(b)所示。

(4)标注

画平行剖切平面获得的剖视图时必须标注,即在剖切平面的起、讫和转折处画出剖切位

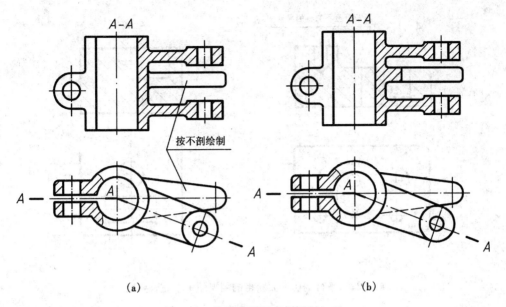

图 7-20 旋转绘制的全剖视图(三)

置符号,标注相同的大写字母,各剖切平面的转折处必须是直角的剖切位置符号。并在剖视图上方注出相应的名称"×—×",如图 7-21(a)所示。

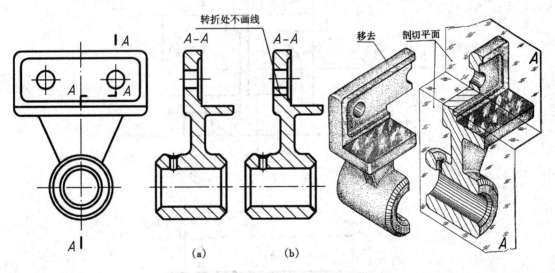

图 7-21 两个平行剖切平面获得的全剖视图

7.2.6 剖视图的尺寸注法

机件采用了剖视后,其尺寸注法与组合体基本相同,但还应注意以下几点。

①一般不应在虚线上标注尺寸。

②在半剖或局部剖视图中,机件的结构可能只画一半或部分,这时应标注完整的形体尺寸,并且只在有尺寸界限一端画出箭头,另一端不画箭头。尺寸线应略超过对称中心线、圆心、轴线或断裂处的边界线,如图 7-23 中 $\Phi20$、$\Phi14$、30、$\Phi36$、$\Phi12$ 所示。

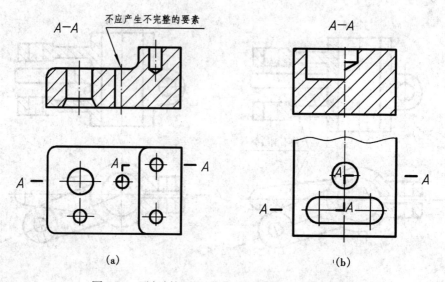

图 7-22 平行剖切平面获得的剖视图中不完整要素

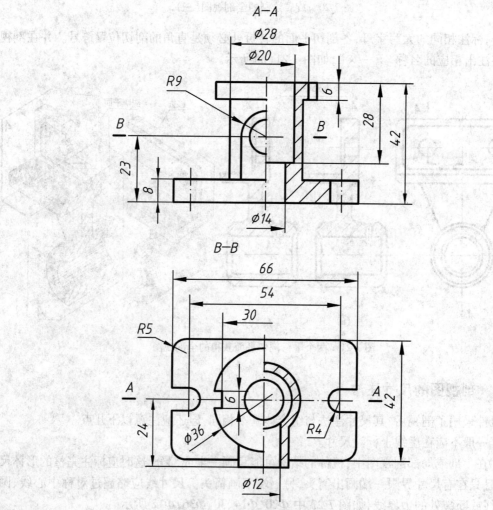

图 7-23 剖视图中的尺寸注法

7.3 断面图

7.3.1 基本概念

假想用剖切面将机件的某处切断,仅画出剖切平面与机件接触部分的图形,这样的图形称为断面图,简称断面。为了得到断面结构的实形,剖切平面一般应垂直于机件的轴线或该处的轮廓线。

7.3.2 适用范围

断面一般用于表达机件某部分的断面形状,如轴、杆上的孔、槽等结构。

7.3.3 断面的种类

断面图分为移出断面和重合断面两种。

1. 移出断面

(1)概念

画在视图轮廓线外的断面称为移出断面,如图 7-24 所示。

(2)移出断面的画法

①移出断面的轮廓线用粗实线绘制,如图 7-24 所示。

②移出断面应尽量配置在剖切符号或剖切线(剖切线是指示剖切面位置的线,用细点画线画出)的延长线上,也可以按基本视图配置或画在其他适当位置,如图 7-25 所示。

③当剖切平面通过回转面形成的孔或凹坑的轴线时,这些结构应按剖视绘制,如图 7-25、图 7-26 所示。

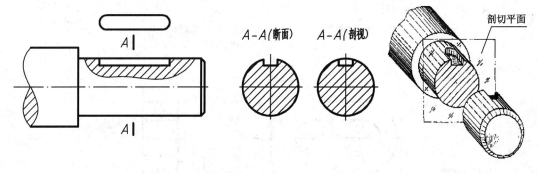

图 7-24　移出断面与剖视图的对比

④当剖切平面通过非圆孔的某些结构,出现完全分离的两个断面时,则这些结构应按剖视绘制,如图 7-27 所示。

⑤当移出断面对称时,断面可画在视图中断处,如图 7-28 所示。

⑥由两个或多个相交的剖切平面剖切得到的移出断面,中间用断裂线断开表示,如图 7-29 所示。

(3)移出断面的标注

移出断面的标注与剖视图基本相同,如图 7-25 中 *B—B* 断面。以下情况可省略标注:

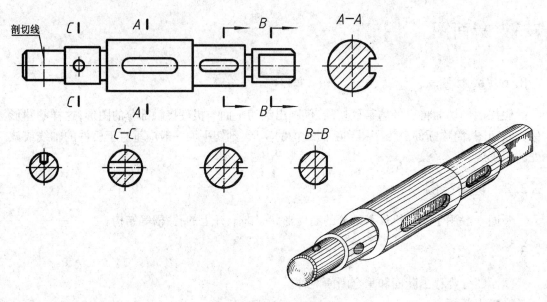

图 7-25 移出断面的配置

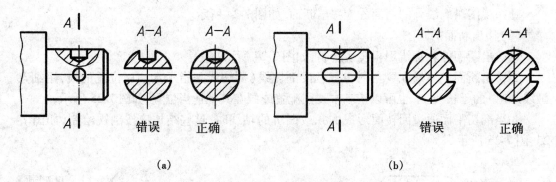

（a）　　　　　　　　　　　　　　　（b）

图 7-26 剖切面通过圆孔、圆锥孔轴线的正误对比

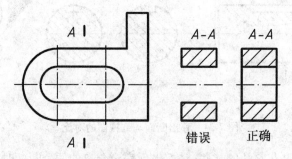

图 7-27 移出断面产生分离时的正误对比

①按投影关系配置在基本视图位置上的断面如图 7-24，图 7-25 中的"A—A"，以及不配置在剖切符号延长线上的对称移出断面如图 7-25 中的"C—C"，一般不必标注箭头；

②配置在剖切符号延长线上的不对称的移出断面，不必标注字母，如图 7-25 右侧的键槽；

③配置在剖切线延长线上的对称移出断面，如图 7-25 中剖切面通过小孔轴线的移出断

156

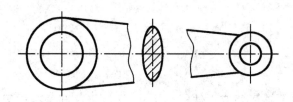

图 7-28　移出断面画在中断处

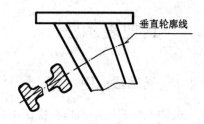

图 7-29　两相交剖切平面剖切
的移出断面

面不必标注字母和箭头。配置在视图中断处的对称移出断面不必标注,如图 7-28 所示。

2. 重合断面

(1)概念

画在视图轮廓线之内的断面称为重合断面。

(2)重合断面的画法

①重合断面的轮廓线用细实线绘制,如图 7-30 所示。

②当视图的轮廓线与重合断面的轮廓线重合时,视图中的轮廓线仍应连续画出,不可间断,如图 7-30(a)所示。

③当重合断面画成局部断面图时可不画波浪线,如图 7-30(c)所示。

(3)重合断面的标注

①对称的重合断面不必标注,但必须用剖切线表示剖切平面的位置,如图 7-30(b)、(c)所示。

②不对称的重合断面可省略标注,若需标注,可用剖切位置符号表示剖切平面位置,用箭头表示投射方向,不必标注字母,如图 7-30(a)所示。

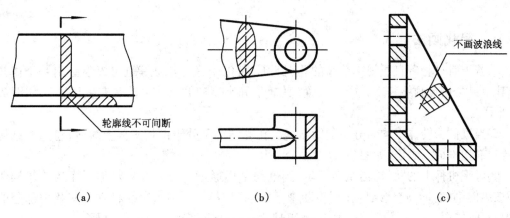

（a）　　　　　　　　　（b）　　　　　　　　　（c）

图 7-30　重合断面画法

7.4　其他表示法

7.4.1　局部放大图

机件上某些细小结构在视图中表达得不够清楚或不便标注尺寸时,可将这部分结构用大于原图形所采用的比例画出,画出的图形称为局部放大图。局部放大图可画成视图、剖视图、断面图,它与被放大部分原来的表达方法无关。局部放大图应尽量配置在被放大部位的附近。画局部放大图时,应在原图形上用细实线(圆或长圆)圈出被放大的部位。当机件上被放大的部位仅一处时,在局部放大图的上方只需注明所采用的比例,若同一机件上有几个放大的部位时,必须用罗马数字依次标明被放大的部位,并在局部放大图的上方标出相应的罗马数字和所采用的比例,如图 7-31 所示。

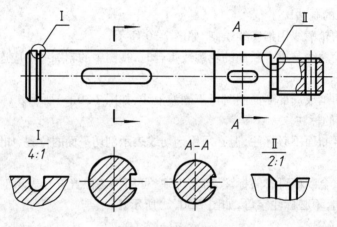

图 7-31　局部放大图

7.4.2　简化画法

①若干直径相等且成规律分布的孔(圆孔、螺孔、沉孔、齿、槽等)可以仅画出一个或几个,其余只需用点画线表示其中心位置(其数量和类型遵循尺寸注法和有关要求),如图 7-32 所示。

②当机件回转体上均匀分布的肋、轮辐、孔等结构不处于剖切平面上时,可将这些结构旋转到剖切平面上画出,如图 7-33 所示。

③对于机件上的肋、轮辐及薄板等,当剖切平面通过肋板厚度的对称平面或轮辐轴线(即按纵向剖切)时,这些结构在剖视图中不画剖面符号,而用粗实线将它与其相邻部分的结构分开,如图 7-33 所示。若非纵向剖切时,则画出剖面符号,如图 7-34 所示。

④圆柱形法兰盘和类似机件上均匀分布的孔,可按图 7-35 所示的方法表示(由机件外向该法兰盘端面方向投射)。

⑤在不致引起误解时,过渡线、相贯线允许简化,如用圆弧或直线代替非圆曲线,如图 7-35、图 7-36 所示。

⑥为了节省绘图时间和图幅在不致引起误解时,对称机件的视图可只画一半或四分之一,并在中心线两端画出两条与其垂直的平行细实线,如图 3-37 所示。它也是局部视图的

158

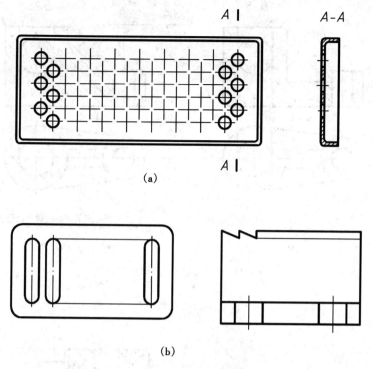

图 7-32　多孔及相同结构的简化画法

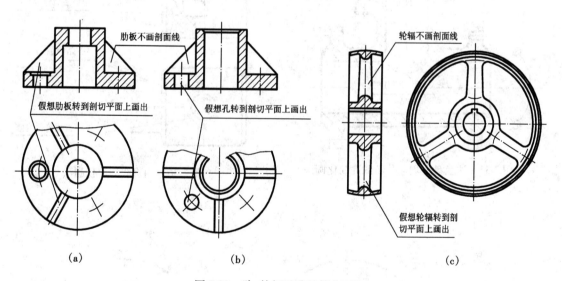

图 7-33　肋、轮辐及孔的简化画法

画法之一。

　　⑦平面结构在图形中不能充分表达时,可用平面符号(相交的两细实线)表示,若已有断面表达清楚,则不画平面符号,如图 7-38(a)、(b)所示。

　　⑧机件上较小的结构如在一个图形中已表达清楚时,其他图形可简化或省略,如图 7-38(c)所示。

　　⑨机件上斜度不大的结构如果在一个图形中已表达清楚时,其他图形可按小端画出,如

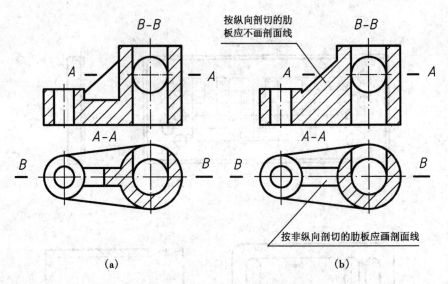

图 7-34 肋板剖切后剖面线的画法

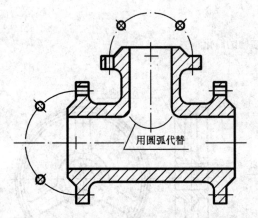

图 7-35 法兰盘上均匀分布的孔简化画法

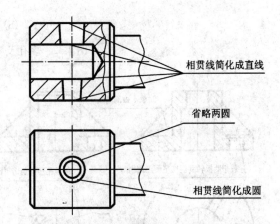

图 7-36 相贯线的简化画法

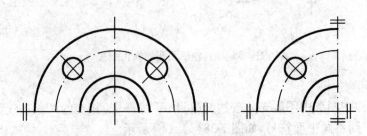

图 7-37 对称机件的简化画法

160

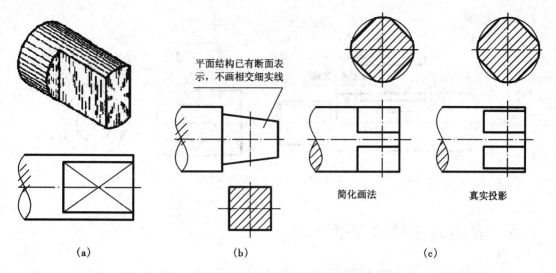

图 7-38　平面的表示法及较小结构的简化画法

图 7-39 所示。

⑩在需要表达位于剖切平面前的结构时,应按假想画法用细双点画线绘制出轮廓线,如图 7-40 所示。

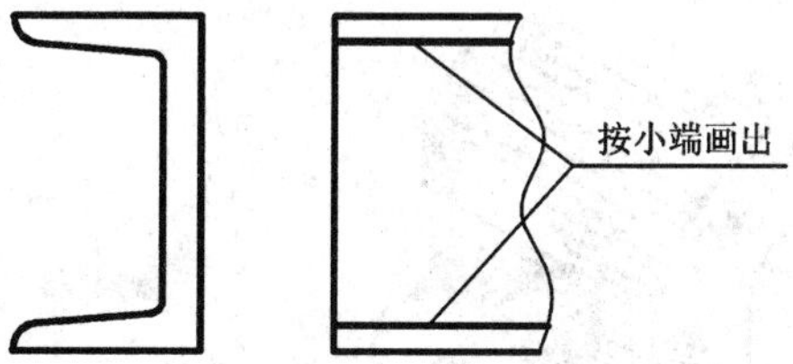

图 7-39　小斜度的简化画法 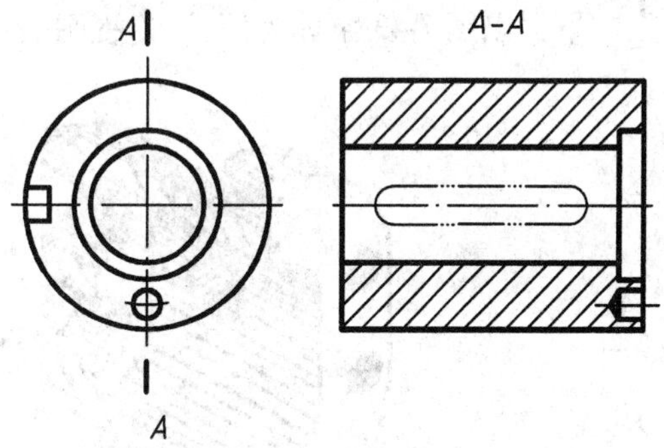　　　　　　图 7-40　剖切平面前的结构简化画法

⑪较长的机件(轴、杆、型材、连杆等)沿长度方向尺寸一致或有一定规律变化时可断开后缩短绘制,但长度尺寸仍按原长注出,如图 7-41 所示。

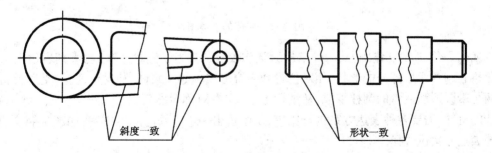

图 7-41　断开的简化画法

⑫机件上对称结构的局部视图可按图 7-42 所示绘制。

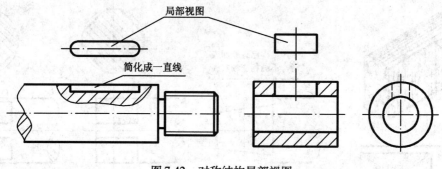

图 7-42 对称结构局部视图

局部视图

简化成一直线

7.5 表达方法综合举例

前面介绍了机件的各种表达方法——视图、剖视、断面等。在实际绘图中,选择何种表达方法,则应根据机件的结构形状、复杂程度等进行具体分析。以完整、清晰为目的,以看图方便、绘图简便为原则。同时力求减少视图数量,既要注意每个视图、剖视和断面图等具有明确的分工,重点突出,还要注意各视图之间的联系,正确选择适当的表达方法。一个机件往往可以选用几种不同的表达方案。它们之间的差异很大,通过比较,最后确定一个较好的方案。下面以图 7-43 泵体为例,讨论视图表达方案如何确定。

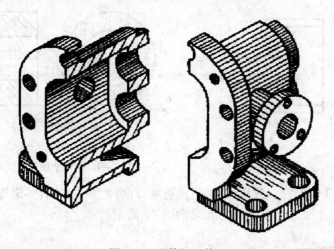

图 7-43 泵体的立体图

如图 7-43 所示立体图,其内外结构形状均较复杂。为了完整、清晰地将其表达出来,首先分析它的各组成部分的形状、相对位置和组合方式。如该泵体由底板、壳体、支撑板、肋板和两个带圆形法兰盘的圆柱组成,从结构上看,左右对称。然后,确定表达方案。对一个较复杂的机件,需要各种表达方案进行比较,从中选出一个较好的表达方案,如图 7-44 给出了两种表达方案供选择。

方案一(图 7-44(a))。

该方案采用了三个基本视图,主、俯视图和左视图,D 向、E 向两个局部视图和一个 C—C 断面图。

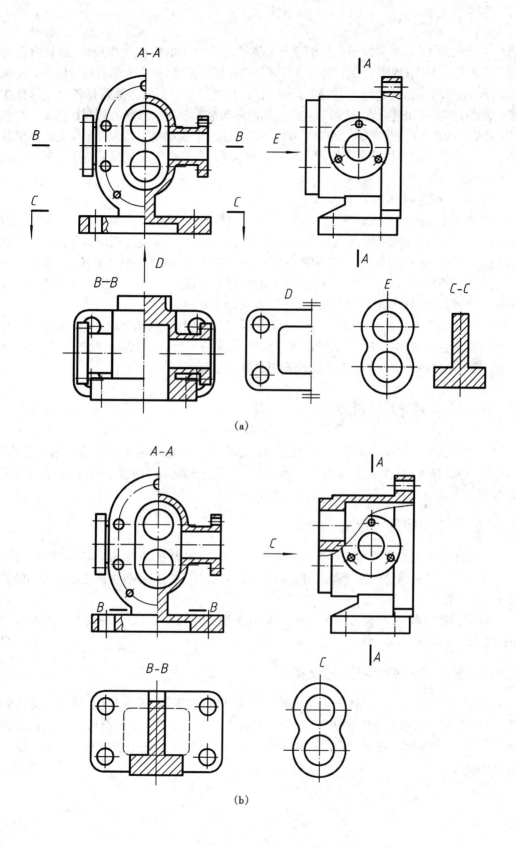

图 7-44　泵体的表达方案比较

主视图为 A—A 半剖视图。其剖视部分主要表达泵体的内部结构形状,圆筒内孔与壳体内腔的连通情况;视图部分主要表达各部分的外形及长度,高度方向的相对位置。左视图为局部剖视图,将泵体凸缘上的通孔表达出来,其视图部分主要表达泵体各组成部分在高度、宽度方向上的相对位置,圆形法兰盘上孔的分布情况及肋板形状。俯视图为 B—B 半剖视,主要表达泵体内腔的深度、底板的形状等。上述三个基本视图尚未将泵体底面凹槽及壳体后面突出部分的形状表达清楚,因此采用 D 向和 E 向两个局部视图来表达。至于肋板和支撑板连接情况,则采用 C—C 断面表达。

方案二(图 7-44(b))。

该表达方案采用了三个基本视图和一个局部视图。主视图与方案一相同。左视图为局部剖视图,剖视部分既表达凸缘上的通孔,又表达泵体内腔的深度。视图部分表达法兰盘上孔的分布情况和肋板的形状。俯视图为 B—B 全剖视图并画出一部分虚线,表达了底板及其上的凹槽形状,并表达了肋板和支撑板之间的连接情况。上述三个基本视图尚未将泵体后面突出部分的形状表达清楚,因此采用了 C 向局部视图。

对上述两个方案进行比较后发现,方案一视图数量较多,画图较繁,且对泵体内腔后面的轴孔尚未表达清楚。方案二各视图表达较精练,重点明确,图形清晰,视图数量较少,画图简便,看图也方便。所以方案二是比较理想的表达方案。

7.6　第三角投影简介

在中国和有些国家采用第一角投影,因此本书根据国标规定主要介绍了第一角投影。而有些国家(如美国、日本等)采用第三角投影,为了便于国际间的技术交流,本节对第三角投影作简单介绍。

7.6.1　第三角投影的形成

用水平和铅垂的两投影面将空间分成的四个区域,即为分角,如图 7-45(a)所示。

第三角投影是将物体置于第三分角内并使投影面处于观察者与物体之间而得到的多面正投影,如图 7-45(b)所示。

画第三角投影时,假设各投影面 H、V、W 均透明,所得的三面投影图均与人的视线所见图形一致。

7.6.2　第三角投影的展开与配置

投影面的展开按图 7-45(b)箭头所示的方向,即 V 面不动,H 面绕 OX 轴向上翻转 90°,W 面绕 OZ 轴向右翻转 90°,使 H、W 面与 V 面重合。在 V 面得到的视图称为主视图,H 面得到的视图称为俯视图,W 面得到的视图称为右视图。三投影图的配置及对应关系如图 7-45(c)、(d)所示。

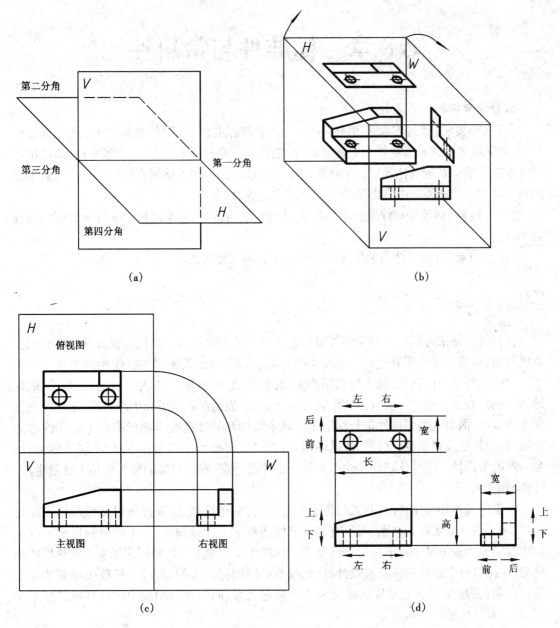

（a）

（b）

（c）

（d）

图 7-45　第三角投影

7.6.3　第三角投影的标志

　　采用第三角画法时,必须在图样中适当位置画出第三角画法的识别符号,如图 7-46 所示。

　　以上仅介绍了第三角画法的基本知识,如果熟练掌握了第一角画法,就能触类旁通,不难掌握第三角画法。

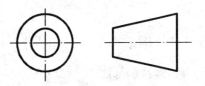

图 7-46　第三角投影的识别符号

第8章 标准件与常用件

本章学习指导

【目的与要求】通过本章的学习,使学生在了解标准件、常用件的基础上,熟练掌握螺纹、常用螺纹紧固件及其连接的画法规定,并能按已知条件进行标注。了解平键、圆柱销和圆柱螺旋压缩弹簧的画法规定。了解滚动轴承的表示法规定。掌握直齿圆柱齿轮及其啮合的画法。进一步培养学生掌握和应用国家标准的能力。

【主要内容】螺纹和螺纹紧固件、键、销、齿轮、滚动轴承、弹簧的规定画法及其连接的规定画法。

【重点与难点】标准件和常用件的基本知识及其连接画法。

8.1 概述

任何机器或部件都是由若干零件按特定的关系装配而成的。在机器或部件的装配和安装过程中,经常大量使用着这样一些种类的零部件,例如:起紧固和连接作用的螺栓、螺柱、螺钉、螺母、垫圈、键、销等;起支撑作用的轴承;起传动、变速等作用的齿轮、齿条、蜗轮、蜗杆等;起储能、减震作用的弹簧等。为了减轻设计负担,提高产品质量和生产效率,便于专业化大批量生产,故对这些零部件进行标准化。其中结构和尺寸已经全部标准化了的零件称为标准件,包括螺纹紧固件、键、销、滚动轴承等;齿轮仅部分尺寸参数标准化,不属于标准件,是一般的常用件。标准化是现代化工业生产的体现,可在确保质量的同时满足大批量生产、降低成本的需要。

由于标准件和常用件使用广泛,为了方便绘图,简化设计,国家标准对其都制订了规定画法,不必按其真实投影画图;对所有的标准件还制定了代号和标记,由代号和标记可以从相应的国标中查出某个标准件的全部尺寸。标准件由专业工厂按照国家标准大批量生产和供应,不用自行生产。进行机械设计时,也就不必绘制标准件的零件图,只要按相应的标准进行选用,并在装配图上用规定画法表示其装配关系,同时在明细表中注出其规定标记即可,需要时可按标记采购。

8.2 螺纹和螺纹紧固件

8.2.1 螺纹

1. 螺纹的形成

螺纹是在圆柱或圆锥表面上沿着螺旋线形成的具有相同剖面的连续凸起和沟槽。从几何意义上讲,螺纹是由一个与回转轴线共面的平面图形(如三角形、梯形、矩形等)沿着圆柱螺旋线或圆锥螺旋线运动形成的。在圆柱或圆锥外表面上形成的螺纹称为外螺纹,在圆柱或圆锥内表面上形成的螺纹称为内螺纹。螺纹凸起的顶部称为牙顶,螺纹沟槽的底部称为牙底。

形成螺纹的加工方法很多。在实际生产中,螺纹通常是在车床上加工的,工件等速旋转,车刀沿轴向等速移动,即可加工出螺纹。图 8-1 表示在车床上车削内、外螺纹。

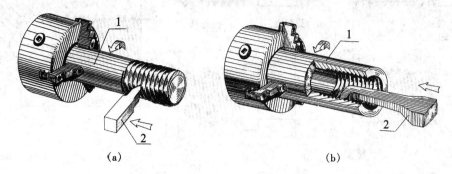

图 8-1　车床上车削内、外螺纹

用板牙或丝锥加工直径较小的螺纹俗称套扣或攻丝,如图 8-2 所示。

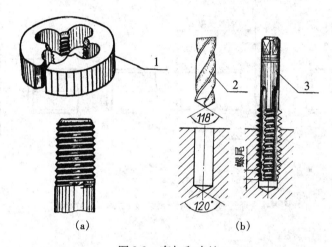

图 8-2　套扣和攻丝

2. 螺纹的工艺结构

1)螺尾　车削螺纹结束时,刀具逐渐退出工件,因此螺纹收尾部分的牙型是不完整的,牙型不完整的收尾部分称为螺尾,如图 8-3(a)所示。螺尾部分不能与相配合的螺纹旋合,不是有效螺纹。

2)螺纹退刀槽　为避免产生螺尾,可预先在产生螺尾的部位加工出退刀槽,如图 8-3(b)所示。

3)螺纹旋入端　螺纹在使用时需内外螺纹相互旋合,形成螺纹副。为了方便旋入,防止起始圈损坏,需要在内外螺纹的旋入端加工一小部分圆锥面,称为倒角,如图 8-3(b)所示。

4)不穿通的螺纹孔　加工不穿通的螺纹孔时,要先进行钻孔,钻头使不通孔的末端形成圆锥面,然后再加工出螺纹,如图 8-3(c)所示。

螺纹工艺结构的尺寸参数可查阅附表 14。退刀槽的尺寸按"槽宽×直径"或"槽宽×槽深"的形式标注;45°倒角一般采用图 8-4(c)、(d)、(e)的形式标注,如 C2 中 2 代表倒角宽

167

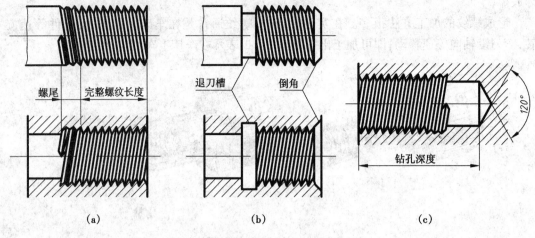

（a）　　　　　　　（b）　　　　　　　　（c）

图8-3　螺纹工艺结构

度,C 表示 45°;螺纹长度应包括退刀槽和倒角在内。其尺寸标注如图8-4(a)、(b)所示。

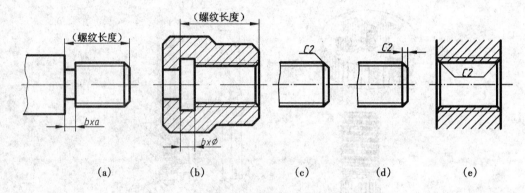

（a）　　　　（b）　　　　（c）　　　　（d）　　　　（e）

图8-4　退刀槽、45°倒角和螺纹长度的尺寸标注

3.螺纹要素

（1）牙型

在通过螺纹轴线的断面上,螺纹的轮廓形状称为螺纹牙型,即形成螺纹的平面图形的形状。常见的牙型有三角形、梯形、矩形等,不同牙型的螺纹用途也不相同,由此规定了螺纹的种类及特征代号,见表8-1。螺纹的种类很多,表中只列举了一些常用的螺纹的种类。

（2）直径

如图8-5所示,螺纹的直径有三个。

1）大径 d、D　指与外螺纹牙顶或内螺纹牙底相切的假想圆柱的直径（小写 d 表示外螺纹的直径,大写 D 表示内螺纹的直径）。

2）小径 d_1、D_1　指与外螺纹牙底或内螺纹牙顶相切的假想圆柱的直径。

3）中径 d_2、D_2　一个假想圆柱的直径,该圆柱的母线通过牙型上凸起和沟槽宽度相等的地方,该假想圆柱称为中径圆柱,其直径称为螺纹的中径。中径圆柱或中径圆锥的母线称为中径线。

代表螺纹尺寸的直径称为公称直径,一般用大径作为螺纹的公称直径。

（3）线数 n

螺纹有单线螺纹和多线螺纹之分。沿一条螺旋线形成的螺纹称为单线螺纹;沿轴向等

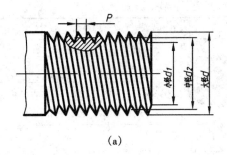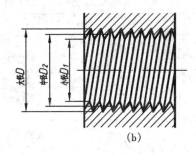

(a)   (b)

图 8-5　螺纹的直径

距分布的两条或两条以上的螺旋线形成的螺纹称为多线螺纹,如图 8-6(b)所示。线数即指形成螺纹的螺旋线的根数。

(4)螺距 P 和导程 P_h

螺距是指螺纹相邻两牙在中径线上对应两点间的轴向距离,如图 8-6(a)所示。导程是指同一条螺旋线上相邻两牙在中径线上对应两点之间的轴向距离,如图 8-6(b)所示。由此可以得到螺距和导程的关系,即 $P_h = n\,P$。

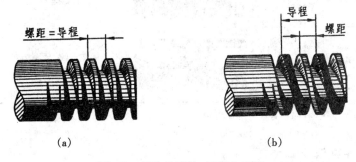

(a)   (b)

图 8-6　螺纹的线数、导程和螺距

(5)旋向

由于形成螺纹的螺旋线有左旋和右旋之分,因此螺纹也就有左旋螺纹和右旋螺纹两种。顺时针旋转时旋入的螺纹为右旋螺纹,逆时针旋转时旋入的螺纹为左旋螺纹。旋向可按下面方法判断,即面对轴线垂直的外螺纹,右高的为右旋,如图 8-7(a)所示;左高的为左旋,如图 8-7(b)所示。

以上五个螺纹要素全部相同的内外螺纹才可以形成螺纹副。国家标准对牙型、直径和螺距都作了规定。这三项均符合国标规定的螺纹称为标准螺纹;牙型符合标准,直径或螺距不符合国家标准的螺纹称为特殊螺纹;牙型不符合标准的螺纹称为非标准螺纹。表 8-1 中的矩形螺纹为非标准螺纹。

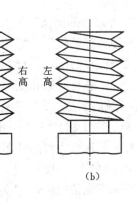

(a)   (b)

图 8-7　螺纹的旋向

螺纹的尺寸由直径和螺距两个要素构成,标准螺纹的直径和螺距是固定搭配的。粗牙普通螺纹的螺距一般是每个直径所对应的数个螺距中最大的一个,其他螺距对应的都是细牙螺纹,参见附表1。

表 8-1　常用螺纹的代号、牙型、特点和用途

		特征代号	外形图	特点和用途
紧固螺纹	粗牙普通螺纹	M	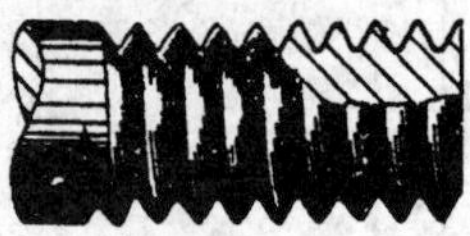	牙型的原始三角形为等边三角形,强度好,一般情况下优先选用
	细牙普通螺纹			牙型与粗牙螺纹相同,用于直径较大、薄壁零件或轴向尺寸受到限制的场合
管用螺纹	55°非密封管螺纹	G	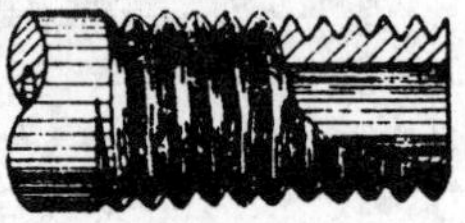	牙型的原始三角形为等腰三角形,螺纹副本身不具有密封能力,用于管路的机械连接
传动螺纹	梯形螺纹	Tr		牙型为等腰梯形,用来传递运动和力,常用于机电产品中将旋转运动转变为直线运动
	锯齿形螺纹	B		牙型为锯齿形,用于承受单向轴向力的传动,如千斤顶、丝杠
	矩形螺纹			非标准螺纹,牙型为矩形,常用于虎钳等传动丝杠上

注:管用螺纹还包括用螺纹密封的管螺纹,此处从略。

4. 螺纹的规定画法

为简化作图,国家标准 GB/T 4459.1-1995"机械制图-螺纹及螺纹紧固件表示法"中规定了螺纹的画法。

(1)内、外螺纹的画法

螺纹牙顶圆柱的投影用粗实线表示。在投影为非圆的视图中,牙底圆柱的投影用细实线表示,在螺杆或螺孔上的倒角部分应画出。在投影为圆的视图中,用约 3/4 圈细实线圆弧表示牙底,此时,螺杆或螺孔上的倒角圆不应画出。

1)外螺纹的画法(图 8-8(a)) 外螺纹一般用视图表示。在投影为非圆的视图中,牙顶(大径)用粗实线绘制,牙底(小径,绘图取值约等于大径的 0.85 倍)用细实线绘制,且画入端部倒角处。在投影为圆的视图中,用粗实线圆表示螺纹大径,用约 3/4 圈细实线圆弧表示螺纹小径,且倒角圆不画出。

2)内螺纹的画法(图 8-8(b)) 内螺纹的非圆投影一般用剖视图表示。牙顶(小径,绘图取值约等于大径的 0.85 倍)用粗实线绘制,牙底(大径)用细实线绘制,且不画入端部倒角内。在投影为圆的视图上,用粗实线圆表示螺纹小径,用约 3/4 圈细实线圆弧表示螺纹大径,且倒角圆不画出。

3)螺纹终止线和螺尾　螺纹终止线是有效螺纹的终止界线,用粗实线表示(图 8-8、图 8-9、图 8-10、图 8-12)。有效螺纹长度包括退刀槽,但不包括螺尾。螺尾部分一般不必画出,当需要表示螺尾时,该部分用与轴线成 30°的细实线画出(图 8-9)。

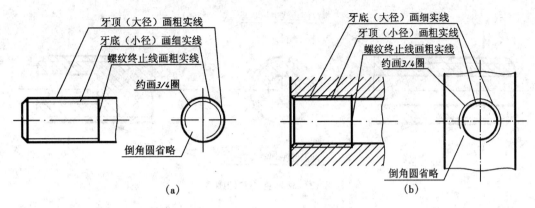

图 8-8　内、外螺纹的规定画法

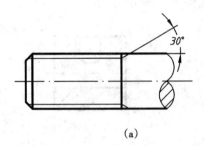

(a)

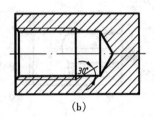

(b)

图 8-9　螺尾的画法

（2）不穿通螺孔的画法

绘制不穿通的螺孔时,一般应将钻孔深度与螺纹部分的深度分别画出,如图 8-10 所示,钻孔深度比螺纹深度大一个肩距 A,A 值可查阅附表 14,也可按比例绘制,一般画成 $0.5D$(D 为螺孔的大径值);如图 8-10 所示,由于钻头头部的圆锥顶角为 $118°$,故在钻孔底部形成顶角为 $118°$ 的锥孔,为方便画图,将钻孔底部锥角画成 $120°$(标注螺孔尺寸时并不标注此角度)。

（3）不可见螺纹的画法

不剖时,不可见的内螺纹的所有图线均用虚线绘制,如图 8-11 所示。

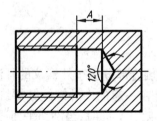

图 8-10　不穿通螺孔的画法

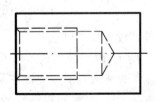

图 8-11　不可见螺孔的画法

（4）螺纹剖面线的画法

无论是外螺纹还是内螺纹,在剖视图或断面图中的剖面线都必须画到粗实线为止,如图 8-8(b)、图 8-12 所示。

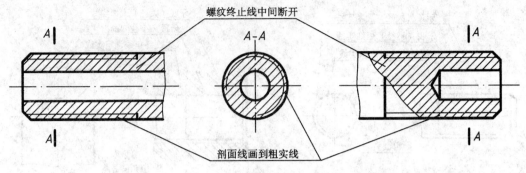

螺纹终止线中间断开

A—A

剖面线画到粗实线

图 8-12　外螺纹的剖切画法

（5）螺孔相贯线的画法

当两个螺孔相贯或螺孔与光孔相贯时，其相贯线按图 8-13 绘制。

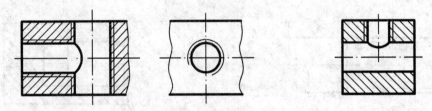

图 8-13　螺孔相贯的画法

（6）牙型的表示法

当需要表示螺纹的牙型时可用局部剖视图或局部放大图表示，如图 8-14 所示。

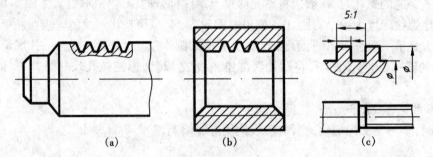

（a）　　　　　　（b）　　　　　　（c）

图 8-14　牙型表示法

（7）内、外螺纹连接的画法

如图 8-15 所示，以剖视图表示内外螺纹连接时，其旋合部分应按外螺纹的画法绘制，其余部分仍按各自的画法表示。应该注意，能够正确旋合在一起的内外螺纹其螺纹要素必须相同，因此，表示大径、小径的粗实线和细实线应该分别对齐。同时，当剖切平面通过实心螺杆的轴线时，其投影按不剖绘制。

5. 常用螺纹的标注方法

按规定画法画出的螺纹一般不能表明其牙型、螺距、线数、旋向等要素以及其他有关螺纹精度的参数，这些内容应通过标注在图中注明。所要标注的有关螺纹要素及其他螺纹参数的文字性内容构成了螺纹标记。标准螺纹应在图样中注出相应标准所规定的螺纹标记，不同种类的螺纹，其螺纹标记和螺纹的标注方法也不尽相同。表 8-2 列出了常用螺纹的标

172

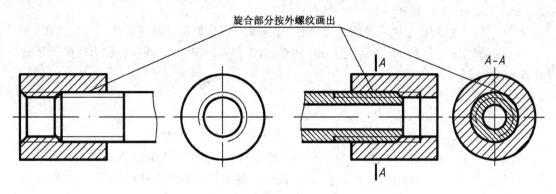

旋合部分按外螺纹画出

图 8-15　内、外螺纹连接的画法

记示例及标注示例。

表 8-2　常用螺纹的标记示例及标注示例

螺纹种类	螺纹标记示例	螺纹副标记示例	标注示例
普通螺纹	M16 - 5g6g - S （外螺纹、粗牙、短旋合长度） M20 ×2LH （内螺纹、细牙、左旋）	M14 × 1.5	M16-5g6g-S M14x1.5-6H/6g
梯形螺纹	Tr40 ×14(P7)LH - 8e - L （外螺纹、双线、左旋、长旋合长度） Tr32 ×6 - 7H （内螺纹、单线）	Tr40 ×7 - 7H/7e	Tr-32x6-7H
55°非密封管螺纹	G1/2A （外螺纹、A 级公差） G1/2 - LH （内螺纹、左旋）	G1/2A	G1/2A

完整的螺纹标记由螺纹特征代号、尺寸代号、公差带代号及其他有必要做进一步说明的个别信息组成。

（1）普通螺纹

1）螺纹特征代号　普通螺纹的特征代号为"M"。

2）尺寸代号　分以下两种。

①单线螺纹的尺寸代号为：

　　　　公称直径 × 螺距

公称直径和螺距数值的单位为毫米,对粗牙螺纹可以省略标注其螺距项。

例如,公称直径为 8 mm,螺距为 1 mm 的单线细牙螺纹:M8 × 1;同一公称直径的粗牙螺纹(螺距为 1.25 mm):M8。

②多线螺纹的尺寸代号为:

　　　　公称直径 × Ph 导程 P 螺距

公称直径和导程、螺距的单位为毫米。

例如,公称直径为 16 mm,螺距为 1.5 mm,导程为 3 mm 的双线螺纹:M16Ph3P1.5。

3)公差带代号　公差带(公差见第 9 章)代号包括中径公差带代号和顶径(即外螺纹的大径,内螺纹的小径)公差带代号,它表示螺纹的加工精度;由表示公差等级的数值和表示公差带位置的字母(内螺纹用大写字母,外螺纹用小写字母)组成。若中径公差带代号和顶径公差带代号相同,则应只标注一个公差带代号。尺寸代号与公差带代号用"-"号分开。

例如,公称直径为 10 mm,螺距为 1 mm,中径公差带代号为 5 g,顶径公差带代号为 6 g 的单线细牙外螺纹 M10 × 1 - 5g6g;若公称直径为 10 mm,中径公差带代号和顶径公差带代号均为 5H 的粗牙内螺纹 M10 - 5H。

注意:当普通螺纹公称直径 $D(d) \geq 1.6$ mm,内外螺纹公差带代号分别为 6H6 g 时,均不标注其公差带代号。例如,普通螺纹,公称直径为 6 mm,公差带代号为 6H 的内螺纹与公差带代号为 6 g 的外螺纹(中等公差精度、粗牙),其标注代号均为 M6。其配合的标注代号也为 M6。

4)其他信息　有必要说明的其他信息包括螺纹的旋合长度和旋向。

①旋合长度代号 。普通螺纹分为短、中、长三个旋合长度组,分别用 S、N、L 表示。旋合长度代号与公差带代号之间用"-"号分开,中等旋合长度不标注其代号。

例如,短旋合长度的内螺纹(细牙)M20 × 2 - 5H - S;中等旋合长度的外螺纹(粗牙、中等精度的 6 g 公差带)M6。

②旋向 。对左旋螺纹应在旋合长度之后标注"-LH"代号,右旋螺纹不标注。

例如,M8 × 1 - LH(公差带代号和旋合长度代号被省略的左旋细牙螺纹);M6 × 0.75 - 5h6h - S - LH。

(2)梯形螺纹

1)螺纹特征代号　梯形螺纹的特征代号为"Tr"。

2)尺寸代号　分以下两种。

①单线梯形螺纹的尺寸代号为:

　　　　公称直径 × 螺距

公称直径和螺距数值的单位为毫米。梯形螺纹没有粗牙和细牙之分。

例如,公称直径为 40 mm,螺距为 7 mm 的梯形螺纹 Tr40 × 7。

②多线梯形螺纹的尺寸代号为:

　　　　公称直径 × 导程(P 螺距)旋向

公称直径和导程、螺距的单位为毫米。

例如,公称直径为 40 mm,螺距为 3 mm,导程为 6 mm 的双线梯形螺纹 Tr40 × 6(P3)。

3)公差带代号　梯形螺纹只注中径公差带代号,顶径公差带代号唯一,不注出。如 Tr40 × 7 - 7e。

4)旋合长度代号和旋向　分述如下。

①梯形螺纹的旋合长度分正常组和加长组,分别用 N、L 表示。当梯形螺纹的旋合长度为正常组时,不标注其旋合长度代号;当旋合长度为加长组时,必须标注其旋合长度代号"L"。如,Tr40×7−7e−L。

②旋向　对左旋螺纹标注"LH"代号,右旋螺纹不标注。如,Tr40×6(P3)LH −7e−L。

普通螺纹和梯形螺纹的标记应直接注在大径的尺寸线上或注写在其引出线上,标注示例见表8-2。

(3)55°非密封管螺纹

螺纹标记形式为:

　　　　　特征代号　尺寸代号　公差等级代号 − 旋向

55°非密封管螺纹的特征代号为 G,尺寸代号的数值代表的规格大小,但不是螺纹大径。外螺纹的公差等级分为 A、B 两级,必须注出;内螺纹的公差等级只有一种,不标注。左旋螺纹旋向注"LH",右旋不注。标记示例见表8-2。

根据 55°非密封管螺纹的标记可以从国标中查出相应管螺纹的基本尺寸,见附表4。

55°非密封管螺纹的标记一律注在引出线上,引出线应由大径处引出,标注示例见表8-2。

(4)螺纹长度的标注

图样中标注的螺纹长度均指不包括螺尾在内的有效螺纹长度,标注示例见表8-2。

(5)螺纹副的标记及其标注方法

①普通螺纹副和梯形螺纹副的标记与相应的螺纹标记基本相同,只是公差带代号要用分式的形式注写为:内螺纹的公差带代号/外螺纹的公差带代号,当公称直径≥1.6 mm 时,6H/6g 不标注。标记示例见表8-2。

②55°非密封管螺纹螺纹副的标记只标注外螺纹的标记代号,标记示例见表8-2。

8.2.2　螺纹紧固件

螺纹紧固件的种类很多,常用的有螺栓、双头螺柱、螺钉、螺母、垫圈等,其结构形式和尺寸都已标准化,称为标准件。使用时按规定标记直接外购即可。

螺栓、双头螺柱和螺钉都是在圆柱外表面加工出螺纹,起连接作用。螺母是和螺栓、双头螺柱一起进行连接的。垫圈一般放在螺母下面,可避免旋紧螺母时损伤被连接零件的表面。弹簧垫圈可防止螺母松动脱落。

1. 常用螺纹紧固件的结构和规定标记

GB/T 1237—2000 规定的螺纹紧固件标记包括类别(产品名称)、标准编号、螺纹规格或公称尺寸、其他直径或特征、公称长度(规格)、螺纹长度或杆长、产品型式、性能等级或硬度或者材料、产品等级、扳拧型式、表面处理等项内容。根据标记的简化原则,可以简化标记。

螺纹紧固件的简化标记为:

　　　　　名称　国标编号　规格

表8-3 列出了几种常用螺纹紧固件的结构简图和标记示例,表中各标准的摘录见附表5 ~附表13。

表 8-3 常用螺纹紧固件的结构简图和简化标记示例

种类	结构简图和标记示例	种类	结构简图和标记示例
螺栓	螺栓 GB/T 5782　M12×80 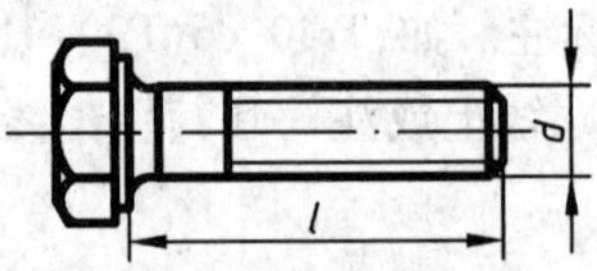	螺母	螺母 GB/T 6170　M12 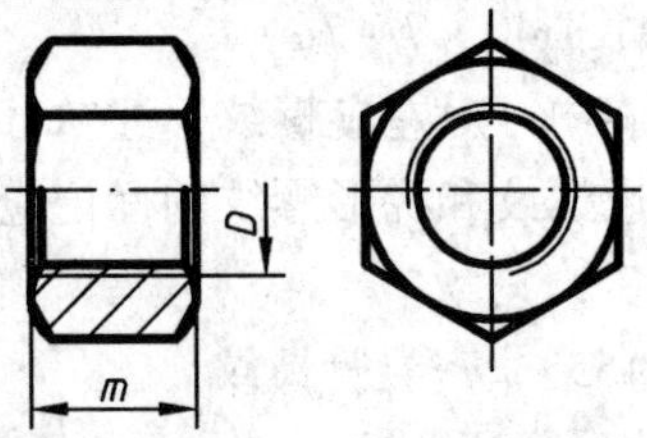
螺柱	螺柱 GB/T 897　AM10×50　A型  螺柱 GB/T 897　M10×50　B型 	螺钉	螺钉 GB/T 65　M5×20 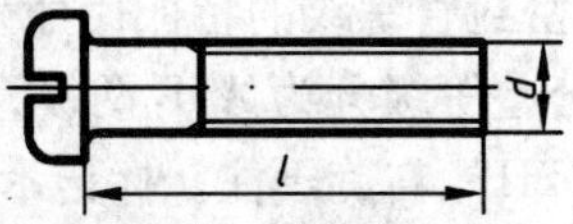 螺钉 GB/T 71—85　M6×12 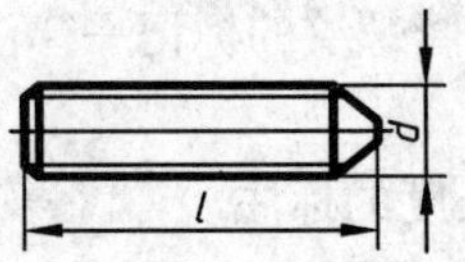
平垫圈	垫圈 GB/T 97.1　10 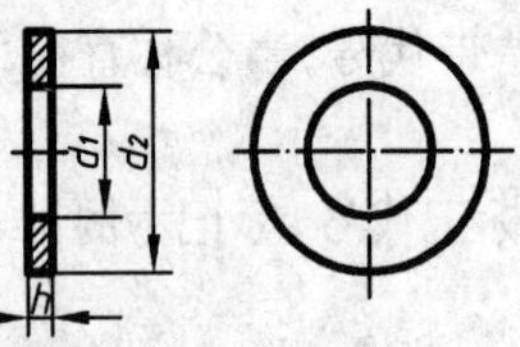	弹簧垫圈	垫圈 GB/T 93　10 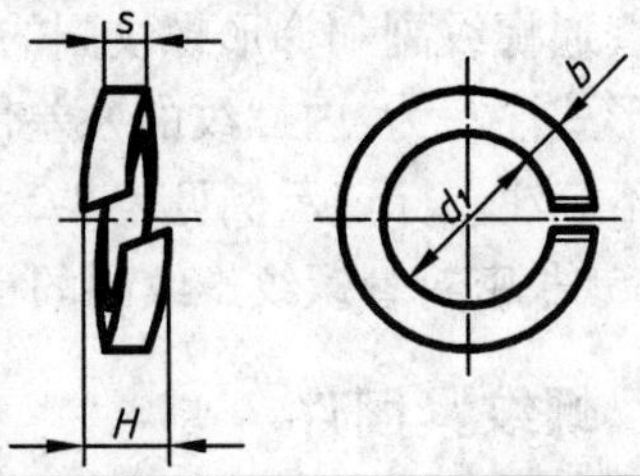

2. 常用螺纹紧固件的连接装配画法

（1）装配图中螺纹紧固件的画法

在装配图中，当剖切平面通过螺杆的轴线时，对于螺柱、螺栓、螺钉、螺母及垫圈等均按未剖切绘制；螺纹紧固件的工艺结构（如倒角、退刀槽、缩颈、凸肩等）可省略不画；不穿通的螺纹孔可不画出钻孔深度，仅按有效螺纹部分的深度画出；当用比例法确定尺寸时，螺母和螺栓头的六边形对角尺寸可按螺纹大径的两倍取值，平行投影面的两棱线在该视图的投影与螺纹大径对齐；弹簧垫圈开口和螺钉头部开槽可以用双倍粗实线的宽度画出。

（2）装配图中零件尺寸的确定

1）查表法　螺纹紧固件都是标准件，根据它们的标记，在有关标准中可以查到它们的结构形式和全部尺寸。

例 8-1　螺栓 GB/T 5782 M12×50。

根据标记和 M12，在附表 5 中可查出 k、s、b 的值分别为 7.5、18、30，并在附表 2 中查出螺纹小径的值为 10.106，根据这些数据可画出该螺栓（图 8-16）。

2）比例法　为了节省查表时间，一般不按实际尺寸作图，除公称长度 l 需经计算并查国

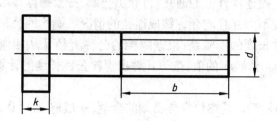
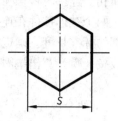

图 8-16　查表法

标选定外,其余各部分尺寸都按与螺纹大径 d(或 D)成一定比例确定,各相关比例见表8-4。

表8-4　比例法确定螺纹紧固件的尺寸

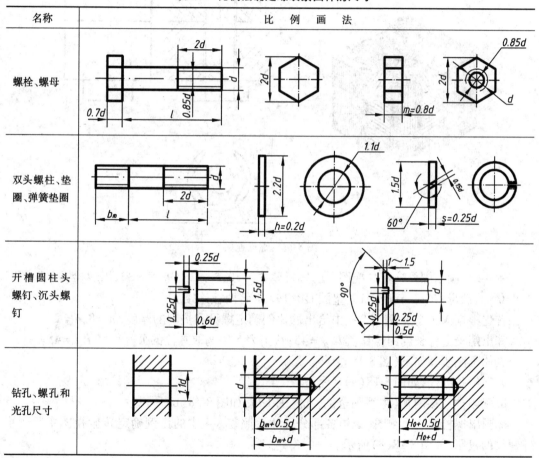

名称	比 例 画 法
螺栓、螺母	
双头螺柱、垫圈、弹簧垫圈	
开槽圆柱头螺钉、沉头螺钉	
钻孔、螺孔和光孔尺寸	

（3）螺纹紧固件的装配画法

螺纹紧固件有三种连接方式:螺栓连接、螺柱连接、螺钉连接。

根据画装配图的一般规定,两个零件间的接触表面画一条线,不接触的相邻表面应画两条线以表示其间隙;相互邻接的金属零件,其剖面线的倾斜方向不同,或方向一致而间距不等;当剖切平面通过螺纹紧固件轴线时,它们均按未被剖切绘制。

1）螺栓连接　如图 8-17 所示,螺栓连接由螺栓、垫圈和螺母构成,两个被连接件上应预先钻出通孔。连接时将螺栓穿过两个被连接件上的通孔,再穿出垫圈,拧紧螺母即可。螺栓连接用于两个被连接件在连接处厚度不大并且均允许钻成通孔的情况。螺栓的公称长度指螺栓杆部的标准长度。确定螺栓公称长度的步骤是:根据螺栓的公称直径 d 从相应的标准中查出或按比例计算出垫圈、螺母的厚度 h、m 的值;按下式算出螺栓公称长度的计算值:

$$l_{计算} = \delta_1 + \delta_2 + h + m + a$$

式中 δ_1、δ_2 是两个被连接件连接处的厚度;a 是螺栓杆伸出端的余量,一般取 $a = 0.3d$,d 为螺栓的公称直径,从螺栓标准的长度系列值中选取螺栓的公称长度值 l,$l \geqslant l_{计算}$。

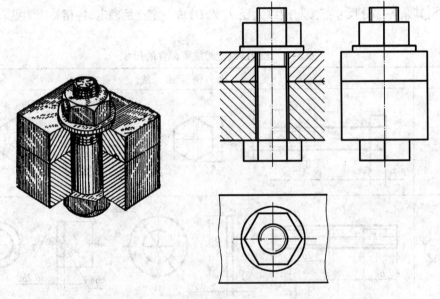

图 8-17 螺栓连接

例 8-2 画出螺栓连接装配图。已知板厚 $\delta_1 = 10$,$\delta_2 = 20$,板宽 $= 30$,用螺栓 GB/T 5782 M10 × l,螺母 GB/T 6170 M10,垫圈 GB/T97.1 将两板连接。

首先根据 M10 按照附表 8-4 中给出的比例确定螺母和垫圈的厚度:$m = 8$,$h = 2$。

算出螺栓公称长度的计算值 $l_{计算} = 43$;从附表 5 中选取螺栓的公称长度值 $l = 45$。

具体画图步骤如下(图 8-18):

a. 定出基准线,如图 8-18(a)所示。

b. 画出被连接两板(主视图全剖,孔径 1.1d),如图 8-18(b)所示。

c. 画出螺栓的三个视图(螺栓各部分尺寸参照表 8-4 中的比例确定),俯视图中只画出外螺纹的投影,如图 8-18(c)所示。

d. 画出垫圈的三视图(垫圈各部分尺寸参照表 8-4 中的比例确定),如图 8-18(d)所示。

e. 画出螺母的三视图(螺母各部分尺寸参照附表 8-4 中的比例确定),并在俯视图中画出螺母的外形投影,如图 8-18(e)所示。

f. 画出主视图中的剖面线(注意剖面线的方向、间隔);全面检查、描深,如图 8-18(f)所示。

2)螺柱连接 如图 8-19 所示,螺柱连接由螺柱、垫圈和螺母构成,预先应在较薄的被连接件上钻出通孔,在较厚的被连接件上制出不穿通的螺孔。连接时将双头螺柱的旋入端(螺纹长度较短的一端)旋入带螺孔的被连接件,然后装上已钻出通孔的被连接件,再套上

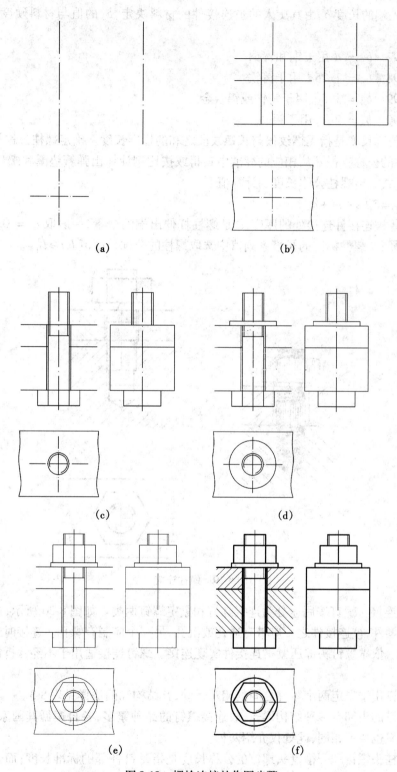

(a)

(b)

(c)

(d)

(e)

(f)

图 8-18　螺栓连接的作图步骤

垫圈,拧紧螺母即可。螺柱连接用于被连接件之一较厚不能钻成通孔或不允许钻成通孔且需要经常拆卸的场合。

螺柱旋入端的长度 b_m 由其旋入的被连接件的材料决定,b_m 的值与材料硬度有关,标准如下:

GB/T 897　$b_m = d$ 用于钢和青铜

GB/T 898　$b_m = 1.25d$ 用于铸铁

GB/T 899　$b_m = 1.5d$ 用于铸铁或铝合金

GB/T 900　$b_m = 2d$　用于铝

螺柱的公称长度是指无螺纹段与长螺纹段之和的标准长度。确定螺柱公称长度的步骤是:根据螺柱的公称直径 d 从相应的标准中查得或按比例计算出弹簧垫圈和螺母的厚度 s、m 的值;按下式算出螺柱公称长度的计算值

$$l_{计算} = \delta + s + m + a$$

式中 δ 是较薄被连接件连接处的厚度;a 是螺柱杆伸出端的余量,一般取 $a = 0.3d$,d 为螺柱的公称直径;从螺柱标准的长度系列值中选取螺柱的公称长度值 l,$l \geq l_{计算}$。

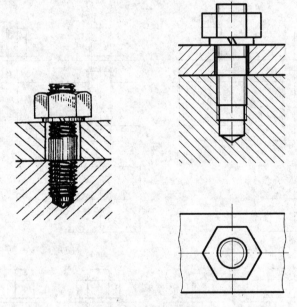

图 8-19　螺柱连接

3)螺钉连接　螺钉按用途分为连接螺钉和紧定螺钉两类。如图 8-20 所示,连接螺钉用于连接两个零件,被连接件之一应带有通孔或沉孔,另一个应制有螺孔。连接时螺钉穿过通孔,旋入螺孔,依靠螺钉头部压紧被连接件实现连接。螺钉连接适用于不经常拆卸和受力较小的场合。

紧定螺钉用于限定两个零件之间的相对运动,其结构和画法详见表 8-3。

连接螺钉的头部有多种结构形式,故连接螺钉的品种繁多,各自遵循其国家标准,其公称长度的定义也各不相同,此处仅介绍两种。

开槽圆柱头螺钉和开槽盘头螺钉的公称长度是指螺钉杆部的标准长度;而开槽沉头螺钉的公称长度是指螺钉全长的标准长度。

若按照图 8-20(b)所示的连接方式,则确定这两种公称长度的方法相同,其确定方法如下:

①根据选定的螺钉的公称直径 d 和带有螺孔的被连接件的材料,确定螺钉旋入螺孔部分的深度 H_0,H_0 与确定螺柱旋入端长度 b_m 的标准相同;

②按下式算出螺钉公称长度的计算值

$$l_{\text{计算}} = \delta + H_0$$

式中 δ 是带有通孔的被连接件连接处的厚度;从螺钉标准的长度系列值中选取螺钉的公称长度值 l,$l \geqslant l_{\text{计算}}$。

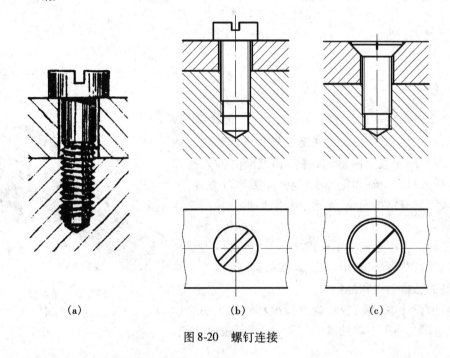

(a)   (b)   (c)

图 8-20　螺钉连接

3. 常用螺纹连接的装配画法小结

（1）装配图的基本规定

①两个零件的接触表面画一条线,不接触表面画两条线。

②两零件邻接时,它们的剖面线方向应相互垂直,或者方向相同但间距不等。同一零件在不同剖视图中的剖面线方向、间距应一致。

③在剖视图中当剖切平面通过螺纹紧固件的轴线时,这些标准件均按不剖绘制。

（2）画图顺序

按各种螺纹连接形式的装配顺序画图。

①螺栓连接:被连接件 → 螺栓 → 垫圈 → 螺母;

②螺柱连接:被连接件 → 螺柱 → 垫圈 → 螺母;

③螺钉连接:被连接件 → 螺钉。

（3）螺纹连接的常规画法

在被连接件的厚度及螺纹紧固件的公称直径 d 已经确定的前提下,螺栓、螺柱和螺钉的公称长度用前面所述的方法确定,其他部位的尺寸及垫圈、螺母的尺寸按图中提供的参数可以从相应的标准中（见附表）查得,也可以用表 8-4 中的比例进行折算求得。画图时,查表法和比例法只能用一种方法取得尺寸数值,不可混合应用。为了简便,图中螺纹小径取 $d_1 = 0.85d$,螺孔余量及光孔余量均取 $0.5d$,通孔直径取 $d_h = 1.1d$。如有必要也可以从附表 2、附

表 15 中查出这些部位的标准尺寸。

（4）螺纹连接的简化画法

国标规定,在装配图中,螺纹紧固件的工艺结构(如倒角、退刀槽等)均可省略不画;不穿通的螺纹孔可不画出光孔余量,仅按有效螺纹部分的深度(不包括螺尾)画出。当用比例法获取尺寸时,螺母和螺栓头主视图中的两条棱线应与螺纹大径对齐,弹簧垫圈开口和螺钉头部开槽用双倍粗实线的宽度涂黑画出。

8.3 键和销

8.3.1 键

键通常用来联结轴与轴上的转动零件,如齿轮、带轮等,起传递扭矩的作用。键联结是先将键嵌入轴上的键槽内,再对准轮毂上的键槽,将轴和键同时插入孔和槽内,这样就可以使轴和轮一起转动,如图 8-21 所示。

键联结具有结构简单、紧凑、可靠、装拆方便和成本低廉等优点。

键是标准件。它们的结构形式、尺寸等都由国标规定。常用的有普通平键、半圆键、勾头楔键、花键等。

1. 键的结构型式和标记

在机械设计中,键要根据受力情况和轴的大小经计算按标准选取,不需要单独画出其图样,但要正确标记。键的完整标记形式为:

标准编号　键　类型与规格

常用的普通平键和半圆键结构型式及标记示例见表 8-5。

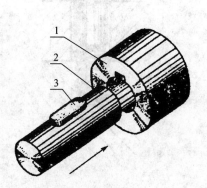

图 8-21　键联结
1—轴套;2—轴;3—键

表 8-5　键的结构型式及标记示例

名称	普通平键			半圆键
结构型式及规格尺寸				
标记示例	键 5×20 GB/T 1096	键 B5×20 GB/T 1096	键 C5×20 GB/T 1096	键 6×25GB/T1096
说明	圆头普通平键 $b = 5$ mm　$L = 20$ mm 标记中省略"A"	平头普通平键 $b = 5$ mm　$L = 20$ mm	单圆头普通平键 $b = 5$ mm　$L = 20$ mm	半圆键 $b = 6$ mm　$d_1 = 25$ mm

注:标记示例中标准编号省略了年代,表内图中省略了倒角。

182

2. 普通平键的装配画法

用普通平键联结轴和轮毂,轴和轮毂上的键槽尺寸可以从 GB/T 1095 中查到,见附表17,键槽的画法及尺寸标注如图 8-22 所示。

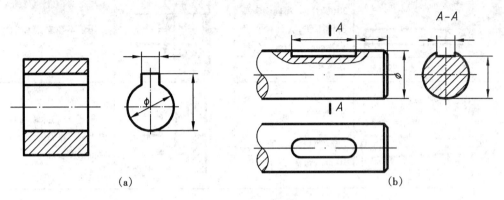

图 8-22　键槽的画法

普通平键的装配画法见图 8-23,主视图为通过轴的轴线及键的纵向对称面的剖视图,由于键和轴都是实心零件,按照国标规定,轴和键均按不剖绘制。然而,为了表示键在轴上的装配情况,轴采用了局部剖视。左视图为 *A—A* 全剖视图,键的两个侧面分别与轮毂和轴上键槽的两个侧面相接触,键的下底面和轴上键槽的底面相接触,这些接触处均画一条线;而键的上顶面与轮毂键槽的底面不接触,有空隙,故此处应画两条线。键的倒角可以省略不画。

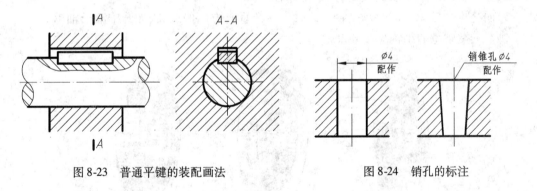

图 8-23　普通平键的装配画法　　　　图 8-24　销孔的标注

8.3.2　销

销通常用于零部件的定位或连接。常用的有圆柱销、圆锥销和开口销。销是标准件,其结构和尺寸可以从 GB/T 119.2—2000、GB 117—2000、GB/T 91—2000 中查出,圆柱销和圆锥销见附表19、附表20,开口销未列出。销的结构、标记示例及销连接画法见表8-6。

销的标记形式与紧固件相同。

在销连接画法中,剖切平面通过销的轴线时,销按不剖绘制。

为了保证定位精度,在两个被连接的零件上应同时加工销孔,在进行销孔的尺寸标注时应注明"配作",如图 8-24 所示。

表 8-6 销的结构、标记示例及销连接画法

名称	结构型式及尺寸规格	标记示例	装配画法	用途
圆柱销	GB/T 119.2—2000	销 GB/T 119.2 8×30(圆柱销,淬硬钢和马氏体不锈钢,公称直径为 8 mm,公差 m6,公称长度为 30 mm)		用于不经常拆卸场合
圆锥销	GB/T 117—2000 1:50	销 GB/T 117 10×60 (圆锥销,小端直径为 10 mm,长度为 60 mm)		用于经常拆卸场合。由于有锥度,便于安装,定位精度较好

8.4 滚动轴承

滚动轴承是用来支撑旋转轴的部件,具有结构紧凑、摩擦力小的优点,应用广泛。滚动轴承的种类很多,按受力方向分为以下三类:

1)向心轴承　承受径向载荷,如深沟球轴承。

2)推力轴承　承受轴向载荷,如推力球轴承。

3)向心推力轴承　同时承受径向和轴向两个垂直方向的载荷,如圆锥滚子轴承。

以上三类轴承的结构见图 8-25。

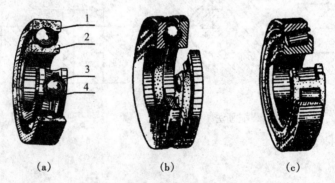

（a）　　　　　　　　（b）　　　　　　　　（c）

图 8-25 滚动轴承的种类及其结构
1—外圈;2—内圈;3—滚动体;4—保持架

8.4.1 滚动轴承的结构及画法

1.结构

滚动轴承一般由外圈(座圈)、内圈(轴圈)、滚动体、保持架(隔离架)四部分构成,如图 8-25(a)所示。外圈装在机座的孔内,固定不动;内圈套在转动轴上,随轴转动;滚动体处在内外圈之间,由保持架将它们隔开,防止其相互之间的摩擦和碰撞。滚动体的形状有球形、

圆柱形、圆锥形等。

2. 画法

滚动轴承大多是标准件,GB/T 4459.7—1998 规定了在装配图中标准滚动轴承的画法。

(1)简化画法

用简化画法绘制滚动轴承时,应采用通用画法或特征画法,但在同一图样中一般只采用其中一种画法。

1)通用画法　在剖视图中,当不需要确切地表示滚动轴承的外形轮廓、载荷特性、结构特征时,可用矩形线框及位于线框中央正立的十字形符号表示,如图 8-26 所示。十字形符号不应与矩形线框相接触。通用画法应绘制在轴的两侧。

2)特征画法　在剖视图中,如需较形象地表示滚动轴承的结构特征时,可采用在矩形线框内画出其结构要素符号的方法表示。滚动轴承的结构特征要素符号可在国标中查到。

(2)规定画法

必要时,在滚动轴承的产品图样、产品样本、产品标准、用户手册和使用说明书中可采用规定画法绘制滚动轴承。规定画法一般绘制在轴的一侧,另一侧按特征画法绘制。各种滚动轴承的规定画法可在国标中查到。

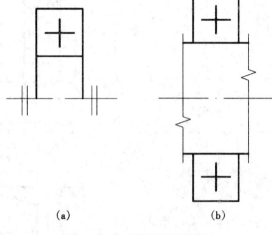

(a)　　　　　　(b)

图 8-26　滚动轴承的通用画法

表 8-7 摘录了三种常用滚动轴承的规定画法和通用画法。表中的尺寸除"A"可以计算得出外,其余尺寸可由滚动轴承代号从 GB/T 276—1994、GB/T 297—1994、GB/T 301—1994 中查出。

表 8-7　常用滚动轴承的规定画法和通用画法

轴承类型	标准号、结构、代号	规定画法	通用画法
深沟球轴承	GB/T 276—1994 60 000		

轴承类型	标准号、结构、代号	规定画法	通用画法
推力球轴承	GB/T 301—1995 50 000	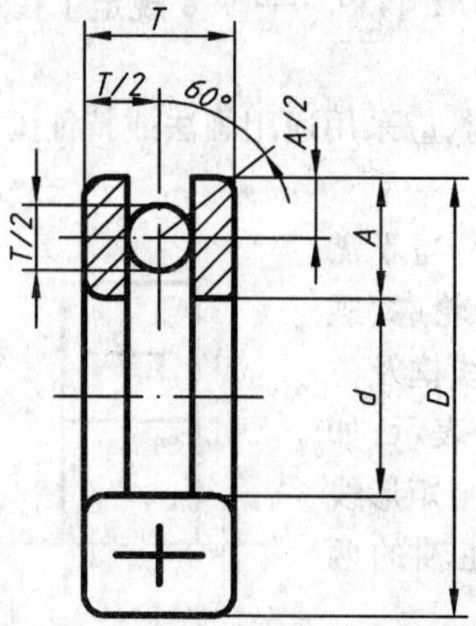	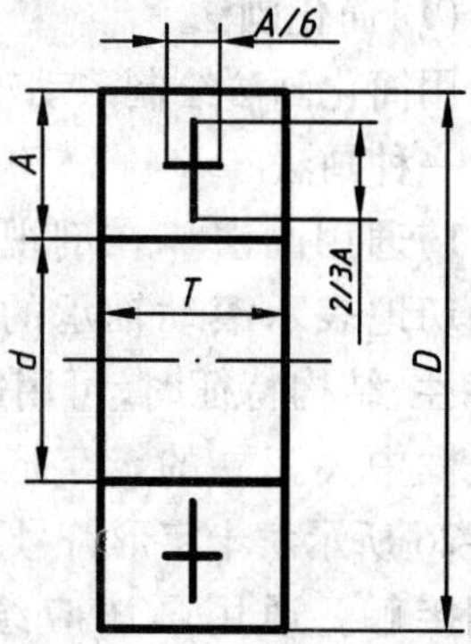
圆锥滚子轴承	GB/T 297—1994 30 000	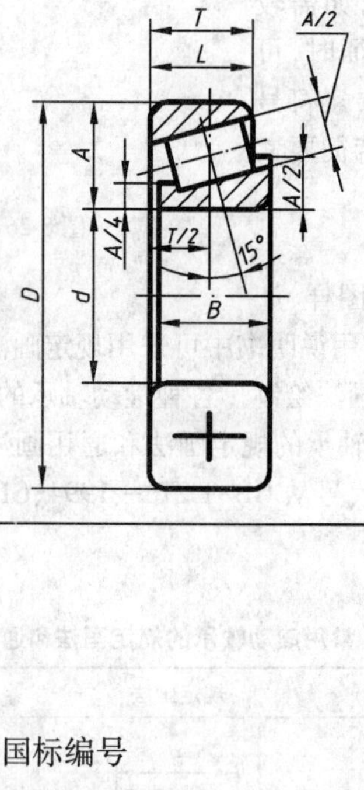	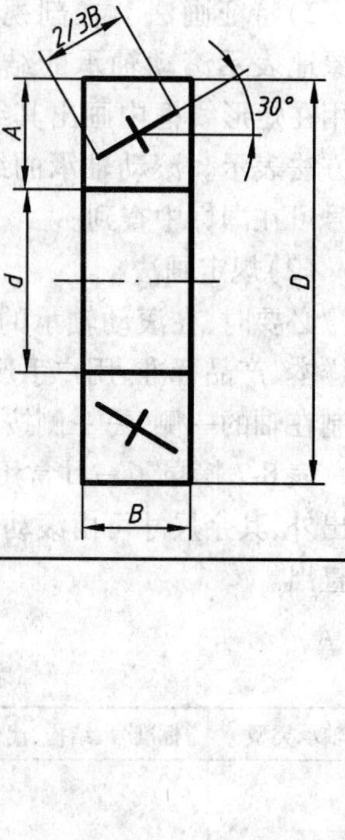

8.4.2　滚动轴承的标记

滚动轴承的标记形式为：

名称　滚动轴承代号　国标编号

8.5　弹簧

弹簧的用途很广,主要用于减震、储能和测力等,其特点是去掉外力后能立即恢复原状。

弹簧的种类很多,常见的有压缩弹簧、拉伸弹簧、扭转弹簧、涡卷弹簧等,如图8-27所示。本节仅介绍圆柱螺旋压缩弹簧。

圆柱螺旋压缩弹簧最为常用,为标准件,在国标中对其标记作了规定。但在实际工程设计中往往买不到合适的标准弹簧,所以需要绘制其零件图,以供制造加工。

8.5.1　圆柱螺旋压缩弹簧各部分的名称、代号及尺寸关系

参考图8-28(a),圆柱螺旋压缩弹簧各部分的名称、代号及尺寸关系下。

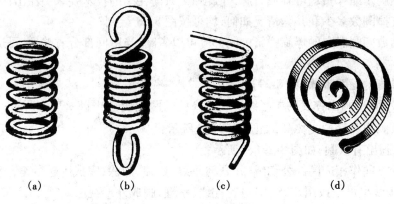

图 8-27　弹簧的种类

1）簧丝直径 d　弹簧钢丝的直径。

2）弹簧外径 D　弹簧的最大直径。

3）弹簧内径 D_1　弹簧的最小直径,$D_1 = D - 2d$。

4）弹簧中径 D_2　弹簧外径与内径之和的平均值,$D_2 = D - d$。

5）有效圈数 n、支撑圈数 n_2 和总圈数 n_1　为了使螺旋压缩弹簧工作时受力均匀,增加稳定性,弹簧两端需要并紧、磨平,这些并紧、磨平的圈仅起支撑作用,称为支撑圈。当材料直径 $d \le 8$ mm 时,支撑圈数为 $n_2 = 2$；当 $d > 8$ mm 时,$n_2 = 1.5$。除了支撑圈外,能进行有效工作的圈称为有效圈,有效圈数与支撑圈数之和为总圈数,即 $n_1 = n + n_2$。

6）节距 t　有效圈相邻两圈对应点之间的轴向距离。

7）自由高度 H_0　弹簧不受外力作用时的高度（或长度）,$H_0 = nt + (n_2 - 0.5)d$。

8）展开长度 L　制造一个弹簧所用簧丝的长度。弹簧绕一圈所需的长度为 $l = \sqrt{(\pi D_2)^2 + t^2}$,也可以近似地取为 $l = \pi D$。整个弹簧的展开长度 $L = n_1 l$。

9）旋向　弹簧有左旋和右旋之分,常用右旋。

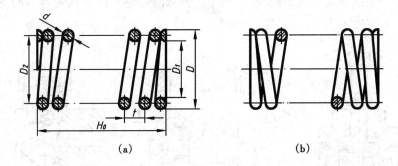

图 8-28　圆柱螺旋压缩弹簧各部分的代号及画法

8.5.2　圆柱螺旋压缩弹簧的规定画法

1. 单个弹簧的画图规定

圆柱螺旋压缩弹簧的真实投影较复杂,为了画图方便,GB/T 4459.4—2003 对圆柱螺旋压缩弹簧的画法作了如下规定（图 8-28）：

①在平行于螺旋压缩弹簧轴线的视图上,各圈轮廓画成直线；

②圆柱螺旋压缩弹簧均可画成右旋,左旋弹簧只需在图的技术要求中注出;

③不论支撑圈数多少和并紧情况如何,均可按图 8-28 绘制;

④有效圈数四圈以上的螺旋弹簧中间部分可以省略,当中间部分省略后,可适当缩短图形的长度。

2. 单个弹簧的画图步骤(图 8-29)

①根据 D_2 和 H_0 画出弹簧的中径线和自由高度的两端线,如图 8-29(a)所示;

②根据 d 画出弹簧的支撑圈,如图 8-29(b)所示;

③根据 t 画出有效圈,如图 8-29(c)所示;

④按右旋方向作相应圈的公切线,并画剖面线,整理、加深,完成弹簧的全剖视图(图 8-29(d))。此步骤也可以按图 8-28(b)进行连线、整理,画成外形视图。

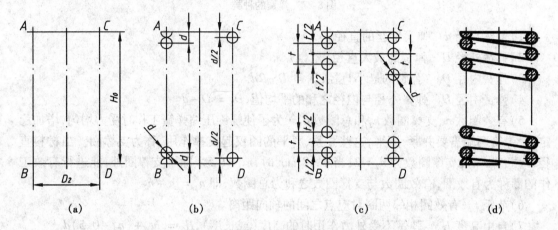

图 8-29　圆柱螺旋压缩弹簧的画图步骤

3. 在装配图中的画法

国标规定的画法如下:

①被弹簧挡住的结构一般不画,可见部分从弹簧的外轮廓线或从簧丝断面的中心线画起,如图 8-30(a)所示;

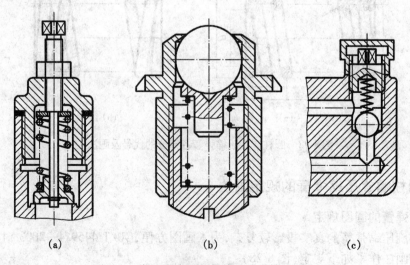

图 8-30　装配图中圆柱螺旋压缩弹簧的画法

②簧丝直径在图形上小于等于 2 mm 时,可以用涂黑表示其剖面,如图 8-30(b)所示;也允许用示意图表示,如图 8-30(c)所示。

8.5.3 圆柱螺旋压缩弹簧的零件图

图 8-31 是一圆柱螺旋压缩弹簧的零件图,供画图时参考。

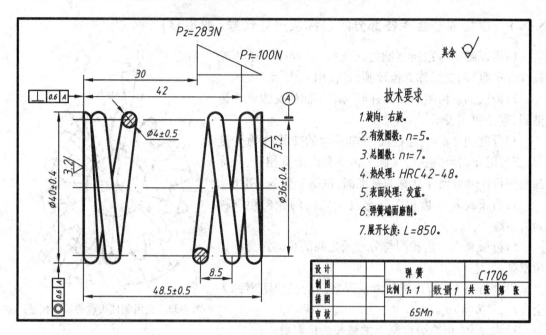

图 8-31 圆柱螺旋压缩弹簧的零件图

8.6 齿轮

齿轮是应用广泛的传动零件,用于传递动力、改变转动速度和方向等。齿轮必须成对或成组使用才能达到使用要求。

常见的齿轮传动形式有三种:圆柱齿轮,用于两平行轴之间的传动;圆锥齿轮,用于两相交轴之间的传动;蜗轮蜗杆,用于两交叉轴之间的传动,如图 8-32 所示。

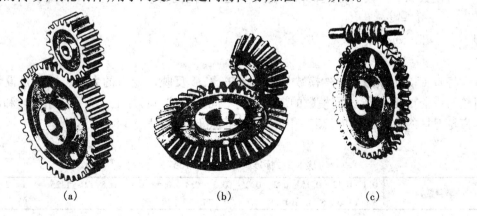

(a)　　　　　　　　　(b)　　　　　　　　　(c)

图 8-32 常见的齿轮传动形式

齿轮属于一般常用件,国标对其齿形、模数等进行了标准化,齿形和模数都符合国标的齿轮称为标准齿轮。国标还制订了齿轮的规定画法。设计中,根据使用要求选定齿轮的基本参数,由此计算出齿轮的其他参数,并按规定画法画出齿轮的零件图及齿轮副的啮合图。

齿轮的轮齿有直齿、斜齿、人字齿等,齿廓曲线多为渐开线。本节只介绍渐开线直齿圆柱齿轮。

8.6.1 直齿圆柱齿轮各部分的名称及尺寸代号(图8-33)

1)齿顶圆 齿顶所在圆柱面与端平面(垂直于齿轮轴线的平面)的交线称为齿顶圆,直径用 d_a 表示。

2)齿根圆 齿根所在圆柱面与端平面的交线称为齿根圆,直径用 d_f 表示。

3)分度圆 分度圆柱面与端平面的交线称为分度圆,直径用 d 表示。在分度圆上齿厚和齿槽宽相等,分度圆是进行各部分尺寸计算的基准圆,也是分齿的基准圆。

4)齿顶高 h_a 齿顶圆与分度圆之间的径向距离称为齿顶高。

5)齿根高 h_f 齿根圆与分度圆之间的径向距离称为齿根高。

6)全齿高 h 齿顶圆与齿根圆之间的径向距离称为全齿高,且 $h = h_a + h_f$。

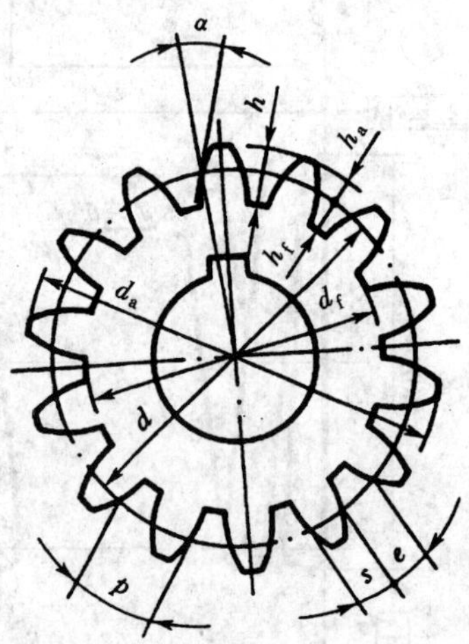

图8-33 直齿圆柱齿轮的尺寸代号

7)齿厚 s 齿在分度圆上的弧长为齿厚。

8)齿槽宽 e 齿槽在分度圆上的弧长为齿槽宽。

9)齿距 p 相邻两齿同侧在分度圆上的弧长为齿距,且 $p = s + e = 2s = 2e$。

10)齿形角 α 在端面内,过齿廓和分度圆交点处的径向直线与齿廓在该点处的切线所夹的锐角称为齿形角,用 α 表示。我国一般采用 $\alpha = 20°$。

8.6.2 直齿圆柱齿轮的基本参数

1)齿数 z 一个齿轮的轮齿总数。

2)模数 m 齿数 z、齿距 p 和分度圆直径 d 之间的关系为:

$$\pi d = zp$$

即 $d = zp/\pi$

令 $m = p/\pi$

将 m 定义为模数。显然模数与齿厚成正比,m 反映了轮齿的大小。模数是设计、加工齿轮的一个重要参数,不同模数的齿轮要用不同模数的刀具加工。为了便于设计和制造,减少齿轮刀具的种类,GB/T 1357—1987规定了标准模数,见表8-8。

表8-8 标准模数(GB/T 1357—1987)

第一系列	0.1 0.12 0.15 0.2 0.25 0.3 0.4 0.5 0.6 0.8 1 1.25 1.5 2 2.5
	3 4 5 6 8 10 12 16 20 25 32 40 50

第二系列	1.75 2.25 2.75 (3.25) 3.5 (3.75) 4.5 5.5 (6.5) 7 9 (11) 14 18 22 28 36 45

注:优先选用第一系列,括号内的模数尽可能不用。

8.6.3 直齿圆柱齿轮的尺寸计算

齿轮基本参数确定后,即可计算出其各部分结构的尺寸,计算公式见表8-9。

表8-9 标准渐开线圆柱齿轮的尺寸计算公式

名　称	代　号	计　算　公　式	备　注
齿顶高	h_a	$h_a = m$	
齿根高	h_f	$h_f = 1.25m$	
齿高	h	$h = 2.25m$	m 取标准值
分度圆直径	d	$d = mz$	$\alpha = 20°$
齿顶圆直径	d_a	$d_a = m(z+2)$	z 应根据设计需要确定
齿根圆直径	d_f	$d_f = m(z\text{-}2.5)$	

8.6.4 齿轮啮合参数

如图8-34所示,正常啮合的两个齿轮其模数和齿形角必须分别相等。一对齿轮的啮合传动可以假想为直径分别是 d_1'、d_2' 的两个圆作无滑动的纯滚动,这两个圆称为两个齿轮的节圆;两节圆的切点称为节点,用 P 表示。一对标准直齿圆柱齿轮在标准安装时,它们的节圆与分度圆分别重合,$d' = d$。

1) 中心距 a　标准安装时两齿轮轴线间的距离称为中心距。

$$a = m(z_1 + z_2)/2$$

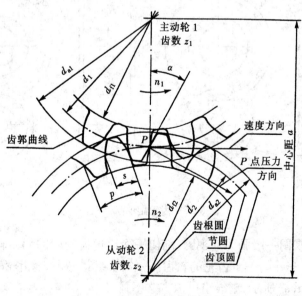

图 8-34　两啮合圆柱齿轮示意图

2)传动比 i　即主动轮的转速与从动轮的转速之比。

$$i = n_1/n_2 = z_2/z_1$$

8.6.5　直齿圆柱齿轮的规定画法

1.单个齿轮的画法

GB/T 4459.2—2003 规定:齿顶圆和齿顶线用粗实线绘制,分度圆和分度线用点画线绘制,齿根圆和齿根线用细实线绘制或省略不画,如图 8-35(a)所示。

在剖视图中,当剖切平面通过齿轮的轴线时,轮齿一律按不剖绘制,齿根线用粗实线绘制,如图 8-35(b)所示。

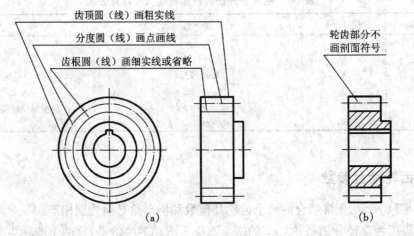

图 8-35　单个齿轮的画法

2.齿轮副的啮合画法

齿轮副的啮合画法如图 8-36 所示。

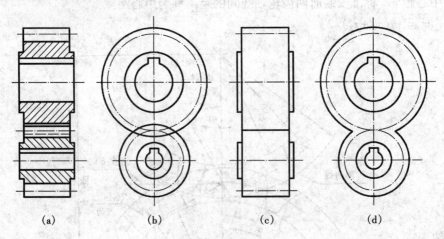

图 8-36　齿轮副的啮合画法

投影为非圆的视图一般画为剖视图,剖切平面通过齿轮副的两条轴线。在啮合区内两齿轮的节线重合为一条线,一个齿轮的轮齿用粗实线绘制,另一个齿轮轮齿的被遮挡部分用虚线绘制,如图 8-36(a)所示,虚线也可以省略不画。

在投影为圆的视图中两齿轮的节圆应相切,啮合区内的齿顶圆均用粗实线绘制,如图

192

8-36(b)所示,也可以省略不画,如图 8-36(d)所示。

当非圆视图不剖时,啮合区内只画一条节线,并用粗实线绘制,如图 8-36(c)所示。

8.6.6　直齿圆柱齿轮的零件图

图 8-37 是直齿圆柱齿轮的零件图,供画图时参考。

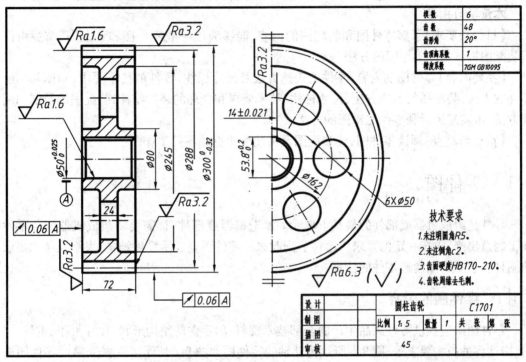

图 8-37　直齿圆柱齿轮的零件图

第9章　零件图与装配图

本章学习指导

【目的与要求】了解零件图和装配图的内容,能够阅读一般零件图和装配图,掌握由简单装配图拆画零件工作图的方法。

【主要内容】零件图的内容,零件的表达方法及尺寸标注,零件的技术要求,阅读和测绘零件的方法;装配图的表达方法、尺寸标注、技术要求和合理的装配结构,装配图的绘制和阅读方法,由装配图拆画零件工作图的方法。

【重点与难点】阅读零件图,读装配图及由装配图拆画零件工作图。

9.1　零件图

零件是组成机器或部件的最基本单元。制造机器或部件时,需要将组成机器的各零件加工制造出来,再按一定的要求将零件装配起来。零件图是表示零件结构、大小及技术要求的图样。它是加工制造零件的依据。

9.1.1　零件图的内容

零件图中应提供零件成品生产的全部技术资料,如零件的结构形状、尺寸大小、重量、材料、应达到的技术要求等,图 9-1 所示传动轴的零件图如图 9-2 所示。一张完整的零件图应包括下列内容。

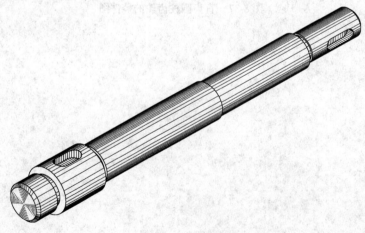

图 9-1　传动轴立体图

1. 一组图形

利用第 7 章介绍的机件表达方法,用视图、剖视图、断面图等完整、清晰地表达零件的结构形状。

2. 完整的尺寸

标注零件各部分结构大小和相对位置的全部尺寸。

3. 技术要求

标注或说明零件在加工、检验过程中应达到的技术指标。如极限与偏差、表面结构、形状和位置公差、材料、热处理等。

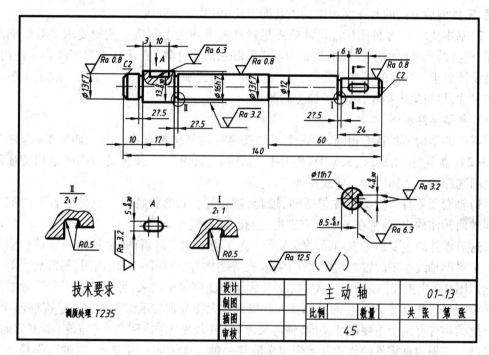

图9-2 传动轴零件图

4. 标题栏

填写零件的名称、比例、材料、数量等项内容的栏目。

9.1.2 零件图的视图选择和尺寸标注

1. 零件图的视图选择

零件图的视图选择以组合体的视图选择为基础。首先是选择主视图,零件图的主视图除要考虑较多地表达零件结构形状和便于读图以外,还要考虑零件的加工位置以及零件在机器中的安放位置等。对于主视图未表示清楚的结构,再选用适当的其他视图表达。选择其他视图时,既要考虑将零件各部分结构形状及其相对位置表达清楚,又要使每个视图表达的内容重点突出,避免重复表达,还要兼顾尺寸标注的需要,做到完整、清晰地表达零件内、外结构。

2. 零件图的尺寸标注

制造零件时,尺寸是加工和检验零件的依据。因此,零件图上所标注的尺寸除满足正确、完整和清晰的要求外,还应尽量满足合理性要求,标注的尺寸既能满足设计要求,又便于加工和检验时测量。做到合理标注尺寸,应对零件的设计思想、加工工艺及工作特点进行全面了解,还应具备相应机械设计与制造方面的知识,本节只对零件尺寸标注作一般的方法介绍。

195

1）尺寸基准　尺寸基准是加工和测量零件时确定位置的依据。在标注零件尺寸时，一般在长、宽、高三个方向均确定一个主要尺寸基准，需要时，还可以确定辅助基准。从尺寸基准出发，确定零件中结构之间的相对位置尺寸。可以作为尺寸基准的几何元素有：平面——安装基面、对称面、装配结合面和重要端面等；直线——回转体的轴线、对称中心线；点——圆心等。图9-3所示泵盖零件图中，长、宽、高三个方向的尺寸基准分别为装配结合面即右端面、零件前后方向的对称面和主动轴孔即下边 Φ13H8 的轴线。

2）基本要求　零件图标注尺寸要满足设计要求和加工制造工艺的要求。对影响产品性能、精度的尺寸（如配合尺寸、相邻两零件有联系的尺寸等）必须从主要基准直接注出，以满足设计要求。标注的尺寸还要符合加工过程和加工顺序的需要，对于同一加工工序所需要的尺寸，尽量集中标注，以便于加工时测量。

3. 典型零件示例

零件的结构形状各不相同，工程上习惯按零件的结构特点将其分为四大类，即轴套类（图9-2）、盘盖类（图9-3）、叉架类（图9-4）、箱体类（图9-5）。按各类零件的结构特征归纳出视图选择和尺寸标注的一般规律如下。

1）轴套类零件　这类零件包括轴、轴套、衬套等。其形状特征一般是由若干段不等径的同轴回转体构成，通常在零件上有键槽、销孔、退刀槽等结构。

这类零件的主要加工方向是轴线水平。为了便于加工时看图，主视图中零件的摆放按加工位置即轴线水平放置。对零件上的槽、孔等结构，采用局部剖、断面图、局部放大等方法表达。图9-2中主视图采用了一处局部剖，将键槽深度表示出来，另一断面图表示轴右侧键槽的断面形状和尺寸；用"A"向局部视图和局部放大图分别表示键槽和砂轮越程槽形状。

此类零件有两个主要尺寸基准，轴向尺寸基准（长度方向）和径向（宽度、高度方向）尺寸基准。一般根据零件的作用及装配要求取某一轴肩作轴向尺寸基准，取轴线作径向尺寸基准，并按所选尺寸基准标注轴上各部分的长度和直径尺寸。标注尺寸时，应将同一工序需要的尺寸尽量集中标注在一侧，如图9-2中左端键槽定形尺寸10和定位尺寸3集中注在了主视图上方。

2）盘盖类零件　这类零件包括端盖、轮盘、带轮、齿轮等。其形状特征是：主要部分一般由回转体构成，成扁平的盘状，且沿圆周均匀分布各种肋、孔、槽等结构。

这类零件的加工一般也是轴线水平放置。在选择视图时，将非圆视图作为主视图，按加工位置即轴线水平放置，并根据需要将非圆视图画成剖视图。此外，还需使用左视（或右视）图完整表达零件的外形和槽、孔等结构的分布情况。在图9-3所示泵盖零件图中，采用了两个视图，且主视图采用旋转绘制的全剖视图。

标注此类零件尺寸时，通常以轴孔的轴线作径向尺寸基准，以某一重要端面作长度方向尺寸基准。为便于看图，对于沿圆周分布的槽、孔等结构的尺寸，尽量标注在反映其分布情况的视图中。图9-3中右端面为长度方向尺寸基准，下面的 Φ13H8 孔的轴线为高度方向的尺寸基准，左视图中的前后对称平面为宽度方向的尺寸基准。6个 Φ7 的沉孔和2个 Φ4 的销孔，其定形和定位尺寸均注在反映分布情况的左视图中。

3）叉架类零件　这类零件包括托架、拨叉、连杆等。其特征是结构形状比较复杂，零件常带有倾斜或弯曲状结构，且加工位置多变，工作位置亦不固定。

选择此类零件的主视图时，主要考虑其形状特征，并参考工作位置来确定。通常采用两个或两个以上的基本视图，并选择合适的剖视表达方法；也常采用斜视图、局部视图、断面图

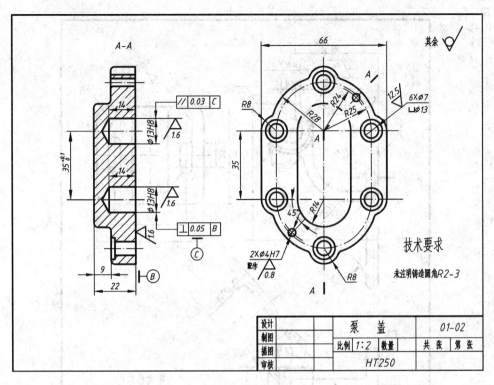

图 9-3　泵盖零件图

等表达局部结构。图 9-4 所示踏脚座零件图中,采用两个主要视图。主视图按形体特征并参考工作位置放置,反映零件的轮廓形状和各结构的相对位置,上部采用局部剖,表达 $\Phi 8$ 孔与 $\Phi 20^{+0.045}_{0}$ 孔的相通关系;俯视图反映零件外形轮廓,同时也表达了 $\Phi 16$ 凸台的前后位置,两处局部剖表达了 $\Phi 20^{+0.045}_{0}$ 孔和踏板上长圆孔的内部形状;用移出断面图表达连接板和肋板断面形状,并用"A"向局部视图表达踏板的形状。

这类零件通常以主要孔的轴线、对称平面、安装基面或某个重要端面作为主要尺寸基准。图 9-4 所示踏脚座以踏板的左端面作长度方向尺寸基准,以对称平面作宽度方向尺寸基准,踏板的水平对称面为高度方向尺寸基准。

4)箱体类零件　这类零件包括箱体、壳体、阀体、泵体等。其特征是能支撑和包容其他零件,结构形状较复杂,加工位置变化也多。在选择箱体类零件的主视图时,主要考虑工作位置和形状特征。其他视图的选择,应根据零件的结构选取,一般需要三个或三个以上的基本视图,结合剖视图、断面图、局部视图等多种表达方法,清楚地表达零件内外结构形状。在图 9-5 所示泵体零件图中,主视图按工作位置放置,画成旋转绘制的全剖视图,不仅表示了零件的整体结构形状,还将两个 $\Phi 40H8$ 的内腔深度,M6 螺纹孔、$\Phi 4$ 销孔、上部 $\Phi 13H8$ 孔的深度、下部 $\Phi 13H8$ 孔与 $\Phi 18H11$ 孔的相通关系,M27 × 1.5 − 5 g 螺纹部分的长度均表示清楚;左视图采用三处局部剖,外形部分反映了外形轮廓结构形状及 M6 的螺纹孔与 $\Phi 4$ 销孔的分布位置,同时反映了内腔和底板上通槽的形状,剖视部分表达了两个 G1/4 螺纹孔与内腔相通的情况,底板上的局部剖表达了 2 × $\Phi 11$ 孔的结构;另外,采用半剖视的俯视图,表达了底板与主体连接部分的断面形状和整体结构之间的关系;"C"和"D"向局部视图进一步表达了 G1/4 管螺纹接口处的轮廓形状和底板的形状。标注这类零件尺寸时,通常选用

197

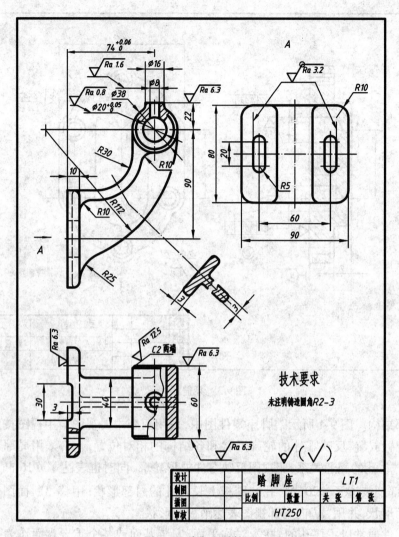

图 9-4　踏脚座零件图

主要轴线、接触面、重要端面、对称平面或底板的底面等作主要尺寸基准。但要注意,对需要切削加工的部分尽量按便于加工和测量的要求标注尺寸。图 9-5 所示的泵体中,长、宽、高三个方向的主要尺寸基准分别为左端面、前后的对称平面和主轴孔的轴线。

9.1.3　常见的零件工艺结构

零件的结构形状主要是根据它在机器或部件中的功能而定。但在设计零件结构形状的实际过程中,除考虑其功能外,还应考虑在加工制造过程中的工艺要求。因此,在绘制零件图时,应使零件的结构既能满足使用上的要求,又便于加工制造。下面仅介绍零件的一些常见工艺结构。

1.铸造圆角

当零件的毛坯为铸件时,因铸造工艺的要求,在铸造零件表面的转角处制成圆角,以防止浇铸时转角处型砂脱落,同时还避免浇铸后铸件冷却时在转角处因应力集中而产生裂纹,绘制零件图时,一般需画出铸造圆角,如图 9-6 所示,圆角半径在 2 ~ 5 mm 之间,视图中一般

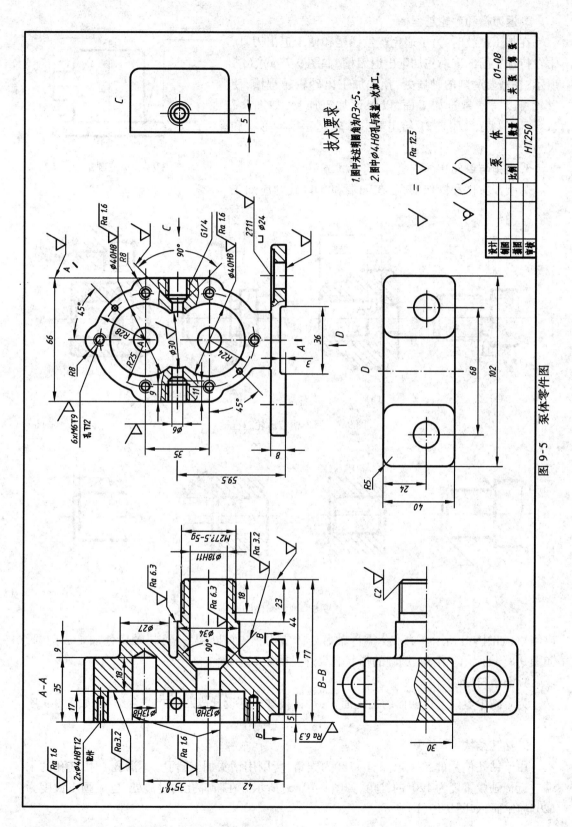

图 9-5 泵体零件图

不标注, 而是集中注写在技术要求中。

2. 退刀槽和砂轮越程槽

在加工螺纹时,为了避免产生螺尾和便于退出刀具,常在待加工面的末端先加工出退刀槽,如图 9-7(a)、(b)所示;在需要磨削的轴肩处,预先加工出砂轮越程槽,使砂轮可以稍稍越过加工面,以保证加工质量,如图 9-7(c)、(d)所示。附表 21 给出部分砂轮越程槽的形状和尺寸。

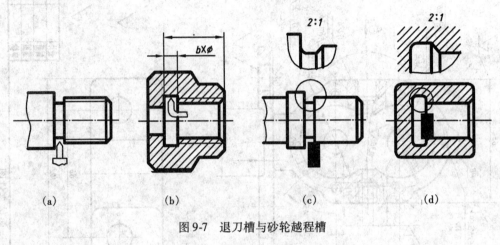

图 9-6　铸造圆角

3. 倒角与倒圆

为装配方便和操作安全,在轴端和孔口处均应加工

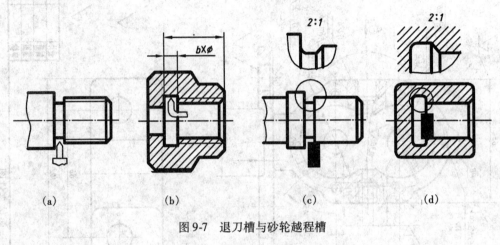

图 9-7　退刀槽与砂轮越程槽

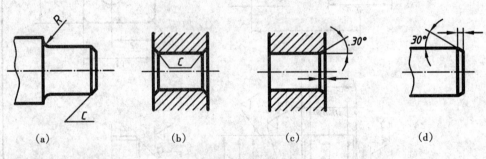

图 9-8　倒角与倒圆

出倒角,如图 9-8 所示。为避免零件轴肩处因应力集中而断裂,也可将轴肩处加工成倒圆,如图 9-8(a)所示。倒角、倒圆的形状和尺寸见附表 22。

4. 凸台与凹坑

为了减少零件上接触面的加工面积,常在接触面处设计成凹坑或凸台结构,如图 9-9 所示。

5. 钻孔结构

由于钻孔使用的钻头顶部有 118°的锥角,所以用钻头加工盲孔(不通孔)时,其孔的末端应近似画成锥度为 120°的锥角,如图 9-10(a)所示。在阶梯孔的过渡处,也应画出锥度为 120°的锥面,如图 9-10(b)所示。

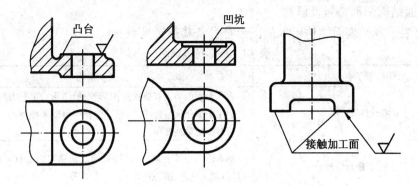

图 9-9　零件上的凸台与凹坑

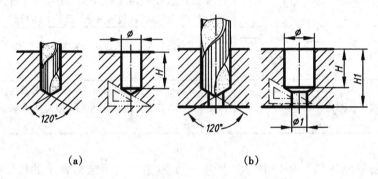

（a）　　　　　　　　　　　（b）

图 9-10　钻孔结构

9.1.4　零件图的技术要求

零件图中不仅表达零件的结构形状和尺寸,还要给出制造和检验应达到的技术要求。技术要求一般包括:零件的表面结构、极限与配合、形状和位置公差、材料、热处理等。

1. 表面结构

零件成品的表面都存在微观上的起伏不平,当用平面与实际表面相交时便产生表面轮廓,国家标准规定了三种轮廓类型:R 轮廓——粗糙度参数,W 轮廓——波纹度参数,P 轮廓——原始轮廓参数。评定零件表面质量常用 R 轮廓参数。GB/T 131—2006 中规定了表面结构要求在图样中的标注方法。

在取样长度内粗糙度轮廓纵坐标 $z(x)$ 绝对值的算术平均值——轮廓算术平均偏差 Ra 是表面结构的常用评定参数,$Ra = \dfrac{1}{l} \displaystyle\int_0^l |z(x)| \, \mathrm{d}x$,其示意图如图 9-11 所示。

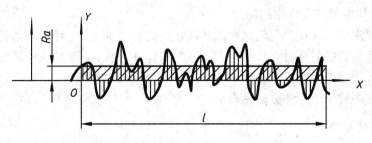

图 9-11　轮廓算术平均偏差 Ra 示意图

(1)表面结构图形符号及画法

图样上表示零件表面结构要求的图形符号及其意义见表9-1。

表9-1　图形符号说明

代(符)号	意义及说明
基本图形符号 √	表示对表面结构有要求的图形符号,未指定工艺方法的表面。仅适用于简化代号标注,当通过注释时可以单独使用,没有补充说明时不能单独使用
去除材料的扩展图形符号 ∨	基本图形符号上加一短横,表示表面是用去除材料的方法获得,例如通过车、铣、钻、磨、剪切、抛光等
不去除材料的扩展图形符号 √○	基本图形符号加一小圆,表示表面是用不去除材料的方法获得,例如铸造、锻压、冲压变形、热轧、冷轧、粉末冶金等,也用于保持原供应状况的表面(包括保持上道工序的状况)
完整图形符号 √ ∨ √○	在以上各图形符号的长边加一横线,以标注表面结构特征的补充信息
表面结构代号 √ Ra 1.6	表面去除材料的符号加表面结构参数代号及其极限值,表示表面是用去除材料的方法获得,单项上限值,R 轮廓,算术平均偏差为 1.6 μm

表面结构符号画法如图9-12所示。图中 a，b 为注写表面结构要求的位置，c 为注写加工方法、表面处理、涂镀或其他加工工艺要求的位置，字体高度 h 为尺寸数字高度，符号线宽 $d' = h/10$，$H_1 = 1.4h$，H_2 与 H_1 尺寸对应关系如表9-2所示。

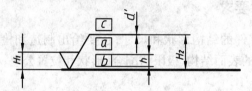

图9-12　表面结构符号

表9-2　符号尺寸　　　　　　　　　　　　　　　　　　单位:毫米

高度 H_1	3.5	5	7	10	14	20
高度(最小值)H_2	7.5	10.5	15	21	30	42

注:H_2取决于标注内容。

(2)表面结构要求在图样中的标注

表面结构要求应标注在可见轮廓线或其延长线的外表面上,符号尖端由材料外指向并接触零件的外表面;在同一图样上,每一表面一般只标注一次;表面结构中的参数值的大小及书写方向与尺寸数值一致。

表面结构在图样中的标注方法见表9-3。

表9-3　表面结构要求在图样中的注法

说　明	标　注　示　例
直接标注在材料外部	
必要时,可用带箭头或黑点的指引线引出标注	
可以标注在形位公差框格上方	
当零件所有表面有相同的表面结构要求时,表面结构可统一标注在标题栏附近	

说　　明	标　注　示　例
零件有多个相同的表面结构要求,可统一标注在标题栏附近。 对多个表面统一标注时,表面结构要求的符号后面应标注以下内容之一: ——在圆括号内给出无任何其他标注的基本符号 ——在圆括号内给出不同的表面结构要求(不同的表面结构要求应在图中直接标注)	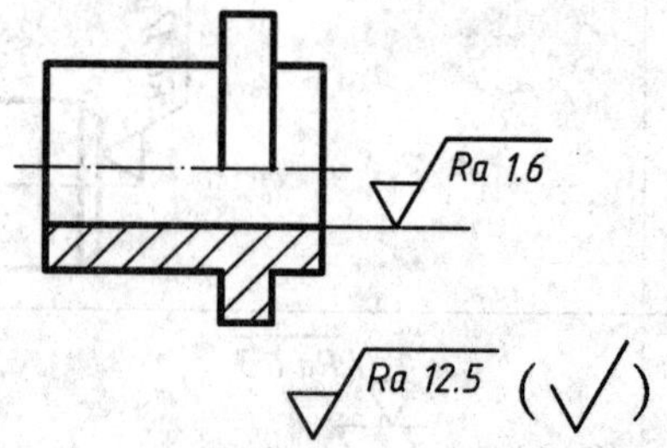 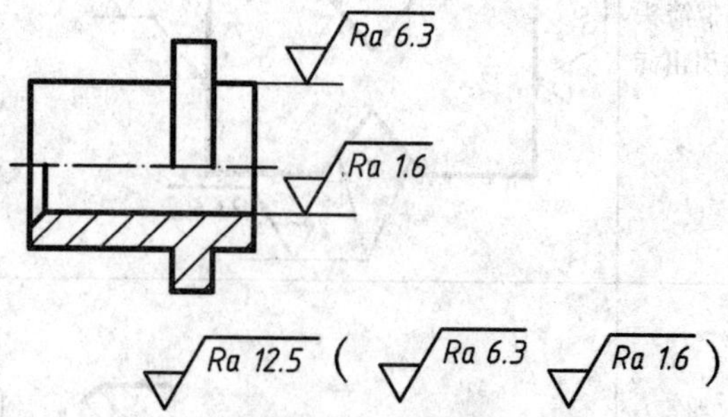 Ra 1.6 Ra 12.5 (√) Ra 6.3 Ra 1.6 Ra 12.5 (Ra 6.3　Ra 1.6)
当同一表面有不同表面结构要求时,用细实线作为分界线,并分别注出相应的表面结构代号和参数值	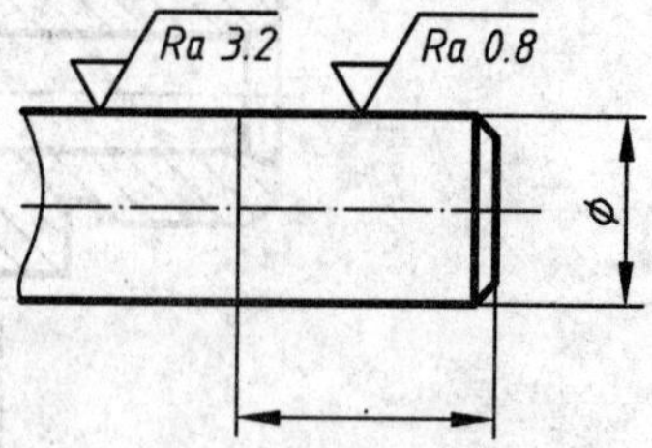 Ra 3.2　Ra 0.8 ⌀
当图纸空间有限时,可将相同的表面结构要求用表面结构符号以等式的方式标注在标题栏附近	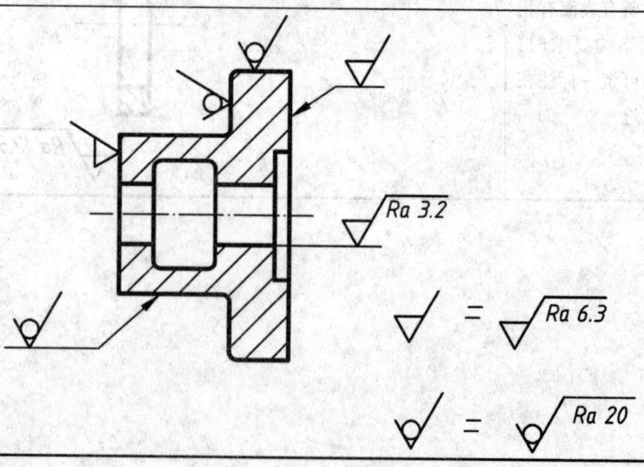 Ra 3.2 √ = √ Ra 6.3 √ = √ Ra 20

2. 极限与配合

(1)极限与配合的基本概念

在生产实践中,相同规格的一批零件任取其中的一个,不经挑选和修配就能合适地装到机器中去,并能满足机器性能的要求。零件具有的这种性质称为互换性。

零件的这种互换性,既能保证高效率的专业化大规模生产,提高产品质量,降低成本,又能实现各生产部门的横向协作。

为使零件具有互换性,国家标准总局发布了《极限与配合》GB/T 1800.1—1997、GB/T 1800.2—1998、GB/T 1800.3—1998、GB/T 1800.4—1999、GB/T 1801—1999 等标准。

（2）极限与配合术语

受技术和生产条件的影响,成品零件的尺寸会出现一定的误差。为保证零件的互换性,设计时应根据零件使用要求和加工条件,对零件尺寸允许的变动量作出规定,与该变动量有关的名词由 GB/T 1800.1—1997 给出,如图 9-13 所示。

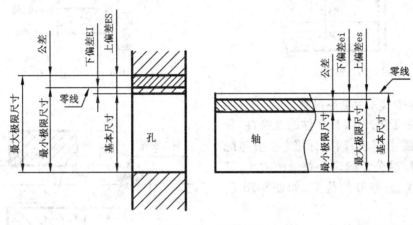

图 9-13　术语图解

基本尺寸——设计时确定的尺寸。

实际尺寸——对某一孔或轴通过测量获得的尺寸。

极限尺寸——允许零件实际尺寸变化的极限值,包括:最大极限尺寸,即允许的最大尺寸;最小极限尺寸,即允许的最小尺寸。

实际尺寸在两个极限尺寸之间的零件为合格。

零线——在极限与配合图解中,表示基本尺寸的一条直线,如图 9-13 所示。

极限偏差——极限尺寸减去基本尺寸所得代数差。极限偏差有上偏差和下偏差,偏差值可以是正值、负值或零。

　　上偏差（ES、es）=最大极限尺寸 – 基本尺寸

　　下偏差（EI、ei）=最小极限尺寸 – 基本尺寸

ES 和 EI 表示孔的上偏差和下偏差,es 和 ei 表示轴的上偏差和下偏差。

实际尺寸减去基本尺寸所得的代数差称为实际偏差。

尺寸公差（简称公差）——允许的尺寸变动量。

　　公差 = 最大极限尺寸 – 最小极限尺寸 = 上偏差 – 下偏差

尺寸公差是一个没有符号的绝对值。

尺寸公差带（简称公差带）——在公差带图解中,由代表上、下偏差的两条直线所限定的区域,它由公差大小和其相对零线的位置来确定,公差带图如图 9-15 所示。

图 9-14 所示轴各部分尺寸由图中的标注得知:

　　基本尺寸 $\Phi16$

上偏差(es) - 0.006

下偏差(ei) - 0.024

最大极限尺寸 = 基本尺寸 + 上偏差 = 16 + (- 0.006) = 15.994

最小极限尺寸 = 基本尺寸 + 下偏差 = 16 + (- 0.024) = 15.976

可算出公差:

公差 = 上偏差 - 下偏差 = (- 0.006) - (- 0.024) = 0.018

图 9-14 所示轴的公差带图如图 9-15 所示。

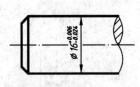

图 9-14　轴的尺寸公差

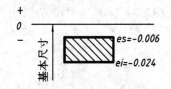

图 9-15　公差带图

(3)标准公差与基本偏差

为了便于生产,实现零件的互换性,并满足不同使用需求,国家标准《极限与配合》规定:标准公差确定公差带的大小,基本偏差确定公差带的位置,如图 9-16 所示。

1)标准公差　国家标准极限与配合制中所规定的任一公差称为标准公差。标准公差等级代号用符号"IT"和数字组成,如"IT7"。标准公差等级分 20 级,用 IT01、

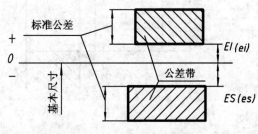

图 9-16　标准公差与基本偏差

IT0、IT1……IT18 等表示。其公差数值取决于基本尺寸和公差等级,GB/T 1800.3—1998 给出了 IT1 至 IT18 的标准公差数值,见附表 23。

2)基本偏差　公差带中一般将靠近零线的那个极限偏差称为基本偏差,它确定公差带相对零线的位置。基本偏差既可以是上偏差,也可以是下偏差。基本偏差系列由 GB/T 1800.2—1998 给出,基本偏差系列图如图 9-17 所示。公差带在零线上方时,基本偏差为下偏差,公差带在零线下方时,基本偏差为上偏差。

孔、轴各有 28 个基本偏差,其代号用拉丁字母表示。大写为孔,小写为轴。

从图 9-17 中看出:对于孔,基本偏差为"A"至"H"的下偏差、"J"至"ZC"的上偏差为基本偏差。对于轴,基本偏差为"a"至"h"的上偏差、"j"至"zc"的下偏差为基本偏差。"JS"和"js"的基本偏差在"IT/2"处,即上偏差为" + IT/2",下偏差为" - IT/2"。

孔和轴的基本偏差数值见附表 24、附表 25。

根据标准公差和基本偏差可按下式计算轴、孔的另一偏差。

ES = EI + IT　　　　　　或　　　　EI = ES - IT

es = ei + IT　　　　　　或　　　　ei = es - IT

轴和孔的公差尺寸代号表示方法:基本尺寸后边写出公差带代号,公差带代号由基本偏差代号字母和公差等级数字组成。

例如 Φ28H8 中,"Φ28"为基本尺寸;"H8"为孔的公差带代号,其中"H"为孔的基本偏

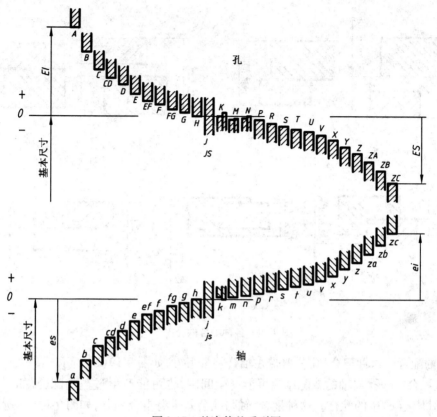

图 9-17　基本偏差系列图

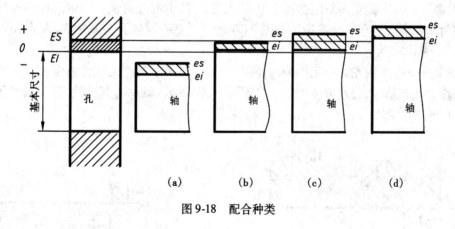

（a）　　　　（b）　　　　（c）　　　　（d）

图 9-18　配合种类

差代号，"8"为孔的公差等级代号。

（4）配合

基本尺寸相同的、相互结合的孔与轴公差带之间的关系称为配合。

1）配合种类　国标规定，按照使用中轴、孔间配合的松紧要求，配合分为间隙配合、过渡配合和过盈配合三种，如图 9-18 所示。

间隙配合——孔与轴的装配结果产生间隙（包括间隙量为 0）的配合，如图 9-18 中的孔与图（a）轴的配合。这种配合，孔的公差带在轴公差带的上方，如图 9-19（a）所示。

过盈配合——孔与轴装配结果产生过盈（包括过盈量为 0）的配合，如图 9-18 中的孔与

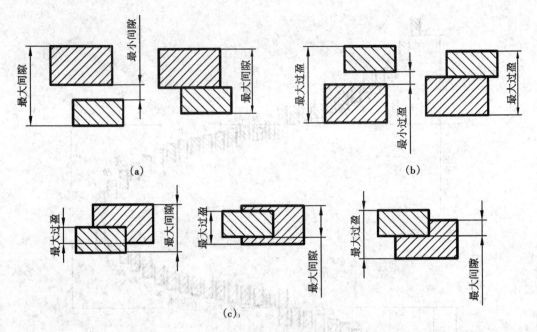

(a)   (b)

(c)

图 9-19　各种配合的公差带

图(d)轴的配合。这种配合,孔公差带在轴公差带下方,如图 9-19(b)所示。

过渡配合——孔与轴的装配结果可能产生间隙,也可能产生过盈的配合,如图 9-18 中的孔与图(b)、(c)轴的配合。这种配合,轴与孔公差带有重合部分,如图 9-19(c)所示。

2)配合制　国标对配合规定了两种配合制度,即基孔制与基轴制。

基孔制——基本偏差为一定的孔公差带,与不同基本偏差的轴公差带形成各种配合的制度,称为基孔制。基孔制公差带图如图 9-20 所示。基孔制的孔为基准孔,基本偏差代号为"H",其下偏差为零。

基轴制——基本偏差为一定的轴的公差带,与不同基本偏差的孔公差带形成各种配合的制度,称为基轴制,其公差带图如图 9-21 所示。基轴制的轴称为基准轴,基本偏差代号为"h",其上偏差为零。

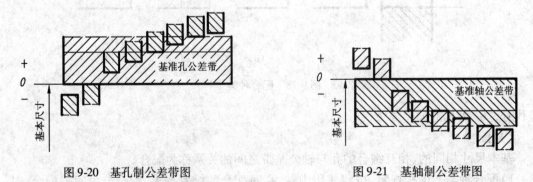

图 9-20　基孔制公差带图　　　　　　　　图 9-21　基轴制公差带图

一般情况下,应优先采用基孔制。

3)配合代号　由孔和轴的公差带代号组合而成,写成分式形式,分子为孔的公差带代号,分母为轴的公差带代号。若分子中孔的基本偏差代号为"H"时,表示该配合为基孔制;若分母中轴的基本偏差代号为"h"时,表示该配合为基轴制。当轴与孔的基本偏差同时分

208

别为 h 和 H 时,根据基孔制优先的原则,一般应首先考虑为基孔制,如 $\Phi 28\dfrac{\mathrm{H7}}{\mathrm{h6}}$。

例如,代号 $\Phi 28\dfrac{\mathrm{H7}}{\mathrm{f6}}$ 的含义为相互配合的轴与孔基本尺寸为"$\Phi 28$",基孔制配合制度,孔为标准公差"IT7"的基准孔,与其配合的轴基本偏差为"f",标准公差为"IT6"。

（5）极限与配合在图样上的标注

极限与配合在零件图及装配图上的标注方法见表 9-4。

表 9-4　极限与配合在图样中的标注

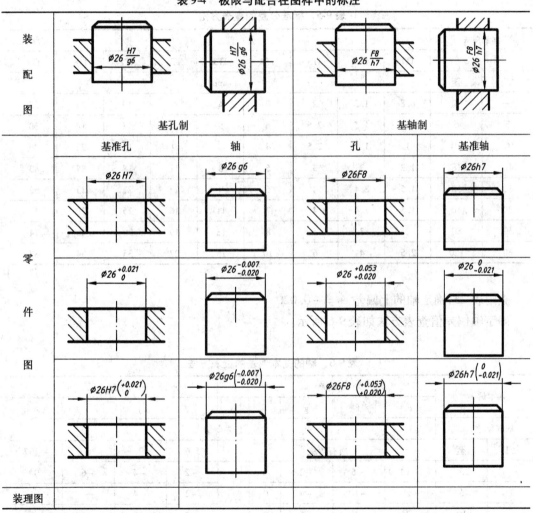

①在装配图上采用组合注法。

②在零件图上可只注公差带代号、只注极限偏差数值或两者同时注出。两者同时注出时,将极限偏差数值放在右边并加括号。注写极限偏差值所用字体比尺寸数值字体小一号。

（6）极限与配合举例

例 9-1　查表、计算确定 $\Phi 28\dfrac{\mathrm{H7}}{\mathrm{f6}}$ 中孔与轴的尺寸公差及上、下偏差值,在图中标注,并判断其配合种类。

（1）由给出标记已知轴和孔的基本尺寸为"Φ28"，孔为"IT7"的基准孔；轴的标准公差为"IT6"，基本偏差为"f"。并知基准孔的下偏差 EI＝0。

（2）查附表23确定：

     孔的公差 IT7 ＝0.021

     轴的公差 IT6 ＝0.013

确定标准公差值查表方法如表9-5所示。

表9-5　标准公差的查表方法

基本尺寸 mm		公差等级								
		IT1	IT2	IT3	IT4	IT5	IT6	IT7	IT8	IT9
大于	至	mm								
—	3	0.8	1.2	2	3	4	6	10	14	25
3	6	1	1.5	2.5	4	5	8	12	18	30
6	10	1	1.5	2.5	4	6	9	15	22	36
10	18	1.2	2	3	5	8	11	18	27	43
18	30	1.5	2.4	4	6	9	13	21	33	52
30	50	1.5	2.4	4	7	11	16	25	39	62
50	80	2	3	5	8	13	19	30	46	74
80	120	2.5	4	6	10	15	22	35	54	87

查附表23，确定轴的上偏差 es ＝ －0.020

确定轴偏差值查表方法如表9-6所示。

表9-6　轴的基本偏差的查表方法

基本偏差		上偏差 es					下偏差 ei			
		e	f	g	h	js	j			k
基本尺寸 mm		公差等级								
大于	至	所有等级					5、6	7	8	4至7
—	3	－14	－6	－2	0		－2	－4	－6	0
3	6	－20	－10	－4	0		－2	－4	—	＋1
6	10	－25	－13	－5	0		－2	－5	—	＋1
10	14	－32	－16	－6	0		－3	－6	—	＋
14	18									
18	24	－40	－20	－7	0		－4	－8	—	＋2
24	30									
30	40	－50	－25	－9	0		－5	－10	—	＋2
40	50									

（3）计算孔的上偏差 ES = EI + IT = 0 + 0.021 = +0.021

　　轴的下偏差 ei = es-IT = (−0.020) − 0.013 = −0.033

（4）注写方式为轴 $\Phi 28_{-0.033}^{-0.020}$，孔 $\Phi 28_{0}^{+0.021}$。

（5）孔与轴的偏差以及配合的标注方式如图 9-22 所示。

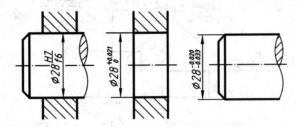

图 9-22　极限与配合在图样中的标注方法

（6）由于孔的最小极限尺寸大于轴的最大极限尺寸，所以该配合为间隙配合。

3.形状与位置公差

零件经加工后，不仅尺寸有误差，同时也会产生几何形状和各结构之间相对位置的误差。为保证零件精度要求，有时要限定零件形状和位置公差，如图 9-23 所示。

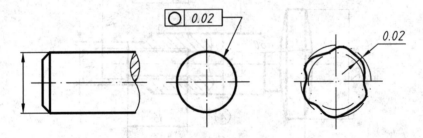

图 9-23　形状和位置公差代号的意义

1）形位公差代号　国家标准规定用代号标注形状和位置公差（简称形位公差），形位公差各项目的符号参见表 9-7。

表 9-7　形位公差各项目符号

分类	项目	符号	分类		项目	符号
形状公差	直线度	—	位置公差	定向	平行度	//
	平面度	▱			垂直度	⊥
	圆度	○			倾斜度	∠
	圆柱度	⌭		定位	同轴度	◎
	线轮廓度	⌒			对称度	=
					位置度	⊕
	面轮廓度	⌓		跳动	圆跳动	↗
					全跳动	⌰

2)形位公差在图样上的标注 形位公差代号由项目符号、公差框格、指引线、公差值、基准代号等项组成,如图9-24所示。

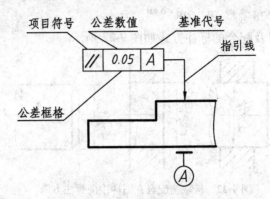

图9-24 形位公差代号的组成

形位公差代号在图样上的标注方法如图9-25所示。有关形位公差的详细内容请查阅有关资料说明。

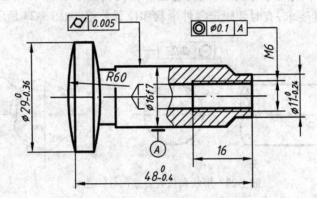

图9-25 形位公差在图样上的标注

9.1.5 读零件图

在加工零件和进行技术交流等实践中,需要读零件图,通过图样想象出零件的结构、形状、大小,了解各项技术指标等。下面介绍读零件图的方法和步骤。

1.读零件图的方法和步骤

1)概括了解 从零件图的标题栏中了解零件的名称、材料、绘图比例等属性。

2)分析视图 通过分析零件图中各视图所表达的内容,找出各部分的对应关系;采用形体分析、线面分析等方法,想象出零件各部分结构和形状。

3)分析尺寸和技术要求 分析确定各方向的主要尺寸基准,了解定形、定位和总体尺寸。了解加工表面的精度要求和零件的其他技术要求,初步分析出零件的特点和制造方法等。

4)综合想象 在上述分析的基础上,综合起来想象出零件的整体情况。

2.读零件图举例

读图9-26所示泵体零件图的方法和步骤如下。

1)概括了解 从标题栏中了解到,该零件名为泵体,使用材料为灰铸铁"HT150",作图比例"1:3"。

2)分析视图 零件图采用了主视图、左视图和俯视图三个基本视图。主视图采取了半剖视,表达了零件外形结构和三个 M6 螺纹孔的分布位置,并表达了右侧凸台上螺纹孔和底板上沉孔的结构形状,同时,还表达了两个 Φ6 通孔的位置;左视图采用了局部剖,表达出零件的外形结构,并表达出 M6 螺纹孔的深度、内腔与 Φ14H7 孔的深度和相通关系;俯视图采取了全剖视图,表达了底板与主体连接部分的断面形状,同时表达了底板的形状和其上两沉孔的位置。从分析结果可以看出,零件是由壳体、底板、连接板等结构组成。壳体为圆柱形,前面有一个均布三个螺孔的凸缘,左右各有圆形凸台,凸台上有螺纹孔与内腔相通;后部有一圆台形凸台,凸台里边有一带锥角的盲孔;内腔后壁上有两个小通孔。底板为带圆角的长方形板,其上有两个 Φ11 的沉孔,底部中间有凹槽,底面为安装基面。壳体与底板由断面为丁字形的柱体连接。

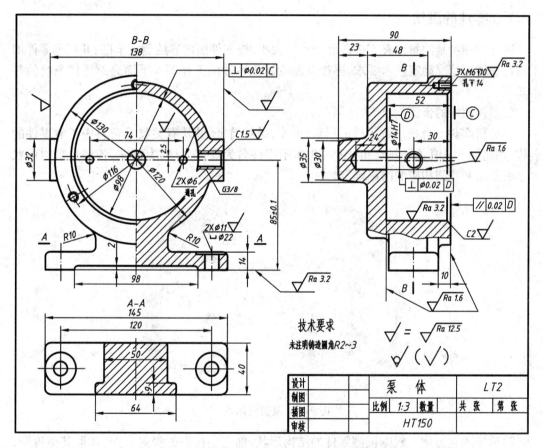

图 9-26 泵体零件图

3)分析尺寸,了解技术要求 零件中长、宽、高三个方向的主要尺寸基准分别是左右对称面、前端面和 Φ14H7 孔的轴线。各主要尺寸都是从基准直接注出的。图中还注出了各配合尺寸的公差带和各表面结构要求以及形位公差等。

4)综合分析 综合想象出该泵体的整体形状如图 9-27 所示。

213

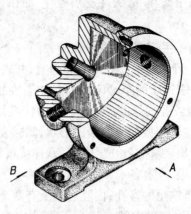

图9-27 泵体立体图

9.1.6 零件的测绘

零件的测绘是测量已有零件各部分尺寸大小,按零件图内容绘制成草图,并根据零件加工制造和使用情况确定技术要求,再按草图绘制该零件的工作图。下面介绍零件测绘的基本知识。

1.零件测绘的步骤

1)分析零件 分析了解零件的材料、大小、结构特征,并从有关技术资料中了解零件的名称、用途等。从有关资料获知,图9-28 所示零件名为端盖,材料为铸铁,各部分结构形状大小由测绘和查阅相应的国标确定。

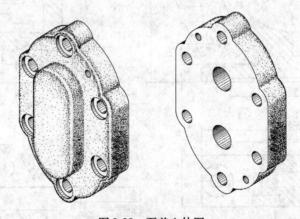

图9-28 泵盖立体图

2)确定表达方案 根据被测零件的结构形状,确定主视图的投射方向,选取其他视图,并确定表达方案。表达图9-28 所示泵盖时,主视图摆放位置和投射方向按盘盖类零件的考虑方法,将两带锥角盲孔的轴线水平放置,并用旋转绘制的全剖视图表达零件内部的结构形状;左视图表达零件的外形和盘上 6 个沉孔和两个小通孔的分布情况。

3)画零件草图 零件草图一般为徒手作图,但不能潦草,也要做到表达完整;将测量尺寸数值整理、核对后,正确、完整、清晰地标注在图中;线型、字体等要基本规范。画图9-28所示零件草图的步骤如图9-29 所示。

4)完成全图 填写标题栏和各项技术要求,如表面结构要求、公差等,完成全图,图9-

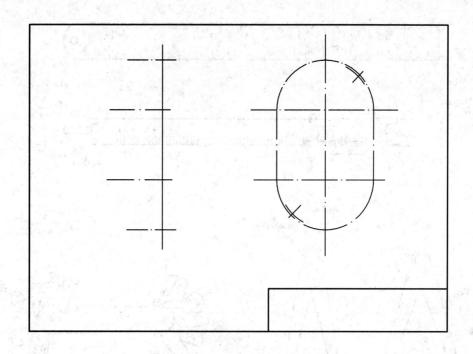

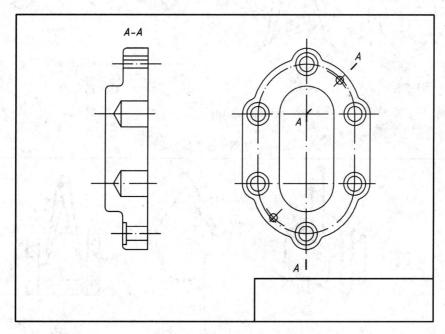

图 9-29　画泵盖零件草图的步骤

28 的全图如图 9-3 所示。

2. 常用的测量工具

常用的测量工具有：钢板尺、内卡钳、外卡钳、游标卡尺和各种专用量具（规），如螺距规等，如图 9-30 所示。常用测绘工具的使用见表 9-8。

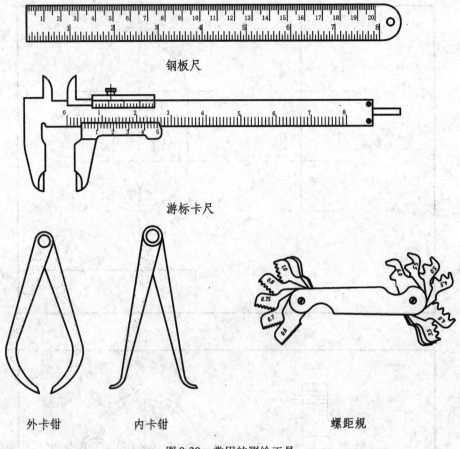

钢板尺

游标卡尺

外卡钳　　　内卡钳　　　螺距规

图 9-30　常用的测绘工具

表 9-8　常用测绘工具的使用

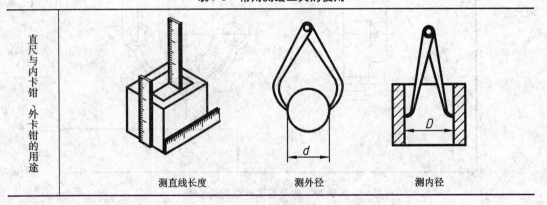

| 直尺与内卡钳、外卡钳的用途 | 测直线长度 | 测外径 | 测内径 |

216

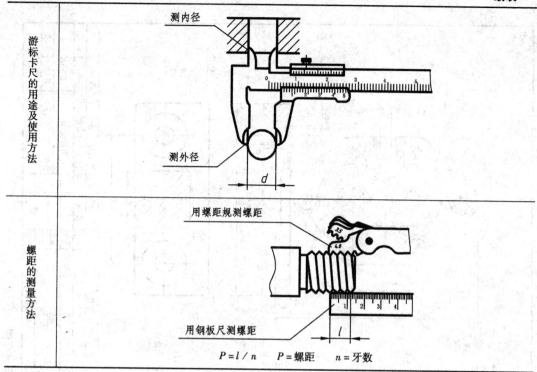

| 游标卡尺的用途及使用方法 | 测内径 测外径 d |
| 螺距的测量方法 | 用螺距规测螺距 用钢板尺测螺距 $P = l / n$　$P =$ 螺距　$n =$ 牙数 |

3．测量尺寸时应注意的问题

①对零件中未经切削加工表面的尺寸，应将测量值按标准数列进行圆整。对于某些结构，必要时，需对测得的尺寸进行计算、核对等，如测量齿轮的轮齿部分尺寸时，应根据测量的齿顶圆直径和齿数，算出近似的分度圆直径和模数，将模数取标准值，再重新计算分度圆直径和齿顶圆直径。

②对零件上标准化结构（如螺纹、退刀槽、倒角、键槽等），应根据测量的数据从对应的国标中选取标准值。

③测量零件中磨损严重的部位时，其结构与尺寸应结合该零件在装配图中的性能要求作详细分析，并参考有关技术资料确定。

④对零件中有配合关系的尺寸，相配合部分的基本尺寸应一致，并按极限与配合的要求注出尺寸公差带代号或极限偏差数值。

9.2　装配图

装配图是表示产品及其组成部分的连接、装配关系的图样，是机器或部件装配、调试、使用、维修及技术交流的主要技术资料。图 9-31 是齿轮油泵装配图。

9.2.1　装配图内容

一张完整的装配图包括下列内容。

1．一组视图

视图用于表达机器或部件的工作原理、各零件的装配和连接关系及主要零件的基本结

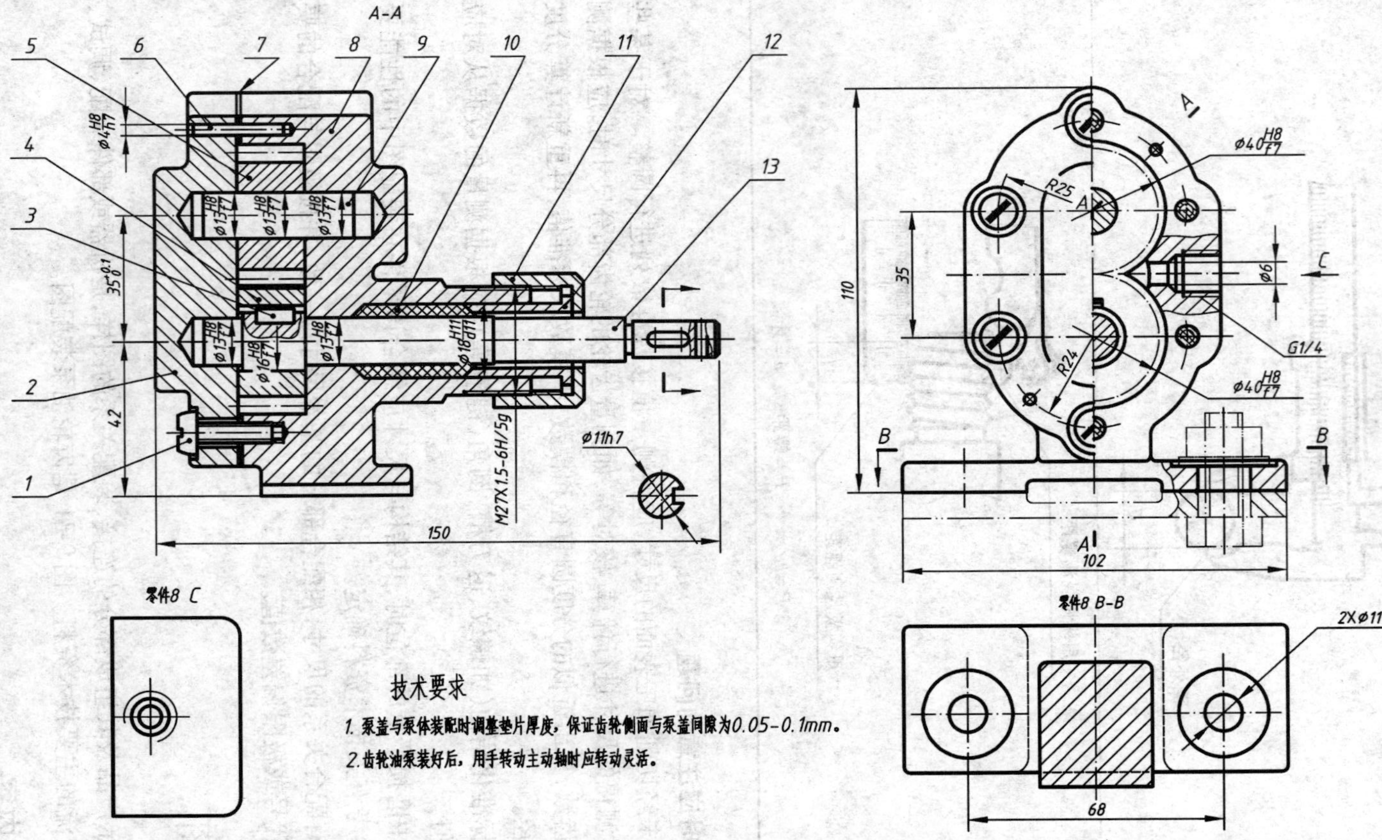
A-A
1
2
3
4
5
6
7
8
9
10
11
12
13
$\phi 4\frac{H8}{h7}$
$\phi 13\frac{H8}{f7}$
$\phi 16\frac{H8}{f7}$
$\phi 18\frac{H11}{d11}$
$35^{+0.1}_{0}$
42
150
M27X1.5-6H/5g
$\phi 11h7$
R25
R24
$\phi 40\frac{H8}{f7}$
$\phi 6$
G1/4
35
110
102
A
B
C
零件8 C
零件8 B-B
2Xϕ11
68

技术要求

1. 泵盖与泵体装配时调整垫片厚度，保证齿轮侧面与泵盖间隙为0.05-0.1mm。

2. 齿轮油泵装好后，用手转动主动轴时应转动灵活。

序号	代号	零件名称	数量	材料	备注
13		主动轴	1	45	
12		填料压盖	1	45	
11		压紧螺母	1	Q235-A	
10		填　料	1	石　棉	
9		从动轴	1	45	
8		泵　体	1	HT200	
7		垫　片	1	工业用纸	
6	GB/T119.2	销4X24	2	35	
5		从动齿轮	1	45	Z=14 m=2.5
4		主动齿轮	1	45	Z=14 m=2.5
3	GB/T1096	键5X5X10	1	45	
2		泵　盖	1	HT200	
1	GB/T67	螺钉M6X20	6	Q235-A	

设计		齿轮油泵		01-00
制图		比例	数量	共　张　第　张
描图				
审核				

图 9-31　齿轮油泵装配图

构形状等。

2. 几种尺寸

装配图中一般只标注机器或部件的特性尺寸、装配尺寸、安装尺寸、外形尺寸和其他必要尺寸。

3. 技术要求

对机器或部件的性能、装配、调试和使用等要求的符号或文字说明。

4. 明细栏和标题栏

明细栏中填写各零件的序号、名称、材料、数量等,标题栏是说明机器或部件的名称、图号、绘图比例等。

9.2.2 装配图的表达方法

前边所述零件图的表达方法对装配图同样适用。因装配图主要用于表达机器或部件的结构、工作原理、装配关系等,因此,还可采用下列几种特殊表达方法。

1. 规定画法

1)剖面线画法 装配图中,相邻两零件的剖面线倾斜方向不同或间隔不等。但同一零件在各视图中的剖面线倾斜方向、间隔必须保持一致。宽度小于或等于 2 mm 的窄小面积剖面符号可用涂黑代替,如图 9-31 中零件 7 垫片。

2)紧固件和实心件画法 在装配图中紧固件(即螺栓、螺柱、螺母、垫圈等)及轴、连杆、键、销等实心件按纵向剖切且剖切平面通过其对称平面或轴线时,均按不剖绘制。若遇这些零件有孔、槽等结构需要表达时,可采用局部剖视图和断面图进行表达。如图 9-31 所示主视图中螺钉、销钉、主动轴、从动轴均按不剖绘制,而主动轴 13 上的键联结则是用局部剖表达的。

3)接触面配合面与非接触面画法 在装配图中两零件表面接触或配合时,其表面画一条线,而不接触时画两条线,如图 9-31 所示,零件 1 螺钉与零件 2 泵盖之间为非接触面,零件 6 销与泵盖之间为配合面。

2. 拆卸画法

当某个视图中需要表达的部分被某些零件遮住时,可假想沿零件的结合面剖切或将这些零件拆卸后再画,需要说明时,可在视图上方注明"拆去××"等字样。图 9-31 左视图是沿泵盖接触面剖切后画出的,而图 9-41 主视图上部是拆去序号 9 手把画出的。

3. 夸大画法

对薄片、小间隙和尺寸较小的零件难以按实际尺寸画出时,允许将该部分尺寸适当放大后画出。图 9-31 中垫片 7、螺钉 1 与泵盖上孔的间隙均采用了夸大画法。

4. 假想画法

对有一定活动范围的运动零件,作图时,一般将该零件按某一极限位置画出,而用双点画线画出另一极限位置。对不属于部件但又与部件有关联的其他零件亦可用双点画线将其画出。如图 9-31 左视图中双点画线部分。

5. 单个零件的表达

某个重要零件需要表达的结构形状在装配图中未被表达清楚时,可采用某个视图单独表达该零件,并对视图名称、投射方向及零件名称或序号加注标记。如图 9-31 中"零件 8 C"。

9.2.3 装配图的尺寸

1. 特性尺寸

表示结构或部件规格、性能的尺寸是设计和选用机器的主要依据。如图 9-31 所示齿轮油泵进出油孔的尺寸 $\Phi6$，就是决定油泵流量的特性尺寸。

2. 装配尺寸

装配尺寸是表示机器或部件中零件间装配关系的尺寸，是装配工作的依据，也是保证部件使用性能的重要尺寸。装配尺寸包括下列尺寸。

1）配合尺寸　零件之间有配合性质的尺寸。如图 9-31 中 $\Phi13H8/f7$、$\Phi18H11/d11$ 等。

2）连接尺寸　零件之间有连接关系的尺寸。如图 9-31 中 $M27 \times 1.5 - 6H/5g$ 为螺纹连接尺寸。$R25$、$R24$ 为连接件间的位置尺寸。

3）相对位置尺寸　装配过程中零件之间重要的相对位置尺寸，如平行轴之间的距离，主要轴线到安装基面之间的距离等。如图 9-31 中主动轴 13 的轴线到底面的距离 42；主动轴 13 与从动轴 9 之间的距离 $35^{+0.1}_{0}$ 等均属此种尺寸。

3. 安装尺寸

安装尺寸是机器或部件安装时所需要的尺寸。如图 9-31 中底板上两沉孔的定形尺寸 $2 \times \Phi11$ 及定位尺寸 68 均为安装所需要的尺寸。

4. 外形尺寸

外形尺寸即部件轮廓的总长、总宽、总高尺寸，为部件的包装、运输和安装占据的空间提供数据。如图 9-31 中 150、102、110 尺寸。

9.2.4 序号、明细栏和标题栏

装配图中需对所有零件都按一定顺序编写序号，并将各零件的序号、名称、数量、材料等内容填写到明细栏中，以便读图和管理图样。

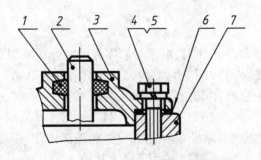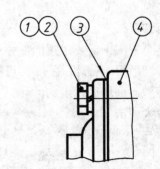

图 9-32　序号画法

序号和明细栏的编写规则如下。

1. 序号

①序号由圆点、指引线、水平线（或圆）及数字组成，如图 9-32 所示。指引线与水平线（或圆）均为细实线，数字高度比尺寸数字大一号，写在水平线上方（或圆内）。

②圆点画在被编号零件图形中。当所指零件很薄或涂黑时，可以在指引线末端画一箭头代替圆点指到零件轮廓。

③指引线尽量均匀分布,彼此不能相交,还应避免与剖面线平行。装配关系清楚的组合件(如螺纹紧固件),可采用公共指引线,如图9-33所示。

④装配图中一个零件必须编写一个序号,同一装配图中相同的零件不重复编号。

⑤图样中的序号既可按顺时针也可按逆时针依次排列,但必须在水平或垂直方向排列整齐,如图9-31所示。

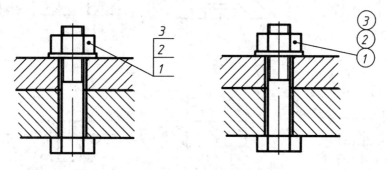

图9-33　公共指引线

2. 明细栏

明细栏是填写各零件序号、名称、规格、材料和数量等内容的表格。明细栏的格式及尺寸如第2章图2-6所示,明细栏画在标题栏上方。零件序号自下而上填写,若位置不够,可将其余部分画在标题栏左方,如图9-31所示。

3. 标题栏

标题栏用于填写机器或部件的属性(名称、代号、比例等),其格式与零件图标题栏基本相同。

9.2.5　常见的装配结构

在设计和绘制装配图时,需要确定合理的装配结构,以满足部件的性能要求,同时便于零件的加工制造和拆装。下面只介绍几种常见的装配结构。

1. 接触面结构

①两零件接触时,同一方向一般只能有一个面接触,以满足两零件间的接触性能,并便于加工制造,如图9-34所示。

②轴与孔配合,轴肩与孔的端面互相接触时,轴肩根部切槽或孔的端部加工倒角,以保证两零件的良好接触,如图9-35所示。

2. 定位结构

为方便装配,并保证拆、装不降低两零件的装配精度,通常采用如图9-36所示的定位结构。为加工和拆装方便,在可能的条件下,尽量将销孔做成通孔。

3. 可拆装结构

在画装配图时,要考虑方便零件的装拆。如在安装螺纹紧固件处应留出足够的空间,如图9-37所示。对装有衬套的结构采用图9-38所示结构,在拆衬套时,可用工具从体上的小孔处将衬套顶下。

4. 密封结构

为防止部件内部的液体或气体渗漏或灰尘进入机件内,对有上述要求的部位需设置密

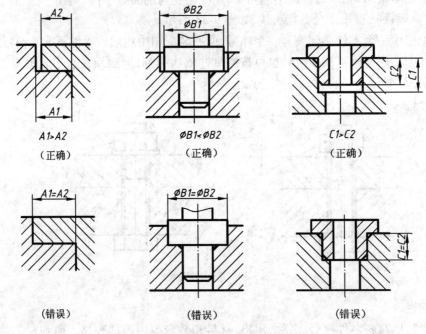

图 9-34　两零件同一方向接触面结构

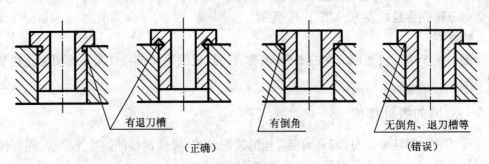

图 9-35　轴与孔配合端面接触结构

封结构。常见的密封装置结构有毡圈密封（图 9-39（a））、填料函结构密封（图 9-39（b））、垫片结构密封（图 9-39（c））等。

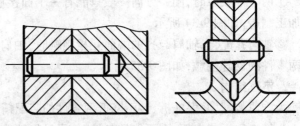

图 9-36　定位结构

9.2.6　画装配图

绘制装配图应按下列步骤进行。

1. 分析部件,确定表达方案

首先对部件的用途、工作原理、装配关系和主要零件的结构特征等作全面的了解和分析。在了解分析的基础上合理地运用各种表达方法,确定装配图的表达方案。在选择表达方案时,尽量按部件的工作位置确定主视图,并使主视图能较多地表达主要的装配关系、主要的装配结构和部件的工作原理等。

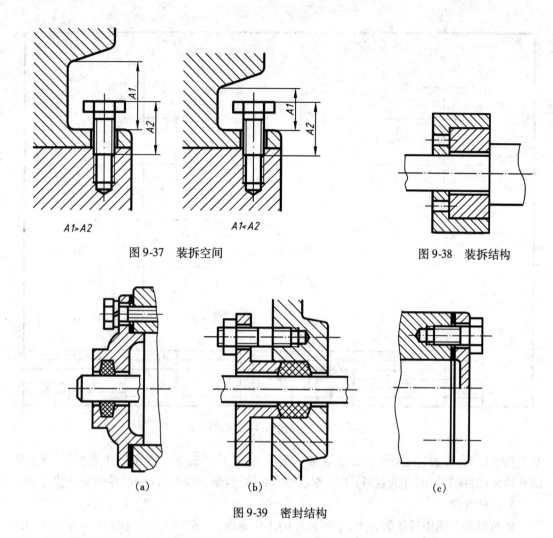

图 9-37　装拆空间

图 9-38　装拆结构

图 9-39　密封结构

在选择的表达方案中,将主要轴线或重要零件的基准面作为画图基准。

2.画装配图

画装配图应按下列步骤进行。

①图面布局。根据部件大小和复杂程度确定画图比例,再根据视图数量选定图幅,然后画出边框、图框、标题栏、明细栏等的底稿线。最后,按表达方案画出各视图的作图基准线。图 9-31 所示齿轮油泵装配图各视图的布局情况如图 9-40 所示。

②画各视图底稿。一般先画主要零件,再根据零件间的装配关系依次画出每个零件。

③标注尺寸,编排零件序号并进行校对。

④加深图线,填写技术要求、明细栏和标题栏等,经全面校核后完成全图。

9.2.7　读装配图

读装配图的目的是通过装配图看懂机器或部件的性能、工作原理、每个零件的基本结构及其在部件中的作用以及各零件的装配关系。读装配图的方法和步骤如下。

1.概括了解

首先了解部件的名称、用途和规格。名称可以从标题栏中读到。用途和规格可以查阅

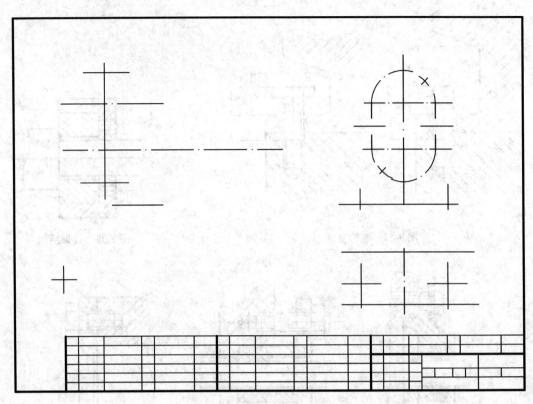

图 9-40　齿轮油泵装配图布局

有关技术资料,或通过实际调查研究获取。然后,通过对照装配图中序号和明细栏,弄清楚部件中标准件、非标准件的数目,了解各零件的名称、数量、材料以及标准件的规格代号等。

2. 分析视图

通过对装配图中视图的分析,了解部件的工作原理,了解主要装配干线中各零件之间的定位、配合和连接关系,了解零件间运动和动力传递方式,并了解部件中润滑、密封方式等。

3. 分析零件

在上述分析了解的基础上,明确各零件在部件中所起的作用,并读懂各零件的结构形状。当零件结构在装配图中表达不完整时,需根据构形分析来确定其形状。

4. 由装配图拆画零件图

在部件的设计中,需要根据装配图拆画零件工作图,简称拆图。拆图时,应先将被拆零件在装配图中的功能分析清楚,根据视图间的投影关系确定零件的结构形状,并将其从装配图中分离出来。然后,根据零件在装配图中的装配关系,结合零件的加工制造方法,确定其工艺结构,如有配合关系的轴肩处应设计砂轮越程槽,在铸造件的非加工表面转角处设计铸造圆角,在螺纹紧固件连接处钻孔需设计凹坑或凸台等结构。最后确定零件的详细结构形状,补齐所缺图线。画零件工作图时,要根据零件图视图表达方法确定表达方案。画出视图后,再按零件图的要求标注尺寸、填写技术要求和标题栏等内容。

5. 读装配图及由装配图拆画零件图举例

以图 9-41 所示旋塞阀为例,读懂部件的工作原理、装配关系、各部分结构形状及各零件的结构形状,并拆画旋塞壳 1 的零件图。

224

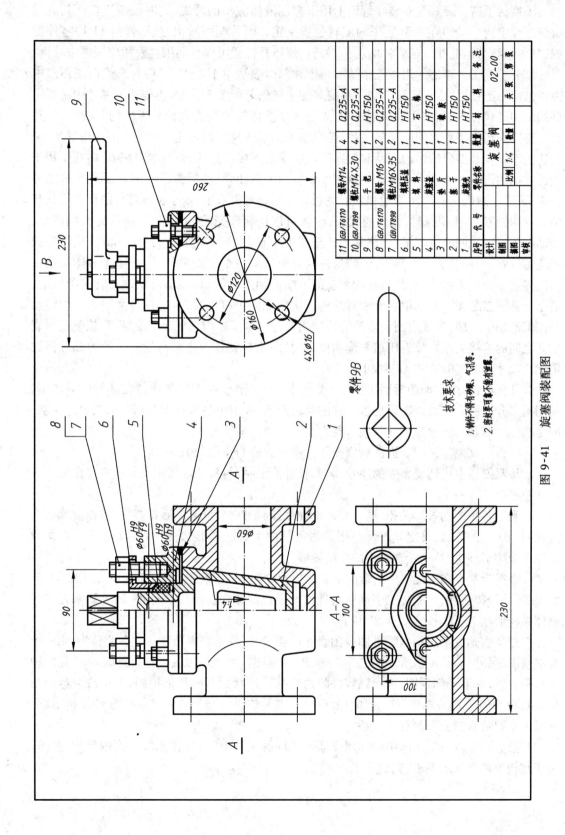

图 9-41　旋塞阀装配图

技术要求

1.铸件不得有裂纹、气孔等。

2.密封要可靠不得有渗漏。

零件9B

11	GB/T6170	螺母M14	4	Q235-A	
10	GB/T898	螺栓M14×30	4	Q235-A	
9		手柄	1	HT150	
8	GB/T6170	螺母M16	2	Q235-A	
7	GB/T898	螺栓M16×35	2	Q235-A	
6		填料压盖	1	HT150	
5		填料	1	石棉	
4		阀盖	1	HT150	
3		垫片	1	橡胶	
2		塞子	1	HT150	
1		阀体座	1	HT150	
序号	代号	零件名称	数量	材料	备注

设计		旋塞阀		02-00
制图				
描图		比例 1:4	数量 1	共 张 第 张
审核				

①概括了解。旋塞是安装在管路上用来控制液体流动的开关,同时控制流量。其流量由旋塞壳中两个 $\Phi 60$ 的孔和塞子的旋转位置决定。由装配图看出,该部件由 11 种零件组成,其中 4 种为标准件。各零件的名称、材料、规格及位置可以从明细栏及相应视图中获得。

②分析视图。该部件用了三个基本视图和一个表达单个零件的"零件9B"向视图。主视图采用半剖视图,重点表达了部件主要装配干线的装配关系,同时也表达了部件中主要零件的结构形状;左视图采用局部剖视图,表达部件整体外形结构和部分零件的结构形状,并表达旋塞壳与旋塞盖之间的连接关系;俯视图采用半剖视图既表达部件的内部结构形状,又表达旋塞壳安装部分的结构形状和旋塞壳与旋塞盖连接部分的形状;"零件9B"向视图用于表达手把的形状。而在主视图和俯视图中则采用了拆卸画法(拆去零件9)。通过对视图的分析,可以了解部件的工作原理和装配关系。从图中可以看出,塞子锥体部分的梯形通孔与旋塞壳两侧 $\Phi 60$ 孔相通时,为开通状态,液体可以从旋塞壳的一侧流入,而从另一侧流出。转动塞子可以控制液体流量,当将塞子转至图中位置时,为关闭状态,液体截流。从装配图中还可以看出,旋塞盖与旋塞壳连接时,在接合面处加一个密封垫片,用于防止液体从该接合面渗漏。为便于垫片的固定,在旋塞盖的下端面加工一子口,装配时将垫片套在子口上。塞子与旋塞盖之间应采用填料函密封结构。从装配图中可以看出,部件的运动关系为转动手把带动塞子运转,实现启闭。双头螺柱连接部分分别反映填料压盖与旋塞盖、旋塞盖与旋塞壳之间的连接关系。填料压盖与旋塞盖之间、塞子与旋塞盖之间有配合关系的部分标注了配合尺寸,如 $\Phi 60 H9/f9$ 和 $\Phi 60 H9/h9$。

③分析零件,由装配图拆画零件图。通过分析、了解装配图中各零件在部件中的作用,采用构形分析的方法可以确定出各零件的轮廓形状,并根据各零件的作用及加工制造要求,确定其结构形状和各部分尺寸与技术要求。

④拆画旋塞壳零件图。拆画旋塞壳零件图的方法与步骤如下。

a. 从明细栏中找到旋塞壳的序号、名称及有关说明,再从装配图中找到该零件在装配图中的位置。

b. 利用各视图的投影关系、同一零件剖面线倾斜方向和间隔一致的规定,找出旋塞壳在各视图中对应的投影,确定其轮廓范围及该零件的大致结构形状,如图 9-42 所示。根据投影原理及构形理论,补全轮廓图中缺少的图线。

c. 根据旋塞壳在装配图中的装配关系,结合该零件加工制造过程,确定其工艺结构,例如,该零件为铸造件,各非加工表面转角处均应设计成圆角。经综合分析,确定旋塞壳零件整体结构形状。

d. 选择表达方案。根据零件图视图表达的要求,将旋塞壳视图表达方案调整为:用一个基本视图,另外选用"A"局部向视图和"B—B"剖视图。主视图取其工作位置即 $\Phi 60$ 孔的轴线水平放置,并取半剖视图,表示该零件的内部结构形状;"B—B"剖视图,表示法兰盘的结构形状和 $\Phi 16$ 孔的分布情况;"A"向局部视图,表示该零件与旋塞盖连接部分的结构形状,同时表示螺纹孔的分布位置。

e. 根据该零件在装配体中的作用及加工零件的工艺要求,标注出零件图的尺寸、公差、表面结构要求等技术要求,完成全图。

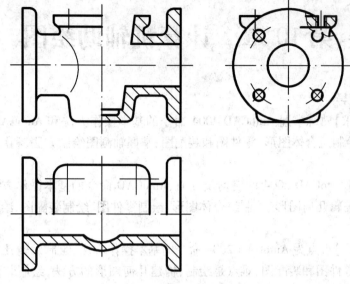

图 9-42　旋塞壳轮廓图

旋塞壳零件图如图 9-43 所示。

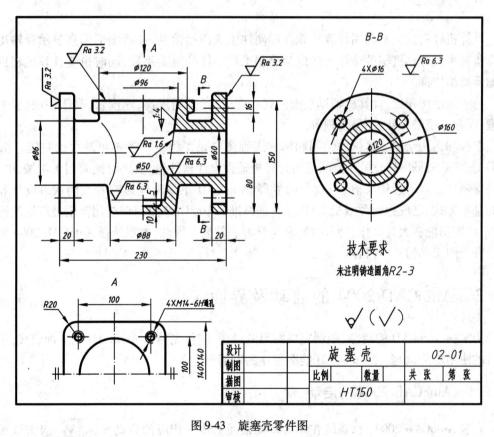

图 9-43　旋塞壳零件图

第 10 章　计算机辅助绘图

本章学习指导

【目的与要求】熟练掌握 AutoCAD 2004 命令的基本操作方法和 AutoCAD 的基本命令；利用 AutoCAD 绘制组合体图形、零件图和装配图；掌握轴测图绘制方法，利用 AutoCAD 构建三维实体。

【主要内容】AutoCAD 2004 的启动及界面、AutoCAD 命令的基本操作方法、AutoCAD 的基本命令、绘制编辑几何图形、绘制组合体图形、绘制零件图、绘制装配图、绘制轴测图、构建三维实体。

【重点与难点】重点为 AutoCAD 2004 命令的基本操作方法、绘制编辑几何图形、绘制组合体图形、绘制零件图和装配图；难点是绘制、构建几何图形的方法，绘制装配图，构建三维实体。

10.1　概述

计算机辅助绘图是利用计算机软件和硬件生成图形信息，并将图形信息显示及输出的计算机技术。计算机辅助绘图已经成为绘制工程图样的重要手段，同时也是计算机辅助设计的重要组成部分。

与手工绘图相比，计算机辅助绘图的优点在于：绘图精度高，速度快，易于修改、复制和管理，保存及携带方便，不易污损等。

掌握和运用绘图工具软件绘制和构建工程图样是工程设计者不可缺少的技能。AutoCAD 是美国 Autodesk 公司开发的通用计算机辅助设计软件包，被广泛地应用于机械、电子、建筑等领域。随着近年来整个 PC 业的发展，AutoCAD 正深刻地影响着人们从事设计和绘图的基本方式，已成为一种微机 CAD 系统的标准。AutoCAD 是目前应用范围最广泛的绘图软件，绘图功能强大且操作方便快捷、易于学习和掌握。因此，本章选择 AutoCAD 2004 版作为一种绘图工具的教学内容。

10.2　AutoCAD 2004 的启动及界面

为掌握 AutoCAD 的精髓，顺利完成图形的绘制，应首先熟悉 AutoCAD 的界面组成，了解窗口的使用功能，学会与 AutoCAD 绘图程序的对话。

10.2.1　AutoCAD 2004 的启动

安装 AutoCAD 2004 后，系统在 Windows 桌面上建立相应的启动图标，双击该图标即可启动 AutoCAD 2004。

启动后，出现 Select template 对话框，如图 10-1 所示。在该对话框内从名称栏中用鼠标

228

双击 acad. dwt 文件,然后用鼠标左键单击 [Open] 按钮建立新图,即可进入 AutoCAD 2004 的主界面,如图 10-2 所示。

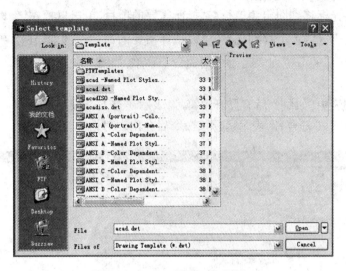

图 10-1　Select template 对话框

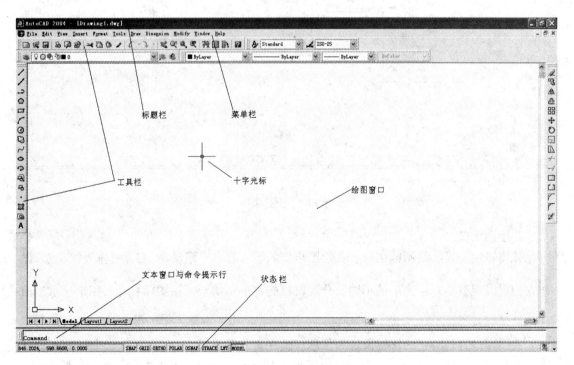

图 10-2　AutoCAD 2004 主界面

10.2.2　AutoCAD 2004 的主界面及其基本操作

AutoCAD 2004 的主界面包括位置固定的菜单栏、绘图窗口、文本窗口与命令提示行、状态栏以及可随意开关和移动的工具栏等。

1. 菜单栏

菜单栏 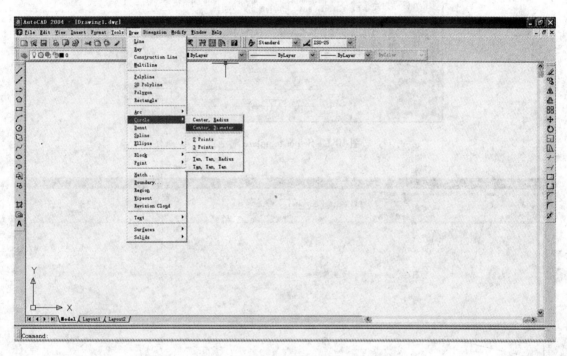 File Edit View Insert Format Tools | Draw Dimension Modify Window Help 位于界面的上部,这些固定菜单包括了 AutoCAD 的大部分命令。

使用鼠标将光标移到固定菜单行,选择所需要的项目,单击鼠标左键,即出现下拉列表。在所选的下拉列表区内上下移动光标,可以选择需要的命令。例如,在菜单栏单击 Draw 按钮,对应该按钮出现的下拉列表是绘图用的命令菜单,如图 10-3 所示。

特别提示:

①在下拉列表中,如命令后有黑三角符号,表示还有下一级菜单。

②命令后有"…"符号者,表示运行该命令后会出现对话框。

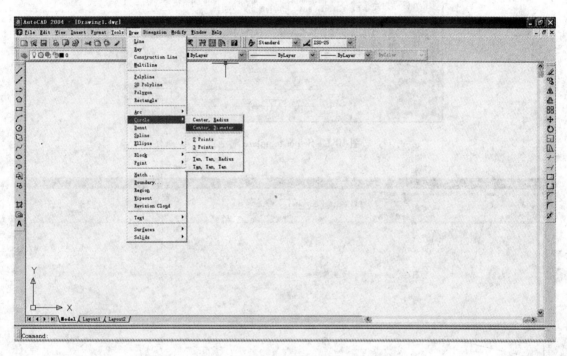

图 10-3　下拉菜单

2. 绘图窗口

该窗口用于显示绘制的图形。在绘图窗口的下方有水平滚动条,右方有垂直滚动条,操作它们可以观察窗口中图形的不同部分。窗口的左下角是坐标系图标 ,用于显示当前使用的坐标系统。

绘图窗口背景颜色的缺省设置为黑色。改变背景颜色的方法:在菜单栏中鼠标左键依次单击 Tools(工具)→Options(选项)对话框→Display(显示)选项卡(图 10-4)→Colors…(颜色)按钮→Color Options(颜色选项)对话框(图 10-5),在其中的 Color 下拉列表中选择所需的背景颜色。

特别提示:本章中符号"→"表示"下一步"的意思。

3. 命令提示窗口

该窗口在绘图窗口的下方,以"Command:"为提示符等待接受命令,并显示所执行命令

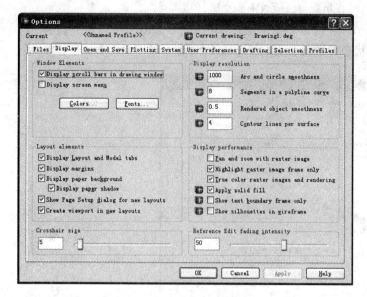

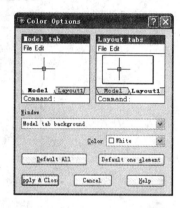

图 10-4　Options 对话框　　　　　　　　　图 10-5　Color Options 对话框

的提示信息。如需要显示较多信息时，按功能键 F2 切换到文本窗口。

4. 状态栏

状态栏位于界面的最底部，用来显示 AutoCAD 当前的状态，如显示光标的坐标值、命令和按钮的说明等，如图 10-6 所示。

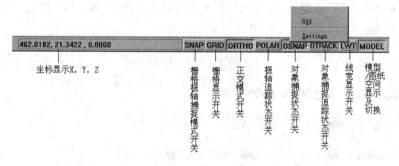

图 10-6　AutoCAD 2004 状态栏

单击状态按钮，即可进行状态开关操作。

坐标显示：在绘图窗口中移动光标时，状态栏的"坐标"区动态显示光标的坐标值。坐标显示取决于所选择的模式和程序中运行的命令，有"相对"、"绝对"和"无"三中模式之分。

对象捕捉状态开关：快捷键为 F9。打开此开关，光标只能在 X 轴、Y 轴或极轴方向移动固定距离。

栅格显示开关：快捷键为 F7。打开此开关，屏幕上布满小点，栅格的 X 轴和 Y 轴之间的距离可由"草图设置"对话框的"捕捉和栅格"选项设置。

正交模式开关：快捷键为 F8。打开此开关，移动光标只能绘制垂直或水平直线。

对象捕捉追踪状态开关：快捷键为 F3。绘图时可利用对象捕捉功能，自动捕捉决定几何对象形状和方位的关键点，以便准确绘图。

231

线宽显示开关:打开此开关,可在屏幕上显示图形线宽。

用鼠标左键单击菜单中的 Setting(设置)选项,弹出 Drafting Settings(状态参数设置)对话框,根据对话框中的选项进行状态参数的设置,如图 10-7 所示。

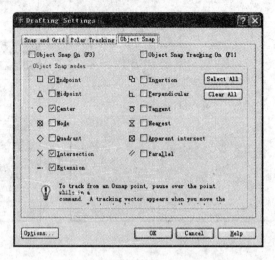

图 10-7　Drafting Settings 对话框

5.工具栏

工具栏是各类操作命令形象直观的显示形式。单击工具栏中的命令图标按钮即可启动命令。AutoCAD 2004 中共有 24 个预置的工具栏。最常用的有 Standard Toolbar(标准工具栏)、Object properties(对象特性)工具栏、Draw(绘图)工具栏、Modify(修改)工具栏和 Dimension(尺寸标注)工具栏等,如图 10-8 所示。

图 10-8　最常用的工具栏

各种命令被分类放在不同的工具栏中,工具栏可以根据需要打开、关闭和移动。调出工具栏的操作方法有两种。

①在菜单栏,用鼠标左键单击 View(视图)按钮,出现与其对应的下拉菜单,从中拾取 Toolbars…(工具栏)选项,弹出如图 10-9 所示的 Customize 对话框。用鼠标左键单击 Customize 对话框中的 Toolbars 工具栏选项,在工具栏名称前的"□"中单击鼠标左键,"□"中出现"∨",该工具栏即出现在绘图窗口。

②移动光标到工具栏中任意位置,单击鼠标右键即可弹出图 10-10 所示的 Toolbars 菜单,用鼠标左键单击选项,选项前出现"∨",则该命令项的工具栏在窗口中被打开。

在图 10-10 所示的 Toolbars 菜单中有"Customize…"选项,单击此选项,可弹出图 10-9

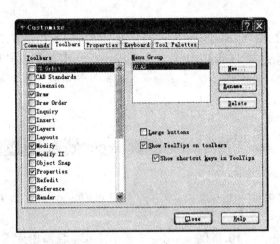

图 10-9　Customize 对话框　　　　　　　图 10-10　Toolbars 菜单

Customize 对话框,用户可以根据自己的需要设置工具栏中的命令按钮的组合,如删掉默认工具栏中的按钮,在默认工具栏中增加新的按钮,生成一个新的工具栏等。具体方法略。

　　移动工具栏的方法是用鼠标左键点住工具栏中非按钮部位的某一点拖动。一般是将常用的工具栏置于绘图窗口的四周。

10.3　AutoCAD 2004 命令的基本操作方法

　　AutoCAD 的各种功能都是通过运行相应的命令实现的。运行 AutoCAD 命令的要点是,掌握命令的启动方法及数据的输入方法,按照命令提示信息进行操作。

10.3.1　鼠标的操作

　　用 AutoCAD 绘图时,鼠标是主要的操作工具。在绘图区域内,单击鼠标左键的作用为"拾取",单击鼠标右键的作用为"Enter(回车)"。

10.3.2　命令启动方法

　　一般情况下,当在命令提示窗口中出现"Command:"提示符后,便可以启动新的命令。启动命令的方法常用的有以下 4 种。

1.单击工具栏中的命令图标按钮
单击命令图标按钮是最方便的命令启动方式,多数命令可以用这种方法启动。

2.单击下拉菜单
工具栏中没有的命令可以单击下拉菜单启动,如 Save As…命令。

3.键盘输入
在命令行 Command:后输入英文命令名,然后按 Enter 键,如 Mvsetup 命令。

233

4. 重复命令

通过按 Space(空格)键、Enter 键或鼠标右键来重复启动上一个命令。

特别提示:当运行中的命令需要中断而退出时,按下键盘上的 Esc 键即可实现。

10.3.3　参数输入方法

当 AutoCAD 的一条命令被调用时,通常还需要提供某些附加信息,用来指明执行操作的方式、位置和对象等。在需要输入信息时,AutoCAD 会在命令提示行给出某些选项和数据作为提示,操作者必须输入一定的参数,以便继续运行该命令,直至命令完成。下面是运行画圆命令的命令提示及参数输入情况。

操作方法如下:

在菜单栏:鼠标左键选中菜单栏 Draw 下拉列表中的 Circle 选项的 Center, Radius。

在工具栏:鼠标左键单击 ⊙ 按钮,系统显示:

Command:_circle Specify center point for circle or [3P/2P/Ttr(tan tan radius)]:100,90 ↙(输入圆心的绝对直角坐标100,90)

Specify radius of circle or [Diameter]<10.0000>:d↙(选择输入直径画圆方式)

Specify diameter of circle <20.0000>:40↙(输入直径数值,画出直径为40的圆)

Command:(画圆命令结束)

特别提示:本章中符号"↙"表示"回车"。"( )"中的楷体文字为说明文字,不输入。

在命令提示行中,方括号"[　]"前的提示为命令运行的默认方式,方括号"[　]"中为命令其他运行方式的选项,两个选项之间有"/"分隔。各选项中的数字和大写字母表示选项的缩写形式,为选择该选项需要输入的内容,如"[3P/2P/Ttr(tan tan radius)]"。"〈　〉"中的数字为缺省值。

1. 单一数值输入

用键盘上的数字键输入后按 Enter 键。如上例中输入的圆的直径40。

2. 指定点坐标的输入

(1)鼠标输入

利用鼠标将光标移至绘图区中的某点,单击鼠标左键拾取该点。利用鼠标输入往往借助于目标捕捉方式。

(2)键盘输入

直接输入点坐标后,按 Enter 键或 Space 键。

AutoCAD 接受三维点坐标(x,y,z),如果绘制平面图,用户可以省略 z 值。

AutoCAD 中常用的点坐标的形式有:

①绝对直角坐标$(x,y[,z])$,它是相对于坐标原点的坐标。例如上例中输入圆心的坐标$(100,90)$,实际输入时不加小括号。

②绝对极坐标(距离<角度),它也是相对于坐标原点的坐标。系统缺省设置以 X 轴正向为0°,逆时针方向角度值为正。如$(10<45)$,实际输入时不加小括号。

③相对直角坐标系$(@\triangle x,\triangle y[,\triangle z])$,它是相对于前一点的坐标。例如$(@6,9)$,实际输入时不加小括号。

④相对极坐标(@距离<角度),它也是相对前一点的坐标值。例如$(@10<60)$,实际

输入时不加小括号。

3. 命令选项输入

按命令提示行方括号中命令选项的缩写形式从键盘输入。例如上例中选择直径画圆方式,输入 d。

10.4 AutoCAD 2004 的基本命令

在此介绍预置的绘图工具栏、预置的修改工具栏、显示控制命令、目标捕捉命令、图层操作命令及预置的标准工具栏等。

10.4.1 Draw(绘图)工具栏

预置的绘图工具栏包括了主要的二维绘图命令,是二维绘图的常用工具。其中各命令的功能及常用操作见表 10-1。

表 10-1　Draw 工具栏的命令及其操作

图标	命令	功能	参数及常用操作
	line	画直线段	起点→第二点→…↙。连续画两条及以上线段后输入 c↙可画封闭图形
	xline	画参照线	起点→第二点→…↙。H 水平/ V 垂直/ A 角度/ B 二等分/ O 偏移
	mline	画平行线	起点→第二点→…↙。J 对正/ S 比例/ ST 样式
	pline	画多段线	起点→第二点→…↙。A 圆弧/ C 闭合/ H 半宽/ L 长度/ W 宽度
	polygon	画正多边形	边数→中心点→I 内接/ C 外切→圆半径
	rectangle	画矩形	第一个角点→另一个对角点
	arc	画圆弧	①起点→第二点→终点;②CE 圆心→起点→终点
	circle	画圆	①圆心→半径/ D 直径;②3P 三点;③2P 两点;④T 两切线及半径
	spline	画样条曲线	起点→控制点→…→终点↙
	ellipse	画椭圆	一条主轴端点/ C 中心点→该主轴另一端点→另一条半轴长度
	insert	插入块	弹出"Insert"对话框
	block	创建块	弹出"Block Definition"对话框
	point	画多个点	指定点→…→Esc
	hatch	图案填充	弹出"Boundary Hatch"对话框
	region	创建面域	选择封闭图形创建面域
	mtext	输入多行文字	点取两对角点,确定文字书写边界后弹出"Multiline Text Editot"对话框

注:表中"→"表示下一步,"↙"表示回车。

例 10-1　绘制图 10-11 所示的图形。

(1)用 Circle 命令画圆

操作方法如下:

在菜单栏:鼠标左键选中菜单栏 Draw 下拉列表中的 Circle 选项的 Center, Radius

在工具栏:鼠标左键单击 ⊘ 按钮,系统显示:

Command：_ circle

Specify center point for circle or [3P/2P/Ttr (tan tan radius)]：100,90✓（指定圆心或选择[三点(3P)/两点(2P)/切点 切点 半径(T)]:输入圆心坐标）

Specify radius of circle or [Diameter] <0.0000>:50✓（输入圆的半径或[直径(D)]:输入圆的半径）

（2）用 Polygon 命令画外切正六边形

操作方法如下：

在菜单栏：鼠标左键选中菜单栏 Draw 下拉列表中的 Polygon 选项

在工具栏：鼠标左键单击 ⬠ 按钮，系统显示：

Command：_ polygon

Enter number of sides <4>：6✓（输入多边形的边数<4>:）

Specify center of polygon or [Edge]：（指定多边形的中心点或[边]，捕捉 Φ100 圆的圆心）

Enter an option [Inscribed in circle/Circumscribed about circle] <I>：c✓（输入选项[内接于圆(I)/外切于圆(C)]，选择外切于圆）

Specify radius of circle：50✓（指定圆的半径）

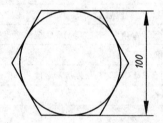

图 10-11　正六边形与内切圆

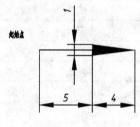

图 10-12　箭头

例 10-2　绘制图 10-12 所示的箭头。

用 Pline 命令绘制。

操作方法如下：

在菜单栏:鼠标左键选中菜单栏 Draw 下拉列表中的 Polyline 选项

在工具栏:鼠标左键单击 ⤵ 按钮，系统显示：

Command：_ pline

Specify start point：300,150✓（输入起始点坐标:）

Current line-width is 0.0000（提示当前线宽为0）

Specify next point or [Arc/Close/Halfwidth/Length/Undo/Width]：@5,0✓（指定下一个点或选择[圆弧(A)/闭合(C)/半线宽(H)/长度(L)/取消(U)/线宽(W)]:输入下一个点的坐标,也可以选择输入长度L）

Specify next point or [Arc/Close/Halfwidth/Length/Undo/Width]：w✓（选择输入线宽）

Specify starting width <0.0000>：1✓（输入起始点的线宽值）

Specify ending width <1.0000>：0✓（输入终点的线宽值）

Specify next point or [Arc/Close/Halfwidth/Length/Undo/Width]：@4,0✓（输入箭头头

部点的相对坐标,也可以选择输入长度 *L*)

  Specify next point or ［Arc/Close/Halfwidth/Length/Undo/Width］: ↙(退出命令)

  例 10-3 绘制图 10-13 所示的图形。

  (1)用 Line 命令绘制线段 *AB*、*BC*、*CD*

操作方法如下:

  在菜单栏:鼠标左键选中菜单栏 `Draw` 下拉列表中的

`Line` 选项

  在工具栏:鼠标左键单击 ／ 按钮,系统显示:

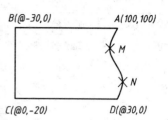

图 10-13 用 Line、Spline 命令
绘制图形

Command: _ line

  Specify first point: 100,100 ↙(输入 *A* 点坐标)

  Specify next point or ［Undo］: @ −30,0 ↙(输入 *B* 点相对坐标)

  Specify next point or ［Undo］: @0, −20 ↙(输入 *C* 点相对坐标)

  Specify next point or ［Close/Undo］: @30,0 ↙(输入 *D* 点相对坐标)

  Specify next point or ［Close/Undo］: ↙(退出 Line 命令)

  (2)用 Spline 命令绘制样条曲线 *AMND*

操作方法如下:

  在菜单栏:鼠标左键选中菜单栏 `Draw` 下拉列表中的 `Spline` 选项

  在工具栏:鼠标左键单击 ～ 按钮,系统显示:

Command: _ spline

  Specify first point or ［Object］: 100,100 ↙(指定第一个点或 ［对象(O)］,输入 *A* 点坐标)

  Specify next point:(指定下一点,用鼠标在屏幕上拾取 *M* 点)

  Specify next point or ［Close/Fit tolerance］ <start tangent>:(指定下一点或 ［闭合(C)/拟合公差(F)］ <起点切向>,用鼠标在屏幕上拾取 *N* 点)

  Specify next point or ［Close/Fit tolerance］ <start tangent>:(指定下一点或 ［闭合(C)/拟合公差(F)］ <起点切向>,用鼠标在屏幕上捕捉拾取 *D* 点)

  Specify next point or ［Close/Fit tolerance］ <start tangent>: ↙(指定下一点或 ［闭合(C)/拟合公差(F)］ <起点切向>,回车,退出 Spline 命令)

  Specify start tangent: ↙(指定起点切向,回车,退出 Spline 命令)

  Specify end tangent: ↙(指定终点切向,回车,退出 Spline 命令)

10.4.2 Modify(修改)工具栏

  图形修改是指对已有的图形对象进行删除、复制、移动、旋转、缩放、参数的修改等操作。预置的 Modify 工具栏包含了大部分图形修改命令,同样是绘图的常用工具,其中各命令的功能及常用操作见表 10-2。

表 10-2　Modify 工具栏的命令及其操作

图标	命令	功能	参数及常用操作
	erase	删除对象	选择对象↙
	copy	创建复制对象	选择对象↙指定基点→指定位移的第二点
	mirror	创建镜像对象	选择对象↙指定镜像线的第一点→ 指定镜像线的第二点↙
	offset	创建等距对象	指定偏移距离↙选择要偏移的对象↙在要偏移的一侧拾取点↙
	array	创建阵列对象	选择对象↙阵列类型↙矩形(行列数)/环形(中心点、数目、角度)
	move	移动对象	选择对象↙指定基点→指定位移的第二点
	rotate	旋转对象	选择对象↙指定基点→指定旋转角度↙
	scale	放大缩小对象	选择对象↙指定基点→指定比例因子↙
	stretch	移动拉伸对象	以交叉窗口选择对象↙指定基点→指定位移的第二点
	lengthen	拉长对象	选择拉长方式↙输入参数↙选择要拉长的对象→…↙
	trim	剪切对象	选择剪切边↙选择要修剪的对象→…↙
	extend	延伸对象	选择延伸边界↙选择要延伸的对象→…↙
	break	部分删除对象	拾取对象上第一个打断点→指定第二个打断点
	chamfer	给对象加倒角	d↙输入倒角距离↙选择需倒角的第一边→选择需倒角的第二边
	fillet	给对象加圆角	r↙输入圆角半径↙选择需圆角的第一边→选择需圆角的第二边
	explode	分解组合对象	选择对象↙

注:表中"→"表示下一步,"↙"表示回车。

　　修改命令的操作一般分为两部分:选择修改对象和对选择的对象进行修改操作。

　　在修改命令执行过程中,当需要选择目标时,命令提示区会出现提示:"Select objects:"(选择对象),同时光标变成一个小方框,等待拾取图形对象。

　　AutoCAD 提供了拾取对象的多种方法,常用的有以下四种。

　　①直接点取。将光标移动到目标上的任意一点,单击鼠标左键拾取。

　　②窗口方式。单击鼠标左键拾取确定窗口的左右两个对角点,位于矩形窗口内的所有对象即被拾取。

　　③全部拾取。在"Select objects:"提示下键入"all",即可拾取全部对象。

　　④取消选择。在"Select objects:"提示下键入"U"(Undo),可取消最近一次拾取的目标。

　　在完成对修改对象的选择之后,按鼠标右键(或 Enter 键)即可退出选择,修改命令继续执行修改操作。

　　修改工具栏包括了主要的修改命令,是绘图的常用工具。其中各命令的功能及常用操作见表 10-2。

　　例 10-4　绘制图 10-14 所示图形。

　　(1)用 Circle 命令画圆

　　操作方法如下:

　　在菜单栏:鼠标左键选中菜单栏 [Draw] 下拉列表中的

图 10-14　用 Array 命令绘图

　　[Circle ▶] [Center, Radius] 选项。

在工具栏:鼠标左键单击⊘按钮,系统显示:

Command:_circle Specify center point for circle or [3P/2P/Ttr(tan tan radius)]:100,100✓(输入圆心坐标)

Specify radius of circle or [Diameter]:20✓(输入圆半径)

(2)用 Polygon 命令画三角形

操作方法如下:

在菜单栏:鼠标左键选中菜单栏 Draw 下拉列表中的 Modify 选项。

在工具栏:鼠标左键单击⬠按钮,系统显示:

Command:_polygon Enter number of sides <4>:3✓(输入三角形边数)

Specify center of polygon or [Edge]:100,110✓(输入三角形中心坐标)

Enter an option [Inscribed in circle/Circumscribed about circle]<I>:c✓(选择外切于圆的方式)

Specify radius of circle:3✓(输入内切圆半径)

(3)用 Array 命令圆形阵列

操作方法如下:

在菜单栏:鼠标左键选中菜单栏 Modify 下拉列表中的 Array... 选项。

在修改工具栏:鼠标左键单击⊞按钮,系统显示:

Command:_array

Select objects:1 found(用鼠标左键拾取三角形)

Select objects:✓(退出对象选择)

Enter the type of array [Rectangular/Polar]<R>:p✓(选择圆形阵列方式)

Specify center point of array:100,100✓(输入圆形阵列中心坐标)

Enter the number of items in the array:5✓(输入阵列中三角形的个数)

Specify the angle to fill(+=ccw,-=cw)<360>:✓(使用缺省值360°,在整个圆周上阵列)

Rotate arrayed objects?[Yes/No]<Y>:✓(阵列对象三角形阵列同时是否加以旋转,使用缺省值,选择旋转)

例 10-5 绘制图 10-15 所示图形。

(1)用 Rectangle 命令画矩形

操作方法如下:

在菜单栏:鼠标左键选中菜单栏 Draw 下拉列表中的 Rectangle 选项。

在工具栏:鼠标左键单击▭按钮,系统显示:

Command:_rectangle

Specify first corner point or [Chamfer/Elevation/Fillet/Thickness/Width]:180,100✓(指定矩形左下角点坐标)

Specify other corner point:@60,40✓(输入矩形右上角点的相对坐标)

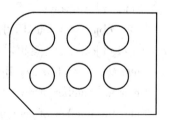

图 10-15 用 Array、Fillet、Chamfer 命令绘图

（2）用 Fillet 命令画圆角

操作方法如下：

在菜单栏：鼠标左键选中菜单栏 Modify 下拉列表中的 Fillet 选项。

在修改工具栏：鼠标左键单击 ⌐ 按钮，系统显示：

Command： _ fillet

Current settings：Mode = TRIM, Radius = 10.0000（提示当前圆角半径为 10）

Select first object or ［Polyline/Radius/Trim］:（用鼠标左键拾取矩形的上边,利用当前圆角半径 10 画圆角）

Select second object:（用鼠标左键拾取矩形的左边）

（3）用 Chamfer 命令画倒角

操作方法如下：

在菜单栏：鼠标左键选中菜单栏 Modify 下拉列表中的 Chamfer 选项。

在工具栏,鼠标左键单击 ⌐ 按钮,系统显示：

Command： _ chamfer

（TRIM mode）Current chamfer Dist1 = 10.0000, Dist2 = 10.0000（提示当前倒角距离均为 10）

Select first line or ［Polyline/Distance/Angle/Trim/Method］:（用鼠标左键拾取矩形的左边,利用当前倒角距离 10 画倒角）

Select second line:（用鼠标左键拾取矩形的下边）

（4）在矩形左上角画小圆

Command： _ circle Specify center point for circle or ［3P/2P/Ttr（tan tan radius）］:195, 130 ↙（输入小圆圆心）

Specify radius of circle or ［Diameter］ <10.0000>:5 ↙（输入小圆半径）

（5）用 Array 命令做矩形阵列

操作方法如下：

在菜单栏：鼠标左键选中菜单栏 Modify 下拉列表中的 Array... 选项。

在修改工具栏：鼠标左键单击 ⊞ 按钮,系统显示：

Command： _ array

Select objects：1 found（用鼠标左键拾取小圆）

Select objects：↙（退出对象选择）

Enter the type of array ［Rectangular/Polar］ <P>：r ↙（选择矩形阵列方式）

Enter the number of rows（ - - - ） <1>：2 ↙（输入矩阵行数）

Enter the number of columns（ ||| ） <1> 3 ↙（输入矩阵列数）

Enter the distance between rows or specify unit cell（ - - - ）：-15 ↙（输入矩阵行间距,注意,负值表示沿坐标轴的负向阵列）

Specify the distance between columns（ ||| ）：15 ↙（输入矩阵列间距）

10.4.3　显示控制命令

显示控制命令提供了改变屏幕上图形显示方式的方法,以利于操作者观察图形和方便作图。显示控制命令不能改变图形本身,改变显示方式后,图形本身在坐标系中的位置和尺寸均未改变。

常用的显示控制命令在 View 下拉菜单和 Standard 工具栏中,如图 10-16、图 10-17 所示。

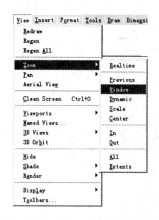

图 10-16　View 下拉菜单中的
显示控制命令

图 10-17　Standard 工
具栏中的显示控制命令

1. 图形缩放命令

图形缩放命令可以在不改变绘图原始尺寸的情况下,将当前图形显示尺寸放大或缩小。放大可以观察图形局部细节,缩小可以观察大范围图形。该命令为透明命令,既可以单独运行,也可以在执行其他命令的过程中运行,不会中断原有的命令。

Window(窗口放大),通过确定一个矩形窗口的两个对角点来指定需要放大的区域。通常,窗口的两个对角点由鼠标左键拾取。

Realtime(实时缩放),调用命令后按住鼠标左键向上方拖动可以放大图形,按住鼠标左键向下方拖动可以缩小图形。

All(全图显示),按照设定的绘图范围显示全图。

Extents(范围放大),图形中所有对象全部被显示并尽可能被放大,图形中未被占用的空白区域不在显示范围内。

Previous(前一个显示),恢复到前一个显示状态。

2. 图形平移命令

Pan(实时拖动),调用命令后,按住鼠标左键可以移动整个图形,相当于移动图纸,借以观察图纸的不同部分。PAN 命令也是透明命令。

3. Redraw(重画)命令

Redraw 命令可以将屏幕上的图形重画,消除图面上不需要的标志符号或重新显示因编辑而产生的某些对象被抹掉的部分(实际图形存在)。

在菜单栏:鼠标左键单击 View→Redraw。

4. Regen(重新生成)命令

Regen 命令可以将屏幕上的图形重新计算并调整分辨率,再显示在屏幕上。在图形缩放(ZOOM)后圆、椭圆或弧有时会以多边形显示,使用 REGEN 命令可以恢复原来形状。

在菜单栏:鼠标左键单击 View→Regen

10.4.4 目标捕捉

目标捕捉是指将点自动定位到图中相关的关键点上,它是 AutoCAD 中准确定位的方法,对提高作图精度和速度有很大帮助。

1.捕捉模式的设置

AutoCAD 提供的捕捉模式及其标记如图 10-18 所示。

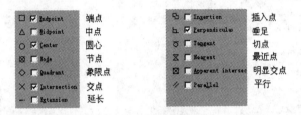

图 10-18 目标捕捉模式

操作方法如下:

在状态栏:鼠标右键单击状态栏中的 OSNAP→Settings...,调出 Drafting Settings 对话框,如图 10-7 所示。在其中的 Object Snap 选项卡中,左键单击捕捉模式的名称文字或文字前面的小方框,方框中出现"∨"时表示该捕捉模式被选中,再次单击则撤销选择。可以同时选择多种捕捉模式,选择完毕后点"OK"确认。

2.目标捕捉标记的调整

目标捕捉标记的颜色和大小可以调整,单击图 10-7 所示 Drafting Settings 对话框中的 Options 按钮,调出 Options 对话框,在其中的 Drafting 选项卡中进行设置,如图 10-19 所示。

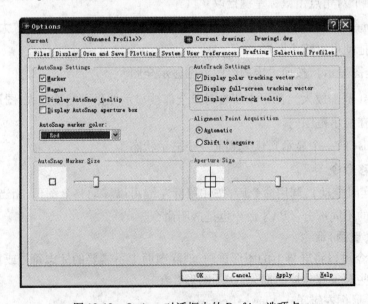

图 10-19 Options 对话框中的 Drafting 选项卡

3.目标捕捉模式的调用

目标捕捉模式的调用有以下两种方式。

（1）固定捕捉方式

在状态栏：按下状态区中的 OSNAP 按钮，即进入目标捕捉状态。在提示输入点时，随着光标的移动，系统会按设置的捕捉模式自动进行捕捉并显示目标捕捉标记，直到退出目标捕捉状态为止。

（2）临时指定目标捕捉方式

在系统提示输入点时，启动目标捕捉命令，即进入临时指定目标捕捉方式，所选捕捉模式仅在该次命令中有效。

单击 Object Snap 工具栏中的命令图标按钮，即可启动不同模式的目标捕捉命令，如图 10-20 所示。

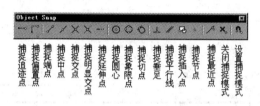

图 10-20　Object Snap 工具栏

10.4.5　图层操作

可以把图层理解为透明纸，将图形中不同类型的图形元素画在不同的图层上，这些图层叠加在一起就形成一个完整的图形。可以设定图层的颜色、线型和线宽以及设定图层的打开/关闭、冻结/解冻、锁定/解锁等状态。

当开始绘新图时，系统只有一个名字为 0 的图层，该图层不能删除或更名，它含有与图块有关的一些特殊变量。

1.设置图层命令 Layer

操作方法如下：

在菜单栏：鼠标左键选择 Format （格式）下拉列表的 Layer...（图层）。

在工具栏：左键单击 🍂 ♀️○●✿️🏙️■ 0 ⬇️ Object Properties（对象特性工具栏）中的按钮 🍂 。

在命令行：Command：后用键盘输入命令 Layer。

功能：创建新图层，设定当前层，删除图层、设定图层状态（打开/关闭、冻结/解冻、锁定/解锁、打印/不打印等），设定图层的颜色、线型和线宽等。

执行命令后，AutoCAD 系统弹出 Layer Properties Manager（图层特性管理器）对话框，如图 10-21 所示。在该对话框中，通过操作功能按钮可生成新图层，设定当前层，删除图层、设定图层状态（打开/关闭、冻结/解冻、锁定/解锁、打印/不打印等），设定图层的颜色、线型和线宽等。

（1）创建新图层

鼠标左键点 New（新建） New 按钮，可设置新图层。用户可以自己定义图层名，图层名可以用线型名定义，如"粗实线"、"细实线"、"点画线"、"虚线"等；也可以用图层上绘制的内容定义，如"尺寸"、"文本"、"剖面线"等。

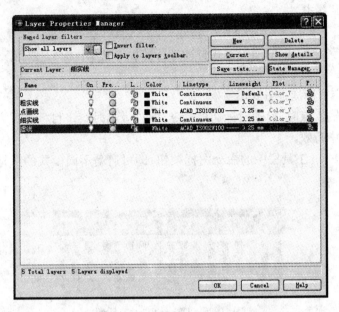

图 10-21　Layer Properties Manager 对话框

（2）删除图层

选中某图层后,单击 Delete（删除）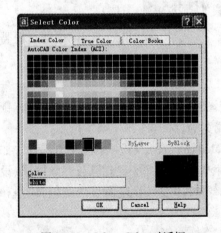 按钮,可以删除该图层。

（3）设置当前图层

选中某图层后,单击 Current（当前）[Current] 按钮,设置该图层为当前图层;单击 Show details（显示细节）[Show details] 按钮,则显示该图层的详细特性。

（4）设置图层颜色

在某一图层上,单击表示图层颜色的小方框或颜色的名称 ■White ,即可从弹出的 Select Color（选择颜色）对话框中选择颜色,选中后单击"OK",如图 10-22 所示。

图 10-22　Select Color 对话框

图 10-23　Select Linetype 对话框

（5）设置图层的线型

在某一图层上,单击线型的名称,如"Continuous"、"DASHED2"等,弹出图 10-23 所示的

Select Linetype(选择线型)对话框,可以在其中选择线型。若该对话框中没有所需的线型,则单击 Load(加载)按钮,弹出图 10-24 所示的 Load or Reload Linetypes(加载或重载线型)对话框。在该对话框中选取某一线型,单击"OK"按钮后返回 Select Linetype(选择线型)对话框。注意:下一步必须选取所加载的线型,再单击"OK"按钮后方可改变为该线型。

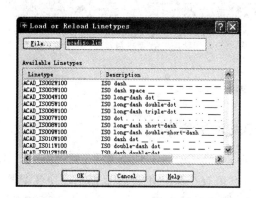

图 10-24　Load or Reload Linetypes 对话框

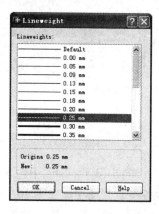

图 10-25　Lineweight 对话框

(6)设置线宽

在某一图层上,单击线宽的数字,弹出图 10-25 所示的 Lineweight(线宽)对话框,从中可以选择线宽,选中后单击"OK"按钮。

(7)关闭、冻结、锁定和不打印图层

在某一图层上进行以下操作:

单击灯泡图标 ,灯泡变暗,表示关闭该图层。

单击亮圆图标 ,该图标变为暗雪花,表示冻结该图层。

单击锁状图标 ,该图标变为闭合状,表示锁定该图层。

单击打印机图标 ,该图标添加红色的禁止符号,表示不打印该图层上的对象。

特别说明:

关闭某图层后,该图层上的内容不显示。

冻结某图层后,该图层上的内容既不显示,又不能打印。

锁定某图层后,该图层上的内容不能进行修改。

2. Object Properties(对象特性)工具栏的操作

Object Properties(对象特性)工具栏包括将某一图形对象的图层设置为当前层命令、图层命令、图层下拉列表、颜色控制列表、线型控制列表、线宽控制列表等项,如图 10-26 所示。利用 Object Properties 工具栏可以进行有关图层特性的操作。

操作方法如下:

在未拾取图形对象时,Object Properties 工具栏显示当前层的特性,此时,鼠标左键在 Object Properties 工具栏中,单击图标 按钮,系统弹出图层下拉列表,移动光标到图层下拉列表中的选项,单击鼠标左键,拾取该图层,系统则变更当前图层。

在选中某一图形对象时,Object Properties 工具栏显示该图形对象的特性,此时,鼠标左键在 Object Properties 工具栏中,单击图标 按钮,系统弹出图层下拉列表,移动光标到图层下拉列表中的选项,单击鼠标左键,拾取该图层,则变更该图形对象的图层。

特别说明:当前对象的颜色、线型、线宽等的默认设置为 Bylayer(随层),即遵从所在图层的设置,一般不宜随意更改,以免造成修改时的麻烦。

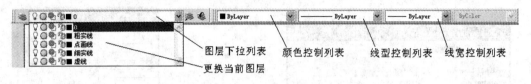

图 10-26　Object Properties 工具栏

10.4.6　Standard Toolbars(标准工具栏)中的常用命令

Standard Toolbars 中包含了 File、Edit、View、Tools、Modify 等下拉菜单中的常用命令,其中各项命令及功能如图 10-27 所示。其中图标右下角有小黑三角者表示存在一个工具栏,用鼠标左键点住小黑三角可以调出该工具栏,此时仍然点住左键并在工具栏中上下移动光标,可以选择需要的命令图标,选中后抬起左键即可。

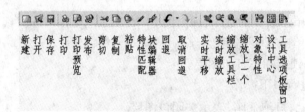

图 10-27　Standard Toolbars 的内容及功能

1. 对象特性命令 properties

操作方法如下:

在菜单栏:鼠标左键依次单击 Modify(修改)→Properties(特性)命令。

在标准工具栏:鼠标左键单击命令图标 按钮。

系统出现 Properties 对话框,如图 10-28 所示。在该对话框中修改所选对象的有关参数,以达到修改对象特性的目的。

2. 特性匹配命令 matchprop

操作方法如下:

在菜单栏:鼠标左键依次单击 Modify→Match Properties(特性匹配)命令。

在标准工具栏:鼠标左键单击命令图标 按钮。

此时用光标拾取匹配的源对象(点右键退出选择)→光标变为小方框和小刷子 →用小方框拾取需要改变特性的图形对象,可使之与源对象的特性相同。

图 10-28　Properties 对话框

特别提示:特性匹配命令只能改变对象的一般特性和文字特性,不能改变其几何特性。

10.5　利用 AutoCAD 2004 绘图的基本步骤

使用 AutoCAD 2004 作为绘图工具绘制一张新图时,通常包括以下步骤:

①创建一张新图;

②建立并设置图层;

③绘制图形;

④将图形文件存盘;

⑤退出 AutoCAD 2004。

10.5.1　创建一张新图

使用 New(新建)命令建立新图形文件(. DWG 文件),相当于手工绘图时,事先准备好一张图纸。

在菜单栏:鼠标左键依次单击 File→New 命令。

在工具栏:鼠标左键单击命令图标 按钮。

系统弹出 Select template 对话框,如图 10-29 所示。该对话框与图 10-1 所示对话框相同。

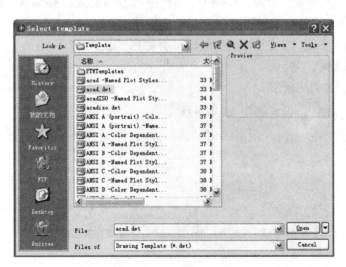

图 10-29　Select template 对话框

10.5.2　建立并设置图层

建立并设置图层的具体操作见 10.4.5 节内容。

10.5.3　绘制图形

利用各类命令绘制所需图形。

10.5.4　将图形文件存盘

AutoCAD 2004 提供了 Save(保存)和 Save As(另存为)两种存盘方式。

1. Save **命令**

操作方法如下：

在菜单栏：鼠标左键依次单击 File→Save 命令。

在工具栏：鼠标左键单击命令图标 ▣ 按钮。

系统弹出保存文件的对话框，用户可根据提示完成操作。

2. Save As **命令**

在菜单栏：鼠标左键依次单击 File→Save As... 命令。

对已保存的图形文件再次存盘后，AutoCAD 都将把原同名图形文件（.DWG 文件）转换成备份文件（.BAK 文件），而原备份文件被删除，新存盘的图形文件成为.DWG 文件。

10.5.5　退出 AutoCAD 2004

在菜单栏上用鼠标左键依次单击 File→Exit 命令，或单击主界面右上角的 ▣ 关闭按钮。

10.6　利用 AutoCAD 2004 绘制样板图

样板图是包含各种设置及通用图形（如图框、标题栏等）的图形文件，样板图文件的后缀为".DWT"。样板图相当于印有图框、标题栏等内容的图纸。AutoCAD 提供了多种样板图供选择使用，用户也可以根据需要建立自己的样板图。

例 10-6　建立横用 A4 样板图，包括图框、标题栏、图层设置等。

（1）创建新图

用 New 命令 ▢ 创建新图。

（2）用 Layer 命令 ▣ 设置图层、线型及线宽

按图 10-30 所示分别设置粗实线、细实线、虚线、点画线等四层，注意线型及线宽的设置。

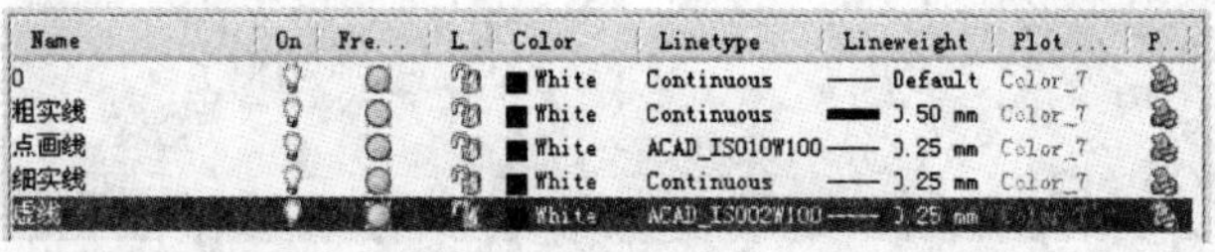

图 10-30　图层、线型及线宽的设置

（3）综合设置绘图单位和比例并绘制图幅边框（图 10-31）

将粗实线层设为当前层。

Command：mvsetup ↙

Enable paper space？［No/Yes］ ＜Y＞：n ↙（不进入图纸空间）

Enter units type ［Scientific/Decimal/Engineering/Architectural/Metric］：m ↙（输入单位类型［科学（S）/小数（D）/工程（E）/建筑（A）/公制（M）］，选择公制单位）

Metric Scales

＝＝＝＝＝＝＝＝＝＝＝＝＝＝＝＝＝＝

（5000）1∶5000

（2000）1∶2000

（1000） 1:1000

（500） 1:500

（200） 1:200

（100） 1:100

（75） 1:75

（50） 1:50

（20） 1:20

（10） 1:10

（5） 1:5

（1） FULL

Enter the scale factor: 1 ↙（输入比例因子）

Enter the paper width: 297 ↙（输入图纸宽度）

Enter the paper height: 210 ↙（输入图纸高度）

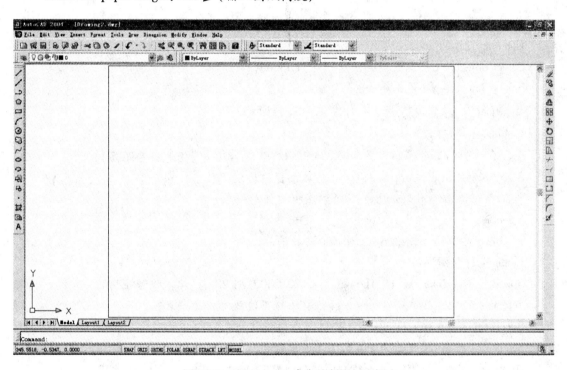

图 10-31　用 Mvsetup 命令绘制图幅边框

　　完成上述操作后,绘图窗口中出现一个按所设定的图幅自动绘制的图幅边框,并以"Zoom All"的方式显示。

（4）画图框

用 Offset 命令 🔁 绘制图框,如图 10-32 所示。

Command: _ offset

Specify offset distance or ［Through］ ＜Through＞: 10 ↙（指定偏移距离）

Select object to offset or ＜exit＞:（拾取图幅边框）

Specify point on side to offset:（拾取边框内的任意一点）

249

Select object to offset or ＜exit＞：✓（退出命令）

画好图框后，将图幅边框换到 0 层，打印时将 0 层设为"不打印"，即可不打印图幅边框。

图 10-32　画图框

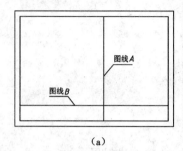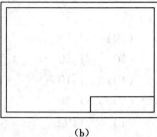

（a）　　　　　　　　　　　　（b）

图 10-33　画标题栏边框

（5）画标题栏边框

用 Explode 命令 分解图框。

Command：_ explode

Select objects：（拾取图框上任意一点）1 found

Select objects：✓（退出命令）

用 Offset 命令 绘制图线 A，如图 10-33（a）所示。

Command：_ offset

Specify offset distance or ［Through］ ＜10.0000＞：120 ✓（输入偏移距离）

Select object to offset or ＜exit＞：（拾取图框右边线上任意一点）

Specify point on side to offset：（拾取图框内任意一点）

Select object to offset or ＜exit＞：✓（退出命令）

用 Offset 命令绘制图线 B，如图 10-33（a）所示。

Command：_ offset

Specify offset distance or ［Through］ ＜120.0000＞：28 ✓（输入偏移距离）

Select object to offset or ＜exit＞：（拾取图框下边线上任意一点）

Specify point on side to offset：（拾取图框内任意一点）

Select object to offset or ＜exit＞：✓（退出命令）

用 Trim 命令 剪去图线 A 的上边部分，如图 10-33（b）所示。

Command：_ trim

Current settings：Projection = UCS Edge = None

Select cutting edges …

Select objects：（选择剪切边，点选图线 B 上任意一点）1 found

Select objects：✓（退出选择）

Select object to trim or ［Project/Edge/Undo］：（选择剪掉的对象，点选图线 A 上边部分任意一点）

Select object to trim or ［Project/Edge/Undo］：✓（退出选择及剪切命令）

用 Trim 命令剪去图线 B 的左边部分，如图 10-33（b）所示。

250

Command：_trim

Current settings：Projection = UCS Edge = None

Select cutting edges ...

Select objects：(选择剪切边,拾取图线 A 上任意一点)1 found

Select objects：✓(退出选择)

Select object to trim or [Project/Edge/Undo]：(拾取图线 B 左边部分任意一点)

Select object to trim or [Project/Edge/Undo]：✓(退出选择及剪切命令)

至此,画出了标题栏边框。下面可以继续用 Offset 命令和 Trim 命令画出标题栏内的分格线。具体过程略。

如果在画图框和标题栏的边框之前没有换层,画完之后也可以将图框和标题栏的边框移到粗实线层。方法如下。

①拾取图框的四条边和标题栏的边框线,利用 Object Properties 工具栏中的图层下拉列表 ⬛ 细实线 ,选中其中的粗实线层即可。

②点 Standard Toolbars 中的 ⬛,拾取图框的四条边和标题栏的边框线,在弹出的 Properties 对话框中将图层变换为粗实线层,然后关闭对话框。

注意:无论用上述两个方法中的哪一个,变换对象的图层后,都必须再按两次 Esc 键退出对象拾取状态。

(6)设置文字样式

在菜单栏中用鼠标左键依次单击 Format→Text Style... 命令,系统弹出 Text Style(文字样式)对话框,如图 10-34 所示。

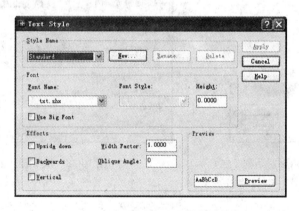

图 10-34　Text Style(文字样式)对话框

为了使文字的样式遵循国家标准,不能使用 AutoCAD 的缺省设置,必须重新设置图中文字的样式。

操作方法如下:

在 Text Style 对话框中,用鼠标左键单击 New... 按钮,系统弹出 New Text Style 对话框,在该对话框的 Style Name 一栏输入字体名称,如"数字、字母",如图 10-35 所示,单击"OK"按钮返回 Text Style 对话框。

在 Text Style 对话框中,单击 Font Name:选项下右侧按钮 ⬇,从下拉列表中选 gbeitc.shx 文件;在 Use Big Font 选项前打"✓",在 Big Font:选项中选 gbcbig.shx 文件;其他选项默

251

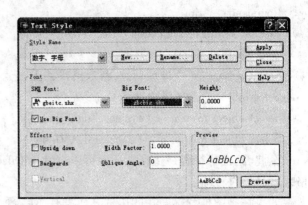

图 10-35　New Text Style 对话框（一）　　　　图 10-36　数字、拉丁字母样式的设置

认不改动,如图 10-36 所示。然后用鼠标左键依次单击 Apply→Close 按钮。

汉字样式的设置操作方法:在 Text Style 对话框中,用鼠标左键单击 New... 按钮,系统弹出 New Text Style 对话框,在该对话框的 Style Name 一栏,输入字体名称,如"汉字",如图 10-37 所示。单击 OK 按钮返回 Text Style 对话框。在 Font Name:选项下选 gbenor.shx;选中 Use Big Font;在 Big Font:选项下选 gbcbig.shx;其他选项默认不变。用鼠标左键依次单击 Apply→Close 按钮结束。

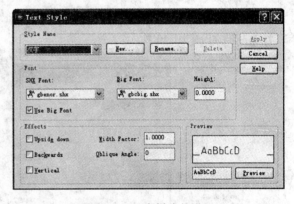

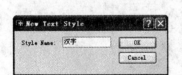

图 10-37　New Text Style 对话框（二）　　　　图 10-38　汉字样式的设置

说明:

字体文件名:gbeitc.shx 为斜体字母和数字

　　　　　　gbenor.shx 为直体字母和数字

大字体文件名:gbcbig.shx 为长仿宋体汉字(不倾斜)

图 10-38 为汉字样式设置后的显示结果。

(7)填写标题栏中的固定文字

书写单行文字使用 Single Line Text 命令,书写多行文字使用 Multiline Text 命令。

1)Single Line Text 命令　操作方法如下:

在菜单栏:鼠标左键依次单击 Draw→Text→Single Line Text 命令,系统显示:

Command:_dtext

Current text style:"汉字" Text height: 2.5000(提示当前的字体样式和字高)

252

Specify start point of text or [Justify/Style]:(指定文字的定位点或[调整定位点(J)/字体样式(S)],在图形中拾取文字的定位点)

Specify height <2.5000>:5✓(输入字高为5)

Specify rotation angle of text <0>:✓(默认字体倾角为0)

Enter text:制图✓(输入文字)

Enter text:✓(退出命令)

2)Multiline Text 命令　操作方法如下：

在菜单栏:鼠标左键依次单击 Draw→Text→Multiline Text 命令。

在工具栏:鼠标左键单击 Draw 工具栏中命令图标**A**,系统显示：

Command:_mtext Current text style："汉字" Text height: 2.5(提示当前的字体样式和字高)

Specify first corner:(指定字体书写范围的一个角点)

Specify opposite corner or [Height/Justify/Line spacing/Rotation/Style/Width]:(指定字体书写范围的另一个对角点,随后出现文本编辑窗口,如图 10-39 所示)

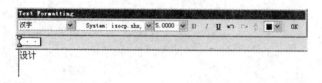

图 10-39　Text Formatting 文本编辑窗口中选项卡

在文本编辑窗口的 Text Formatting 选项卡中可设置文字属性,如图 10-40 所示。

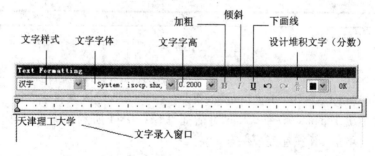

图 10-40　文本编辑窗口中的 Properties 选项卡

设置完成后即可输入文字,当然也可以先输入文字再进行编辑,然后单击"OK"按钮。

利用上述 Text 命令逐一填写标题栏中的固定文字,完成标题栏,如图 10-41 所示。绘出标题栏后可以将其定义为图块,以便其他图形使用。图块的定义与插入详见 10.9.3。

(8)存图

完成后的图形如图 10-42 所示。为了以后使用方便,将其定义为样板图保存起来。

操作方法如下：

在菜单行:鼠标左键依次单击 File → Save

在标准工具栏:鼠标左键单击图标🖫

在命令行:Command: Save

设计							
制图			比例	数量	共 张	第 张	
描图							
审核					天津理工大学		

图 10-41 学生作业用标题栏

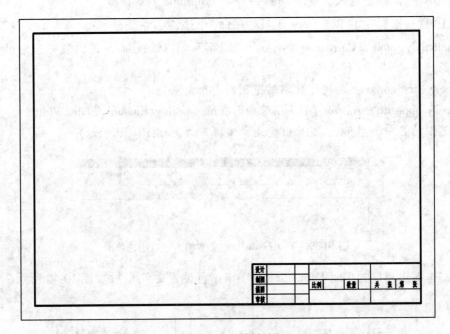

图 10-42 A4 样板图

系统显示 Save Drawing As 对话框如图 10-43 所示,此时可把文件保存在"Template"目录中,存为类型"AutoCAD Drawing Template File(＊.dwt)",输入文件名"A4 – H",单击"保存"按钮,系统弹出 Template Description 对话框,如图 10-44 所示。输入对样板图的简单描述,如"A4 – H",单击 OK 按钮完成保存。

10.7 利用 AutoCAD 2004 绘制平面图

利用 AutoCAD 绘制平面图形时,往往需要综合使用绘图命令和修改命令,以便提高绘图的准确度和绘图的速度。

例 10-7 在[例 10-6]建立的 A4 样板图上绘制图 10-45 所示的平面图形。

(1)调用 A4 样板图

用鼠标左键单击标准工具栏的 New 命令图标 ，系统弹出 Select template 对话框,在 Template 文件夹下,从"名称"窗口的下拉列表中选 A4 – H 文件,如图 10-46 所示。然后单击按钮 Open 。

也可以用:Open 命令 打开 Select template 对话框,在对话框的 Files of 选项中选

254

图 10-43　Save Drawing As 对话框　　　　　　图 10-44　Template Description 对话框

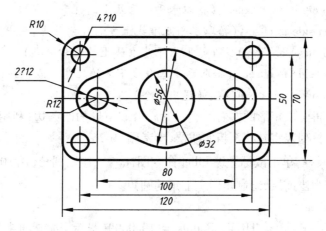

图 10-45　平面图形

Drawing Template (*.dwt) ▼ ,在"名称"下拉列表中拾取 A4 – H.dwt 文件→单击 Open 按钮。

（2）绘制基准线

通过 Object Properties 工具栏的操作,将点画线层作为当前层

🔷 💡◯⬤📍■细实线 ▼ 。

在状态栏中打开 ORTHO(正交)状态。

在绘图工具栏中用鼠标左键单击 Line 命令 图标 ✏ ,画出图 10-47(a)所示的两条互相垂直的直线。

（3）在修改工具栏,单击鼠标左键 Offset 命令图标 🖫 ,绘制矩形轮廓(图 10-47(b))

先画矩形的上下两边。

Command：_ offset

Specify offset distance or [Through] <40. 0000 >：35 ↙(输入上下两边距水平基准线的偏移距离)

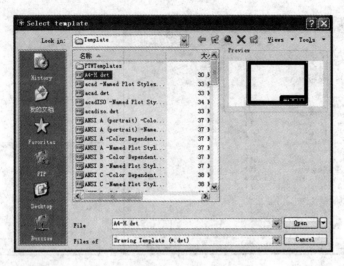

图 10-46 Select template 对话框

Select object to offset or <exit>:(拾取水平基准线上的任意一点)

Specify point on side to offset:(拾取水平基准线上方的任意一点,画出矩形的上边)

Select object to offset or <exit>:(拾取水平基准线上的任意一点)

Specify point on side to offset:(拾取水平基准线下方的任意一点,画出矩形的下边)

Select object to offset or <exit>:✓(退出命令)

用同样的方法再画出矩形的左右两边。然后拾取矩形的四条边,利用 Object Properties 工具栏中的图层下拉列表将其移至粗实线层,参考图 10-26。

(4)在修改工具栏,单击鼠标左键 Fillet 命令图标 ⌒ ,绘制圆角(图 10-47(c))

将粗实线层变为当前层,绘制矩形左上角的圆角。

Command:_fillet

Current settings:Mode = TRIM, Radius = 10.0000(提示当前圆角半径为10)

Select first object or [Polyline/Radius/Trim]:(拾取矩形上边的任意一点)

Select second object:(拾取矩形左边的任意一点,画出矩形左上角的圆角)

用同样的方法画出其余三个圆角。

(5)绘制矩形四角 Φ10 的四个小圆

用 Offset 命令绘出左上角小圆的基准线,用 Circle 命令画出左上角的小圆,如图 10-47 (d)所示。

在修改工具栏,用鼠标左键单击 Break 命令图标 ⌐ ,整理小圆的中心线。

Command:_break Select object:(拾取需要剪掉部分的起点,图 10-47(d)中的 A 点)

Specify second break point or [First point]:(拾取需要剪掉部分的终点,图 10-47(d)中的 B 点)

用同样的方法整理其他部分,结果如图 10-47(e)所示。

在修改工具栏中用鼠标左键单击 Mirror 命令图标 ⚖ ,画其他三个小圆及其中心线。

Command:_mirror

Select objects:3 found, 3 total(选择需要镜像的对象,拾取小圆及其中心线)

Select objects：↙（退出选择对象）

Specify first point of mirror line：（将水平的基准线作为对称线，拾取水平基准线上的一点）

Specify second point of mirror line：（打开 OSNAP 状态，利用交点捕捉，拾取水平基准线上的第二点）

Delete source objects？［Yes/No］＜N＞：↙（是否删除被镜像的对象，回车默认不删除，画出左下角的小圆及其中心线，如图 10-47(f) 所示。

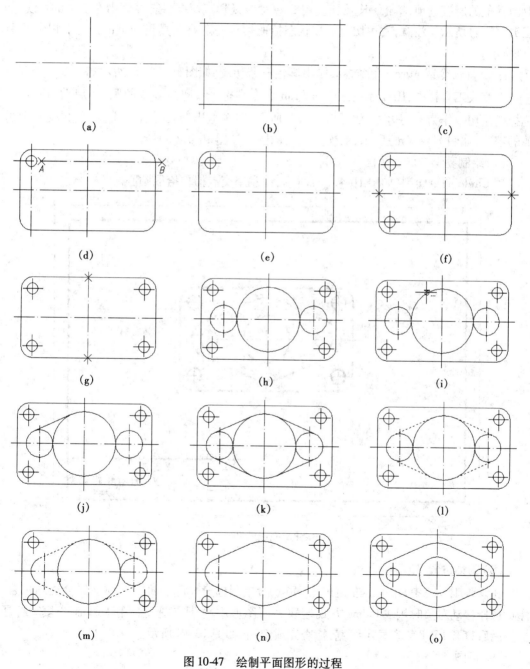

（a）　　　　　　　　　　（b）　　　　　　　　　　（c）

（d）　　　　　　　　　　（e）　　　　　　　　　　（f）

（g）　　　　　　　　　　（h）　　　　　　　　　　（i）

（j）　　　　　　　　　　（k）　　　　　　　　　　（l）

（m）　　　　　　　　　　（n）　　　　　　　　　　（o）

图 10-47　绘制平面图形的过程

用同样的方法,将左侧两个小圆及其中心线作为被镜像的对象,将铅垂的基准线作为对称线,画出右侧的两个小圆及其中心线,如图 10-47(g)所示。

(6)绘制矩形中部的菱形

用 Circle 命令画出 Φ56 的圆,注意用交点捕捉拾取两条基准线的交点作为圆心。然后用 Offset 命令画出 R12 圆弧的中心线,并用 Circle 命令画出半径为 R12 的两个圆。最后用 Break 命令整理这两个圆的中心线,如图 10-47(h)所示。

右键单击 OSNAP 按钮,在 Drafting Settings 对话框的 Object Snap 选项卡中选中 Tangent,取消其他的所有选项,单击 OK 按钮。用 Line 命令及切点捕捉状态并画出左上方的切线,如图 10-47(j)所示。注意,利用切点捕捉状态拾取切点一定要在真正切点的附近,如图 10-47(i)所示。

用 Line 命令或 Mirror 命令继续画出其他三条切线,如图 10-47(k)所示。

在修改工具栏中,用鼠标左键单击 Trim 命令图标 ⊢,剪掉多余的圆弧,启动命令后先选择四条切线作为剪切边界,如图 10-47(l)所示,回车退出剪切边界的选择后,再拾取要剪掉的部分,如图 10-47(m)所示,剪切完成后的图形如图 10-47(n)所示。

(7)绘制菱形中的三个圆

用 Circle 命令绘制,如图 10-47(o)所示,注意用交点捕捉拾取圆心。

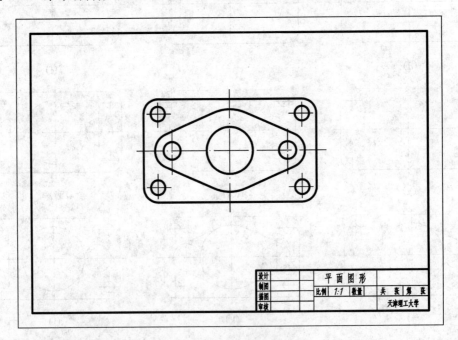

图 10-48　完成的平面图形

(8)调整位置,填写标题栏

在修改工具栏中,用鼠标左键单击 Move 命令图标 ✛,将平面图形调整到合适的位置,注意选择移动对象时用 Window 方式拾取平面图形中的所有图线。用 Text 命令填写标题栏。最后打开 LWT 状态显示线宽,检查完成全图,如图 10-48 所示。

(9)存图

在标准工具栏中,用鼠标左键单击 Save 命令图标 ▯,系统弹出 Save Drawing As 对话框,文件的保存类型为"AutoCAD 2004 Drawing(* . dwg)"。如有需要,也可以在 Save Draw-ing As 对话框的"保存类型"下拉菜单中选择其他的文件类型。

注意,调用 A4 样板图时,如果使用的是 Open 命令,存图就必须用 Save As 命令,并注意将文件的保存类型变更为(* . dwg)格式。

10.8　利用 AutoCAD 2004 绘制组合体投影图

利用 AutoCAD 2004 绘制组合体投影图时,不只是使用基本命令绘制图形,还需要保证各投影图之间的对应关系以及标注尺寸。

10.8.1　尺寸注法

AutoCAD 2004 具备一个功能全面的尺寸标注模块,包括标注各种尺寸的命令、编辑修改尺寸的命令以及若干用来确定尺寸样式的尺寸变量,以便适应各个国家的技术标准、各个专业尺寸标注的规定和要求。这里只介绍符合我国技术制图国家标准的尺寸样式的设置及标注各种尺寸的方法。

1. 尺寸样式设置

尺寸样式决定着尺寸线、尺寸界线、尺寸文本和尺寸线终端的样式、大小、相对位置以及尺寸精度、尺寸公差等。为了符合特定的标准,在进行尺寸标注之前一般先要进行尺寸样式的设置。尺寸样式又是由尺寸变量决定的,尺寸样式的设置即是尺寸变量的设置。

操作方法如下:

在菜单栏:鼠标左键依次单击 Dimension →Dimension Styles. . .命令

在工具栏:鼠标左键单击 Dimension 工具栏命令图标 按钮

系统弹出 Dimension Styles Manager 对话框,如图 10-49 所示。

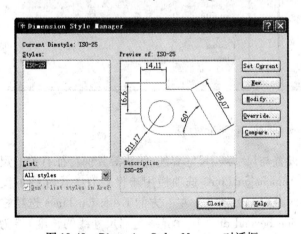

图 10-49　Dimension Styles Manager 对话框

图 10-50　Create New Dimension
Styles 对话框

其中左侧 Styles 窗口可以列出尺寸样式的名称,右侧 Preview of 窗口可以预览选定的尺寸样式。右侧 Set Current 按钮可以将左侧窗口中选中的尺寸样式作为当前样式;New. . .按钮用来设置新的样式;Modify. . .按钮、Override. . .按钮用来修改尺寸变量。尺寸样式的缺省设置为"ISO – 25"。

点 New... 按钮,弹出 Create New Dimension Styles 对话框,如图 10-50 所示。在 New Style Name 一栏中输入尺寸样式的名称,如"GB"。然后单击 Continue 按钮,弹出 New Dimension Style:GB 对话框,如图 10-51 所示。

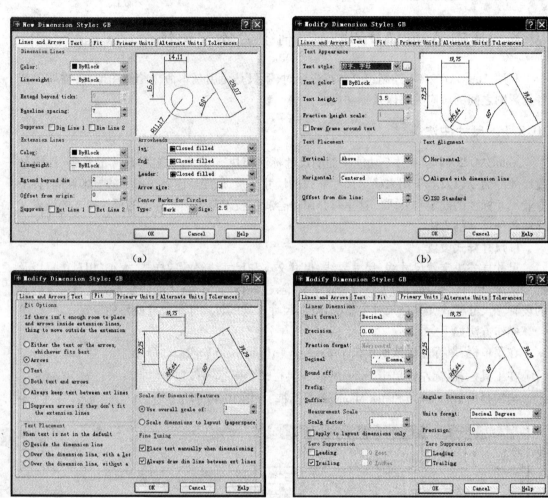

(a)   (b)

(c)   (d)

图 10-51　New Dimension Style 对话框

在 Lines and Arrows 选项卡中,可以设置与尺寸线、尺寸界线、箭头等几何特征有关的尺寸变量。如图 10-51(a)所示,左上方的 Dimension Lines 选项栏用于设置有关尺寸线的变量,将 Baseline spacing(并列尺寸线之间的距离)设为"7";左下方的 Extension Lines 选项栏用于设置有关尺寸界线的变量,将 Extension beyond dim(尺寸界线超出尺寸线的长度)设为"2",Offset from origin(尺寸界线的起点到引出点的距离)设为"0";右下方的 Arrowheads 选项栏用于设置有关箭头的变量,将 Arrow size(尺寸箭头的长度)设为"3"。

在 Text 选项卡中,可以设置与尺寸文本有关的尺寸变量。如图 10-51(b)所示,左上方的 Text Appearance 选项栏用于设置有关文本变量,在 Text style(文本字型)下拉列表中选择"数字、字母",将 Text height(文本高度)设为"3.5";左下方的 Text Placement 选项栏用于设置有关文本位置的变量,在 Vertical 下拉列表中选择"Above",在 Horizontal 下拉列表中选择

260

"Centered",将 Offset from dim line(尺寸文本与尺寸线之间的距离)设为"1"。右下方的 Text Alignment 选项栏用设置有关文本书写方向的变量,文本可以水平、与尺寸线始终垂直或遵从 ISO 标准在尺寸界线外水平,选择"ISO Standard"。

在 Fit 选项卡中,可以设置与尺寸文本、箭头、尺寸线位置调整有关的尺寸变量。如图 10-51(c)所示,左上方的 Fit Options 选项栏用于设置当尺寸界线之间的距离不足以放下文本和箭头时文本和箭头的调整位置,选择"Text",表示将箭头移出尺寸界线;左下方的 Text Placement 选项栏用于设置当文本不处于缺省位置时的位置,选择"Beside the dimension line";位于右侧中部的 Scale for Dimension Features 选项栏用于设置尺寸文本、箭头等的比例,将 Use overall scale of 设为"1";位于右下方的 Fine Tuning 选项栏用于设置是否手动放置文本及是否总是在尺寸界线之间画尺寸线,"Place text manually when dimensioning"和"Always draw dim line between ext lines"两项全部选中。

在 Primary Units 选项卡中,可以设置与尺寸单位、尺寸精度等有关的尺寸变量。如图 10-51(d)所示,左侧的 Linear Dimensions 选项栏用于设置有关线性尺寸的变量,在 Unit format 下拉列表中选择"Decimal",在 Precision 下拉列表中选择"0.00",将 Scale Factor 设为 "1",将 Zero Suppression 设为"Trailing";右侧的 Angular Dimensions 选项栏用于确定有关角度尺寸的变量。

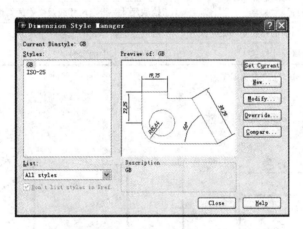

图 10-52　Dimension Styles Manager 对话框

设置后,单击"OK"按钮,退回 Dimension Styles Manager 对话框,选中左侧 Styles 窗口中的"GB",单击 Set Current 按钮,将"GB"设为当前样式,如图 10-52 所示。

最后单击 Close 按钮关闭窗口,完成设置。在绘制样板图时可以一并设置国标"GB"尺寸样式,并作为样板图的一部分保存。

2. Dimension(尺寸标注)工具栏

预置的 Dimension 工具栏包括了主要的标注命令,其中各命令的功能及常用操作见表 10-3。

表 10-3　Dimension 工具栏的命令及其操作

图标	命令	功能	参数及常用操作
	Dimlinear	标注水平或垂直的线性尺寸	拾取尺寸界线的两个起点→拾取尺寸线的位置点
	Dimaligned	标注与目标平行的线性尺寸	拾取尺寸界线的两个起点→拾取尺寸线的位置点
	Dimordinate	标注坐标值	拾取点→拾取尺寸线的位置点
	Dimradius	标注半径尺寸	拾取圆弧上的点→拾取尺寸线的位置点
	Dimdiameter	标注直径尺寸	拾取圆周上的点→拾取尺寸线的位置点
	Dimangular	标注角度尺寸	拾取夹角边上的两个点→拾取尺寸线的位置点
	Qdim	快速创建尺寸	拾取几何要素上的点→拾取尺寸线的位置点
	Dimbaseline	标注并联尺寸	拾取基础尺寸→拾取另一条尺寸界线的起点
	Dimcontinue	标注串联尺寸	拾取基础尺寸→拾取另一条尺寸界线的起点
	Qleader	快速标注指引线及说明文字	拾取指引线起点→拾取下一点…↙输入文字
	Tolerance	标注形位公差	设置对话框中的参数→拾取形位公差的位置点
	Dimcenter	标注中心标记	拾取圆周或圆弧
	Dimedit	编辑尺寸	选择编辑类型→拾取尺寸↙输入参数
	Dimtedit	编辑尺寸文本	拾取尺寸→指定尺寸线及文本的新位置
	Dimstyle Apply	按当前的样式更新某个尺寸	拾取要更新样式的尺寸
	Dimstyle	设置尺寸样式	设置对话框中的参数

注:表中"→"表示下一步,"↙"表示回车。

例 10-8　标注图 10-53 中的尺寸。

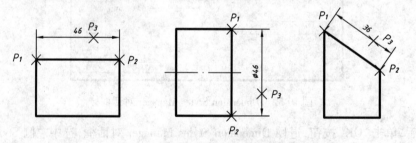

图 10-53　线性尺寸标注

(1)鼠标左键单击 Dimlinear 命令图标 ,标注左图尺寸

Command:_dimlinear

Specify first extension line origin or < select object >:(指定第一条尺寸界线的起点或 <选择对象>,捕捉拾取 P_1 点)

Specify second extension line origin:(指定第二条尺寸界线的起点,捕捉拾取 P_2 点)

Specify dimension line location or[Mtext/Text/Angle/Horizontal/Vertical/Rotated]:(指定尺寸线的位置或[输入多行文本(M)/输入文本(T)/文本角度(A)/尺寸线水平(H)/尺寸线铅垂(V)/尺寸线旋转(R)],拾取 P_3 点)

Dimension text = 46(显示自动测量标注的尺寸数值 46)

262

（2）用 Dimlinear 命令标注中间图形尺寸

Command：_ dimlinear

Specify first extension line origin or ＜select object＞:（指定第一条尺寸界线的起点或＜选择对象＞,捕捉拾取 P_1 点）

Specify second extension line origin:（指定第二条尺寸界线的起点,捕捉拾取 P_2 点）

Specify dimension line location or［Mtext/Text/Angle/Horizontal/Vertical/Rotated］: t ↙（指定尺寸线的位置或［输入多行文本（M）/输入文本（T）/文本角度（A）/尺寸线水平（H）/尺寸线铅垂（V）/尺寸线旋转（R）］,选择重新输入文本）

Enter dimension text ＜46＞: ％％c46 ↙（输入"％％c"可以得到"Φ"）

Specify dimension line location or［Mtext/Text/Angle/Horizontal/Vertical/Rotated］:（拾取 P_3 点）

Dimension text = 46（显示标注的尺寸数值46）

（3）鼠标左键单击 Dimaligned 命令图标，标注右图尺寸

Command：_ dimaligned

Specify first extension line origin or ＜select object＞:（指定第一条尺寸界线的起点或＜选择对象＞,捕捉拾取 P_1 点）

Specify second extension line origin:（指定第二条尺寸界线的起点,捕捉拾取 P_2 点）

Specify dimension line location or［Mtext/Text/Angle］:（指定尺寸线的位置或［输入多行文本（M）/输入文本（T）/文本角度（A）］,拾取 P_3 点）

Dimension text = 36 （显示标注的尺寸数值36）

例 10-9　标注图 10-54 中的尺寸。

（1）用 Dimlinear 命令注出尺寸"30"

用鼠标拾取尺寸端点命令标出尺寸"30"。

（2）鼠标左键单击 Dimbaseline 命令图标，标注并联尺寸"46"

Command：_ dimbaseline

Select base dimension:（选择被并联的尺寸,拾取左图中尺寸"30"左侧的一点 P_1,注意选中的一侧尺寸界线即为并联尺寸共用的界线）

Specify a second extension line origin or ［Undo/Select］＜Select＞:（指定第二条尺寸界线的起点或［回退（U）/选择（S）］〈选择〉,捕捉拾取 P_2 点）

Dimension text = 46 （显示自动测量标注的尺寸数值46）

Specify a second extension line origin or ［Undo/Select］＜Select＞: Esc（退出命令）

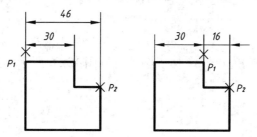

图 10-54　并联、串联尺寸标注

（3）鼠标左键单击 Dimcontinue 命令图标▐▌▐，标注串联尺寸"16"

Command：_ dimcontinue

Select continued dimension：（选择被串联的尺寸，拾取右图中尺寸"30"右侧的一点 P_1，注意选中的一侧尺寸界线即为串联尺寸共用的界线）

Specify a second extension line origin or ［Undo/Select］ ＜Select＞：（捕捉拾取 P_2 点）

Dimension text = 16（显示自动测量标注的尺寸数值16）

Specify a second extension line origin or ［Undo/Select］ ＜Select＞：Esc（退出命令）

例 10-10　标注图 10-55 中的尺寸。

（1）鼠标左键单击 Dimdiameter 命令图标◎，标注大圆直径"$\Phi 60$"

Command：_ dimdiameter

Select arc or circle：（选择圆弧或圆，拾取圆周上的任意一点 P_1）

Dimension text = 60（显示自动测量标注的尺寸数值60）

Specify dimension line location or ［Mtext/Text/Angle］：（指定尺寸线的位置或［输入多行文本（M）/输入文本（T）/文本角度（A）］，手动调整文本的位置后拾取 P_2 点）

用同样的方法可以注出小圆直径"$\Phi 20$"。

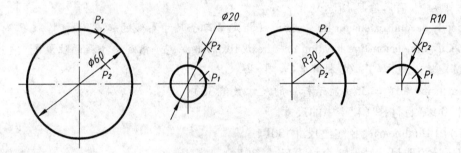

图 10-55　直径、半径尺寸标注

（2）鼠标左键单击 Dimradius 命令图标◎，标注大圆弧半径"$R30$"

Command：_ dimradius

Select arc or circle：（选择圆弧或圆，拾取圆周上的任意一点 P_1）

Dimension text = 30（显示自动测量标注的尺寸数值30）

Specify dimension line location or ［Mtext/Text/Angle］：（指定尺寸线的位置或［输入多行文本（M）/输入文本（T）/文本角度（A）］，手动调整文本的位置后拾取 P_2 点）

用同样的方法可以注出小圆弧半径"$R10$"。

10.8.2　绘图举例

例 10-11　在例 10-6 建立的 A4 样板图上绘制图 10-56 所示的组合体三面投影图并标注尺寸。

（1）调用 A4 样板图

方法见例 10-7。

（2）画基准线（布局）

①在状态栏按 ORTHO 按钮，进入正交状态。

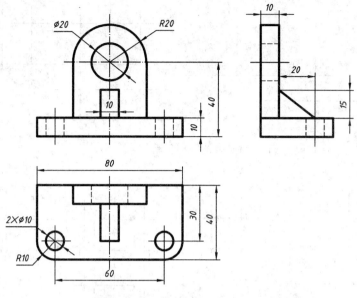

图 10-56　组合体投影图

②将"粗实线"层作为当前层,用 Line 命令画出确定各投影图位置的基准线。如图 10-57(a)所示,为了使正面投影与水平投影"长对正",将其左右基准线画成一条。同样,为了使正面投影与侧面投影"高平齐",将其上下基准线画成一条。

③用 Offset 命令画出投影中圆的中心线和圆孔轴线,如图 10-57(b)所示。

(3)画组合体的三面投影

①按下 OSNAP 按钮,进入目标捕捉状态,并设置交点捕捉、垂足捕捉。

②用 Offset、Trim、Fillet、Circle 等命令画出底板的投影,并将正面投影和侧面投影中孔的轮廓线移到"虚线"层,如图 10-57(c)所示。

③用 Circle、Line、Offset、Trim 等命令画出立板的投影,并将水平投影和侧面投影中孔的轮廓线移到"虚线"层,如图 10-57(d)所示。

④用 Offset、Line、Trim、Eraes 等命令画出肋板的投影,如图 10-57(e)所示。

(4)整理对称中心线和轴线

①将各条对称中心线和轴线移至"点画线"层。

②退出目标捕捉状态,用 Break 命令剪掉各条对称中心线和轴线的多余部分,如图 10-57(f)所示。

(5)检查图形并调整各投影之间的相对位置

①按下 LWT 按钮,进入线宽显示状态,检查图形。

②用 Move 命令调整各投影之间的相对位置。注意,正面投影和水平投影必须同时进行左右移动,正面投影和侧面投影必须同时进行上下移动。

(6)设置尺寸样式"GB"并将其设定为当前使用的样式

设置方法如前所述。

(7)标注尺寸

①将"细实线"层作为当前层,退出线宽显示状态。

②标注底板的尺寸。

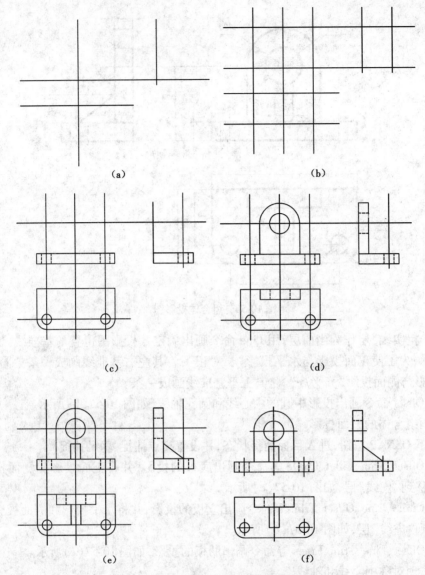

图 10-57　组合体三面投影图的绘图步骤

　　鼠标左键单击 Dimlinear 命令图标 ⊢⊣，在水平投影中注出底板的长"80"、宽"40"，在正面投影中注出底板的高"10"；鼠标左键单击 Dimradius 命令图标 ◎，在水平投影中注出底板圆角半径"R10"。

　　在水平投影中，用 Dimlinear 命令注出圆孔左右的定位尺寸"60"，前后的定位尺寸"30"需先用 Dimlinear 注 30，再用 Dimbaseline 命令 ⊢ 注出尺寸"40"；用 Dimdiameter 命令 ◎ 注出底板上圆孔的直径"2×Φ10"，具体过程如下。

　　在尺寸工具栏：鼠标左键单击 Dimdiameter 命令图标 ◎，系统提示：

Command：_ dimdiameter

Select arc or circle：(拾取圆周上的任意一点)

Dimension text ＝ 10

Specify dimension line location or [Mtext/Text/Angle]: t↙(选择重新输入文本)

Enter dimension text <10>: 2×%%c10↙(输入文本)

Specify dimension line location or [Mtext/Text/Angle]:(拾取尺寸线的位置点)

③标注立板的尺寸。在正面投影中,用 Dimradius 命令注出立板半圆半径"R20",用 Dimdiameter 命令注出立板上圆孔的直径"Φ20",用 Dimlinear 命令或 Dimbaseline 命令注出圆孔上下的定位尺寸"40";在侧面投影中,用 Dimlinear 命令注出立板的厚"10"。

④标注肋板的尺寸。在侧面投影中,用 Dimlinear 命令注出肋板底面三角形的长"20"、高"15";在正面投影中,用 Dimlinear 命令注出肋板的厚"10"。

(8)填写标题栏

用 Text 命令及"汉字"字型填写。完成后的组合体三面投影图如图 10-58 所示。

(9)存图

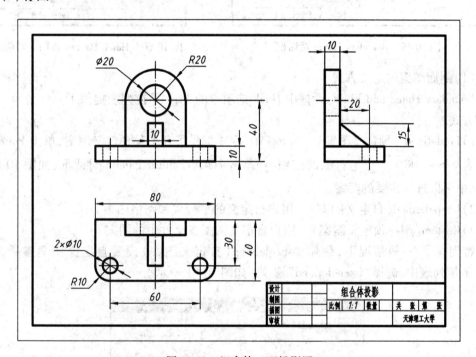

图 10-58　组合体三面投影图

10.9　利用 AutoCAD 2004 绘制零件图

10.9.1　绘制剖视图、断面图

1. 剖面图案的画法

AutoCAD 绘制剖面图案是用 Bhatch(图案填充)命令实现的。

在菜单栏:鼠标左键依次单击 Draw → Hatch... 命令

在绘图工具栏:鼠标左键单击 Bhatch 命令图标

系统弹出 Boundary Hatch and Fill 对话框,如图 10-59 所示。由此对话框可以选择剖面图案的定义方式、设置剖面图案的特性、确定绘制剖面图案的范围等。

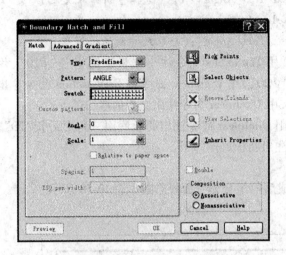
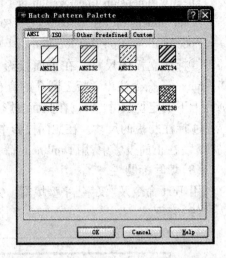

图 10-59　Boundary Hatch 对话框　　　　　图 10-60　Hatch Pattern Palette 对话框

（1）剖面图案的定义方式

Boundary Hatch and Fill 对话框中 Hach 选项卡的 Type 下拉列表提供了三种剖面图案的定义方式。

1）Predefined（预定义图案）　AutoCAD 2004 提供了几十种预定义图案，单击 Pattern 下拉列表 Pattern: ANGLE 右侧的按钮，弹出 Hatch Pattern Palette 对话框，如图 10-60 所示，从中可以选择需要的图案。

2）User-defined（自定义图案）　用户自定义的平行线和网格图案。

3）Custom（用户预定义图案）　用户自定义的图案文件中的图案。

特别提示：一般情况下，使用 User-defined（自定义图案）设置自定义图案参数，如在 Type 下拉列表中，选择"User-defined"选项，如图 10-61 所示。

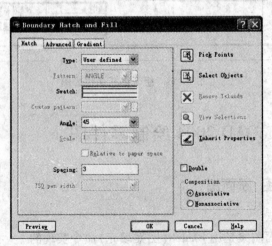

图 10-61　Boundary Hatch and Fill 对话框的"User-defined"选项

设置的参数有 Angle（角度）和 Spacing（间距）。机械制图中大多使用的金属剖面图案是一组间距为 2 ~ 4 mm 且与 X 轴正向成 45°或 135°的平行线，也称为剖面线。在绘制机械图时,建议使用自定义的剖面线。故一般设定 Angle 为"45"或"135"、"－45"等值,Spacing 为"2－4"。在画装配图时,根据需要可以调整剖面线的间距。若需要画非金属的剖面图案,还须选中"Double",使得剖面图案呈网格状。

(2)确定绘制剖面线范围的方法

1)拾取范围内的一点(Pick Point) 在 Boundary Hatch and Fill 对话框中点取 Pick Points 按钮,此时对话框暂时关闭,并提示用户"Select internal point",即在将要绘制剖面线的范围内拾取一点。拾取点之后,所选范围会自动变为封闭的虚线框。回车后返回对话框,单击 Preview 按钮可进行预览;单击 OK 按钮即可绘制剖面线。

2)选取范围对象(Select objects) 在 Boundary Hatch and Fill 对话框的中点取 Select objects 按钮,此时对话框暂时关闭,并提示用户选择绘制剖面线的一个或几个范围对象,所选对象必须是形成封闭范围的实体。点选后,所选范围会自动变为封闭的虚线框。回车后返回对话框,单击 Preview 按钮可进行预览;单击 OK 按钮即可绘制剖面线。

2. 波浪线的画法

局部剖视图或断面图中的波浪线可用 Spline 命令绘制,详见例10-3。

3. 绘图举例

例10-12 在图10-13的基础上绘制剖面线,剖面线间隔为3,如图10-62所示。

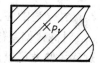

图10-62 绘制剖面线

①启动 Hatch 命令,在 Boundary Hatch 对话框中选择"User-defined"图案类型,设置 Angle 为"45",Spacing 为"3"。

②单击 Pick Points 按钮后按照提示操作:

Select internal point:(选择轮廓内的点,拾取 P_1 点)

Select internal point:✓(结束选择,返回对话框)

③单击 Preview 按钮,预览填充结果。

④单击 OK 按钮,绘制剖面线。

10.9.2 半线尺寸和公差的注法

1. 半线尺寸的注法

在半剖视图和局部剖视图中往往需要标注半线尺寸。标注半线尺寸需要设置半线尺寸的样式。该样式只需在 GB 样式的基础上稍加改动即可。

操作方法如下:

鼠标左键单击尺寸工具栏的命令图标 ,系统弹出 Dimension Styles Manager 对话框,鼠标左键单击对话框中的 New... 按钮→Create New Dimension Styles 对话框→在 New Style Name 栏中输入尺寸样式的名称"GB 半线尺寸"→点 Continues 按钮,系统弹出 New Dimension Style:GB 半线尺寸对话框,如图10-63所示,在 New Dimension Style:GB 半线尺寸对话框的 Lines and Arrows 选项卡中,选中 Dimension Lines 选项栏中 Suppress 的"Dim line 1"或"Dim line 2"和 Extension Lines 选项栏中 Suppress 相应的"Ext line 1"或"Ext line 2",左键单击 OK 按钮完成设置。

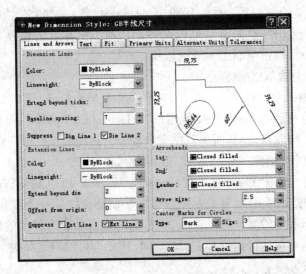

图 10-63　New Dimension Style:GB 半线的 Lines and Arrows

2. 尺寸公差的注法

(1)对称式偏差(例如"50±0.01")

对称式偏差可以用以下两种方法标注。

1)直接键入　用注尺寸的命令标注尺寸时,对于提示:

Specify dimension line location or [Mtext/Text/Angle/Horizontal/Vertical/Rotated]: t ✓ (指定尺寸线的位置或[输入多行文本(M)/输入文本(T)/文本角度(A)/尺寸线水平(H)/尺寸线铅垂(V)/尺寸线旋转(R)],选择重新输入文本)

Enter dimension text <50>: 50%%P0.01 ✓(输入"%%p"可以得到"±")

2)设置尺寸样式　操作方法如下:

鼠标左键单击尺寸工具栏的命令图标 按钮,系统弹出 Dimension Styles Manager 对话框,鼠标左键单击 New...按钮,在 Create New Dimension Styles 对话框中的 New Style Name 栏中输入尺寸样式的名称(如"GB 对称偏差"),系统弹出 New Dimension Style:GB 对称偏差对话框。如图 10-64(a)所示。

选择 New Dimension Style:GB 对称偏差 对话框中 Tolerance(公差)选项卡,拾取 Method 下拉列表中的"Symmetrical",将 Precision(精度)设为"0.000",再将 Upper Value(上偏差)设置为"0.01",其他设置不变。

单击 OK 按钮,回到 Dimension Styles Manager 对话框→选中"GB 对称偏差",点 Set Current 按钮→点 Close,即可利用该样式标注带对称偏差的尺寸。

(2)不对称偏差(例如"$\Phi 50^{-0.025}_{-0.05}$")

不对称偏差只能用设置尺寸样式的方法进行标注。

操作方法如下:

鼠标左键单击尺寸工具栏的命令图标 按钮,系统弹出 Dimension Styles Manager 对话框,鼠标左键单击 New...按钮,在 Create New Dimension Styles 对话框的 New Style Name 栏中输入尺寸样式的名称(如"GB 不对称偏差"),系统弹出 New Dimension Style:GB 不对称偏差对话框。

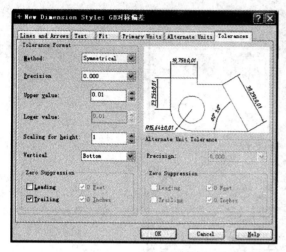
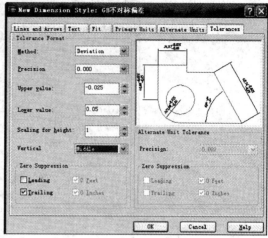

(a)　　　　　　　　　　　　　　　(b)

图 10-64　New Dimension Style 对话框的 Tolerance 选项卡

如图 10-64(b)所示,在 New Dimension Style:GB 不对称偏差对话框的 Tolerance 选项卡中,选择 Method 下拉列表中的"Deviation",将 Precision 设为"0.000",将 Upper Value(上偏差)设置为"-0.025",Lower Value(下偏差)设置为"0.05"。注意 Lower Value 之值本身带有"-"号。另外,此选项卡中的 Scale for height 是偏差数值字高与基本尺寸数值字高的比值,在标注不对称式公差时一般设为"0.7"。将 Vertical 设为"Middle"(基本尺寸数字与偏差数字上下对中),Zero Suppression 选中"Trailing"(公差数值尾部消零)。

单击 OK 按钮,回到 Dimension Styles Manager 对话框→选中"GB 不对称偏差",单击 Set Current 按钮→单击 Close,即可利用该样式标注带不对称偏差的尺寸。

若将尺寸"$\Phi 50^{-0.025}_{-0.05}$"标注于非圆投影时,可同时将 New Dimension Style:GB 不对称偏差对话框的 Primary Units 选项卡中的 Prefix 设置为"%%C",以便注出"Φ",如图 10-65 所示。

10.9.3　图块

图块是多个图形实体的集合,一个图块又构成一个新的图形实体。通过块操作可将多个图形实体作为一个整体使用,由此可提高绘图效率。常用的一些图形,如标题栏、表面结构符号等均可建成图块。

1. 图块的定义

(1)Block 命令

在菜单栏:鼠标依次单击 Draw → Block → Make…命令,或鼠标左键单击 Draw 工具栏命令图标 ,系统弹出 Block Definition 对话框,如图 10-66 所示。在 Name 框中键入图块名。然后,单击 Objects 栏中的 Select 按钮,在图中拾取将要定义成图块的图形对象。再在 Base Point 栏中单击 Pick 按钮,在图中捕捉拾取插入基点。注意,应选择插入图块时能够准确定位的点作为基点;或直接键入基点的 X、Y、Z 坐标值。其他设置视情况而定。最后,单击 OK 按钮,完成图块的定义。

用 Block 命令定义的图块只可供当前的图形使用,若想供其他图形使用,则需要用

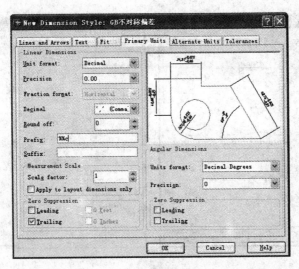

图 10-65 New Dimension Style 对话框
的 Primary Units 选项卡

Wblock 命令将定义的图块以图形文件(.dwg)存储在磁盘中。

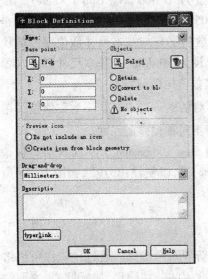

图 10-66 Block Definition 对话框

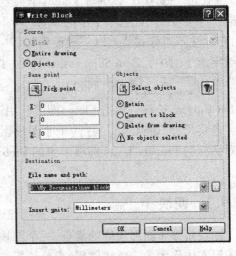

图 10-67 Write Block 对话框

(2)Wblock 命令

命令名:wblock

运行该命令后弹出 Write Block 对话框,如图 10-67 所示。在 Source 选项栏中选中 Block,在其右侧的下拉列表中选择图块名;在 Destination 选项栏中的 File name and path 框里给出保存图块的路径和文件名。最后,单击 OK 按钮即可。

实现此命令的功能也可以用点取菜单栏的 File →Export... 的方法,在出现的 Export Data 对话框(图 10-68)中给出保存图块的路径和图块名,将"存为类型"设为"Block(*. dwg)"。单击保存按钮后,命令提示行出现以下文字:

Command: _ export

272

Enter name of existing block or [= (block = output file)/ * (whole drawing)] < define new drawing >：标题栏↙（输入已经建立的图块名,回车后完成并退出命令）

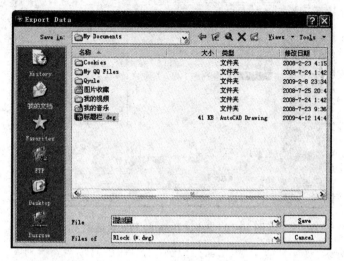

图 10-68　Export Data 对话框

2. 图块的插入（Insert 命令）

在菜单栏：鼠标依次单击 Insert →Block...命令。

在工具栏：鼠标左键单击 Draw 工具栏命令图标。

系统弹出 Insert 对话框,如图 10-69 所示。若插入用 Block 命令定义的图块,则在 Name 下拉列表中选择；若插入用 Wblock 命令定义的图块,则单击 Browse... 按钮,在随后出现的 Select Drawing File 对话框中选择所要插入的图块文件名,如图 10-70 所示,再单击"打开" 按钮,退回 Insert 对话框,此时在 Name 框中出现所要插入的图块名,在 Path 项中出现该图 块的文件路径。用上述方式输入图块名后,在 Insert 对话框中再选中"Specify Parameters on Screen",在图中指定插入点；也可以在"Insertion Point"栏中直接键入插入点的 X、Y、Z 坐标 值。此外,还需键入插入图块的比例（Scale,X、Y、Z 三个方向）和旋转角度（Angle）。最后, 单击"OK"按钮,绘图窗口出现图块图形,捕捉拾取插入点后完成插入图块的命令。

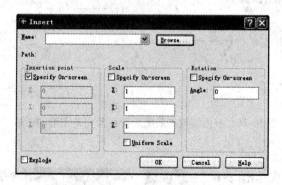

图 10-69　Insert 对话框

图 10-70　Select Drawing File 对话框

10.9.4　表面结构的注法

1. 绘制表面结构扩展图形符号及完整图形符号

(1) 去除材料符号 (图 10-71(a))

执行 Line 命令 ✏，通过输入相对极坐标绘制。

Command：_line Specify first point：(任意拾取一点作为起点)

Specify next point or [Undo]：@5.6<180 ↙

Specify next point or [Undo]：@5.6< -60 ↙

Specify next point or [Close/Undo]：@11.2<60 ↙

Specify next point or [Close/Undo]：* Cancel *(点"Esc"键退出命令)

(2) 不去除材料符号 (图 10-71(b))

在去除材料符号的基础上绘制内切圆。

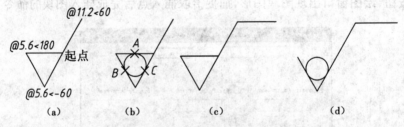

图 10-71　表面结构扩展图形符号及完整图形的画法

操作方法如下：

在菜单栏，鼠标依次单击 Draw → Circle → Tan, Tan, Tan 命令

系统提示如下：

Command: _circle Specify center point for circle or [3P/2P/Ttr (tan tan radius)]: _3p Specify first point on circle: _t

(光标移至 A 点，单击鼠标左键)

　Specify second point on circle: _tan to (光标移至 B 点，单击鼠标左

274

键)

Specify third point on circle: _tan to（光标移至 C 点，单击鼠标左键绘制内切圆）

用 Erase 命令擦去等边三角形 A 点所在的边即成。

2. 定义表面结构要求的图块

分别将去除材料和不去除材料的表面结构扩展图形符号和完整图形符号定义为图块，方法如前所述。注意选择表面结构图形符号下边的角点作为插入基点。

3. 插入表面结构图形符号图块

按照前面所述的方法将所需的表面结构图形符号的图块插入零件图的合适位置。表面结构的参数代号 *Ra* 及其数值用 Text 命令注写。

10.9.5 绘图举例

例 10-13 绘制图 10-72 所示的钻模模体的零件图。

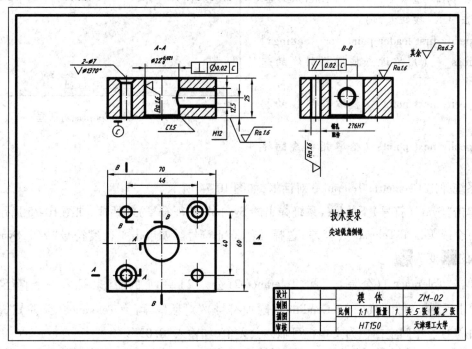

图 10-72 模体零件图

（1）设定初始绘图环境

调用样板图 A4 – H，在其基础上将图框改为有装订边的形式（参考第 1 章）。修改后可以用 Save As 命令另存为文件名"A4 装订 – H"的样板图，以备以后使用。

（2）画基准线（布局）

确定零件的左、右、前、后对称线和底线。

（3）画三个视图

其中主视图和左视图均为全剖视图，需用 Bhatch 命令绘制剖面线。

（4）尺寸标注和剖视标注

其中的尺寸公差是利用设置尺寸样式的方法标注的。

（5）标注表面结构要求和形位公差

利用块操作和 Text 命令标注表面结构要求，用 Qleader 命令和 Tolerance 命令注写形位公差。

例如，用 Qleader 命令 注写图 10-72 中平行度公差"0.02"的方法如下。

在菜单栏：鼠标左键单击 Dimension→Leader 命令。

在标注工具栏：鼠标左键单击命令图标 。

系统提示：

Command：_qleader

Specify first leader point，or［Settings］<Settings>：↙（按回车键，或从键盘输入"S"回车，弹出 Leader Settings 对话框，如图 10-73 所示，在 Annotation 选项卡中的 Annotation Type 选项栏中选中 Tolerance 选项，单击"OK"按钮返回）

Specify first leader point，or［Settings］<Settings>：（用临近点捕捉指引线的起点）

Specify next point：（拾取指引线的拐点）

Specify next point：（拾取指引线的终点）

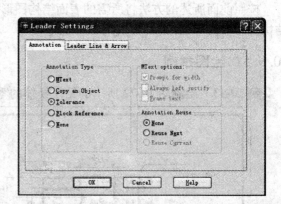

图 10-73　Leader Settings 对话框

系统弹出 Geometric Tolerance 对话框，如图 10-74 所示。

单击"Sym"（符号）下的■，系统弹出的 Symbol（特征符号）对话框，如图 10-75 所示，可为第一个或第二个 Tolerance（公差）选择几何特征符号。如单击平行度符号"∥"，Sym（符号）下的■变为∥。

单击"Tolerance 1（公差 1）"和"Tolerance 2（公差 2）"列下的前■，插入一个直径符号∅；单击后■，打开"Material Condition（附加符号）"对话框，可为 Tolerance（公差）选择包容条件符号。中间空白栏为文本框可输入公差值，如输入"0.02"。

在"Datum 1（基准 1）"、"Datum 2（基准 2）"、"Datum 3（基准 3）"列，可设置公差基准和包容条件。如在"Datum 1（基准 1）"列下空白栏（文本框）输入基准代号字母"C"。"Height 高度"及其他选项默认。单击 OK 按钮，屏幕显示 ∥ 0.02 C 。

注写图 10-72 中垂直度公差"0.02"可以利用尺寸"$\Phi 22_0^{+0.021}$"的尺寸线，用 Tolerance 命令 注写，方法如下。

单击命令图标 ，系统在命令行提示：

Command：_tolerance（弹出 Geometric Tolerance 对话框，在其中设置垂直度符号"⊥"和公差值"∅0.02"，及基准代号字母"C"，单击 OK 按钮）

Enter tolerance location：（捕捉拾取插入点）

图中的基准代号由粗实线、细实线、圆、大写拉丁字母组成，可以用 Line 命令、Circle 命

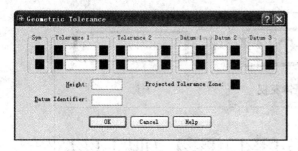

图 10-74　Geometric Tolerance 对话框

图 10-75　Symbol
对话框

令、Text 命令等绘制,圆的直径为"7"。

（6）注写"技术要求"并填写标题栏

用 Text 命令注写"技术要求",填写标题栏

（7）存图

保存图形文件。

10.10　利用 AutoCAD 2004 绘制装配图

用 AutoCAD 2004 绘制装配图一般是将装配体涉及的每个零件的有关视图分别作成图块,然后按装配关系拼插各零件的图块,在此基础上再进行编辑修改。下面以绘制钻模的装配图为例具体介绍。

10.10.1　建立零件图块

组成钻模的各零件的视图如图 10-76 所示,分别将这些零件的有关视图用 Block 命令、WBlock 命令建立图块。建立零件图块应注意以下几点。

①只需将各零件与装配图有关的视图和剖视图作成图块。图 10-76 为组成钻模的六个零件中与钻模装配图有关的视图和剖视图,将图中的各个视图作成图块。

②一般一个视图或剖视图建成一个图块。其中"模座"作为钻模的主要零件将其三个视图作成一个图块,其他五个零件的每个视图作成一个图块,如图 10-76 共需建立八个图块。

③如图 10-76 所示,建立图块前应擦去视图和剖视图中的所有标注。

④各图块的命名要有规律,方便查找。如模体的三个视图可分别叫做"模体主视"、"模体俯视"、"模体左视"等。

⑤各图块的插入基准点应选择能方便、准确地在装配图上确定的点。如图 10-76 标出的各点。"模座"图块的插入点可以任意选择其三个视图上的某个点。

10.10.2　插入零件图块拼画装配图

插入零件图块是按装配关系和装配顺序进行的,图 10-77 是用 Insert 命令插入组成钻模的各零件图块后拼成的未经编辑修改的钻模装配图。这一步骤需注意以下几点:

①装配图绘图环境的设置应与各零件图一致,如图层、颜色、线型等;

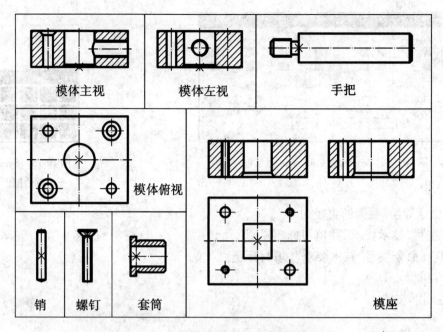

图 10-76   与钻模装配图有关的各零件视图

②在插块时应注意调整各零件的绘图比例,与装配图一致;

③插入图块的当前层应为"0"层,因为图块中"0"层上的对象按当前图层的颜色、线型绘制,其他图层的对象按原信息绘制;

④装配图上的插入点一般用目标捕捉功能确定,并和零件图块上的插入基准点相匹配;

⑤为使各零件装配定位方便,要注意插入图块的顺序。

图 10-77 的绘制过程如下:调用"A4 装订 – H"样板图→将"0"层作为当前层→插入"模座"图块→分解"模座"图块,调整各视图的相对位置→插入"模体主视"、"模体俯视"、"模体左视"图块→插入"套筒"图块→插入"手把"图块→插入"螺钉"、"销"图块。

10. 10. 3   修改装配图

如图 10-77 所示,在用 Insert 命令拼成的装配图中,被挡住的图线依然存在,螺纹连接处的画法、剖面线的方向和间隔等都可能出现错误,需要用修改命令进行修改。

1. 分解图块

图块是一个整体,若修改其中的图线,必须用 Explode 命令 ▓ 先将图块分解。

2. 剖面线的修改

若只修改剖面线的方向和间隔,可用 Hatchedit 命令。若对剖面线进行修剪,则需用 Trim 命令。注意,剖面线也是图块,修剪之前同样应先用 Explode 命令进行分解。

3. 重叠对象的选取

零件图块插入后,零件之间经常出现重叠或相距很近的情况。在选取编辑修改的对象时,可用交替选择的方法,即在"Select objects:"提示下,将光标移到目标处,同时按"Ctrl"键和鼠标左键进入"Cycle on"状态,再点鼠标左键,拾取选择对象,直到选对后即可回车确认。

修改之后的钻模装配图如图 10-81 所示。

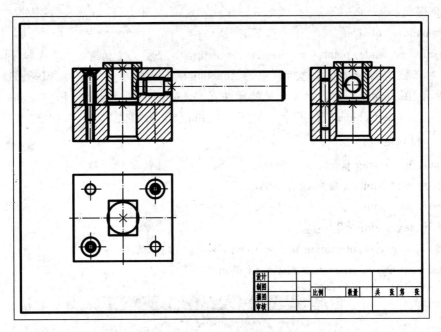

图 10-77   未经修改的钻模装配图

10.10.4   绘制和注写其他内容

1. 配合代号的注法

装配图中尺寸的注法与零件图相同。其中配合代号"$\dfrac{H7}{h6}$"的注写方法如下。

在绘图工具栏,用鼠标左键单击命令图标 **A** ,启动 Mtext 命令,确定书写范围后在弹出的 Text Formatting 对话框中输入"H7/h6",如图 10-78 所示。

图 10-78   配合代号的注法

将"H7/h6"涂黑后,单击选项 **Arial** 右侧的 按钮,从下拉列表中选择文件 System: gbeitc.shx,gbcbi 。再设置字号大小,单击按钮"$\dfrac{a}{b}$",即可将"H7/h6"变为"$\dfrac{H7}{h6}$"。

2. 零件序号的注法

标注零件序号时,可以使用 Qleader 命令。

操作方法如下:

在菜单栏:鼠标左键单击 Dimension→Leader 命令。

在标注工具栏:鼠标左键单击命令图标 。

系统提示：

Command：_ qleader

Specify first leader point, or [Settings] <Settings> :S ✓（键盘输入"S"回车,弹出 Leader Settings 对话框,在 Annotation 选项卡中的 Annotation Type 选项栏中选中"Mtext"选项,如图 10-73 所示;在 Leader Line & Arrow 选项卡中的 Arrowhead 选项栏中选择"Dot small",如图 10-79 所示;在 Attachment 选项卡中选中"Unline bottom line",如图 10-80 所示。单击 [OK] 按钮返回)

Specify first leader point, or [Settings] <Settings> :（拾取指引线的起点）

Specify next point：（拾取指引线的拐点）

Specify next point：✓

Specify text width <0> : ✓

Enter first line of annotation text <Mtext> : 1 ✓（输入零件序号）

Enter next line of annotation text：✓（退出命令）``

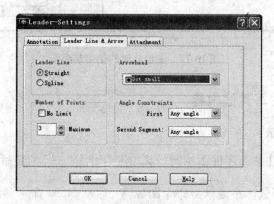

图 10-79　Leader Settings 对话框的
Leader Line & Arrow 选项卡

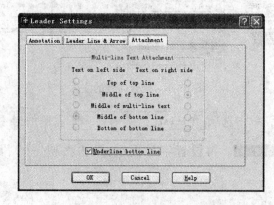

图 10-80　Leader Settings 对话框的
Attachment 选项卡

3. 其他内容的绘制

明细栏用绘图和修改命令绘制,标题栏、明细栏中的内容和技术要求均用 Text 命令注写,如图 10-81 所示。

280

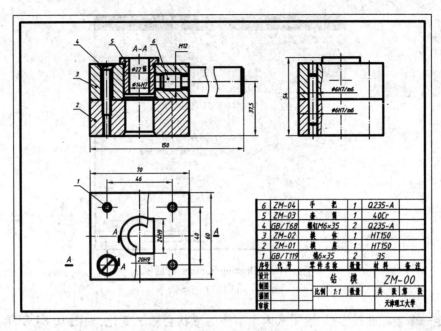

图 10-81 钻模装配图

10.11 利用 AutoCAD 2004 绘制轴测图

轴测图是三维立体沿特定投射方向在特定投影平面上生成的平面投影图。

由第 5 章可知,为了方便手工绘图,国标规定了几种常用的轴测图,如正等轴测图、正二轴测图、斜二轴测图等,其中,斜二轴测图是为了使圆或圆弧在投影平面上不变形设定的,实际上并不符合人们视物的习惯。在计算机绘图中完全可以不考虑手绘的因素,只用正等轴测图即可,Auto CAD 中使用了正等轴测图。

10.11.1 正等轴测图模式的设置

在菜单栏:鼠标左键依次单击 Tools →Drawing Settings... 命令

在状态栏:鼠标右键点"SNAP"或"GRID"状态按钮→Settings...

运行命令后,系统弹出 Drawing Settings 对话框,如图 10-82 所示。在其中 Snap and Grid 选项卡的 Snap type & style 选项栏中选中的"Isometric snap",即设置了正等轴测图绘图模式。

10.11.2 三个直角坐标平面的正等轴测图的选择

如图 10-83 所示,正方体的正等轴测图有三个可见面的轴测投影,即左侧面(Left)、顶面(Top)和右侧面(Right)。在绘制轴测图的过程中,每次只能在一个坐标面的投影上进行绘图。在三个坐标面投影间切换的方法有以下几种:

①用 ISOPLANE 命令选择;

②按 Ctrl + E 键循环切换;

③按 F5 键循环切换。

图 10-82　Drafting Settings 对话框的
Snap and Grid 选项卡

选定一个坐标面投影后,绘图区内十字线的形状会随之变化,如图 10-84 所示,栅格也会自动调整。

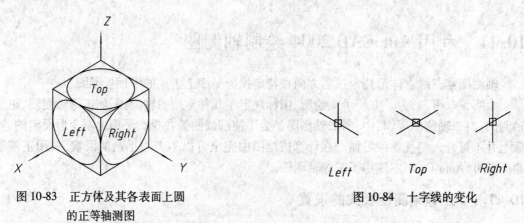

图 10-83　正方体及其各表面上圆
的正等轴测图

图 10-84　十字线的变化

10.11.3　绘制各直角坐标平面内的正交直线和圆的轴测投影

在正等轴测图模式及正交状态下,用 Line 命令可以画出平行于不同直角轴的正交直线的轴测图。三个直角坐标轴的轴测投影 X_1、Y_1、Z_1 与水平方向的夹角分别是 210°、−30°、90°,故在点的输入时,应用极坐标比较合适。

平行三个坐标面圆的正等轴测图为不同方向的椭圆,如图 10-83 所示。绘制这些椭圆可以用绘椭圆的 Ellipse 命令中的 Isocircle 选项实现。

例 10-14　在 Left 面内绘制边长为 40 的正方形及其内切圆的正等轴测图如图 10-85 所示。

(1)设置正等轴测图模式和 Left 面画正方形 *ABCD* 的正等轴测图

Command：_line

Specify first point：(拾取任意点 *A*)

Specify next point or [Undo]: @40 < −30 ✓ (输入 B 点相对极坐标)

Specify next point or [Undo]: ✓ (画出 AB, 退出命令)

Command: _line

Specify first point: (捕捉拾取点 A)

Specify next point or [Undo]: @40 < −90 ✓ (输入 C 点相对极坐标)

Specify next point or [Undo]: ✓ (画出 AD, 退出命令)

再用 Copy 命令绘制直线 BC、CD。

(2) 画内切圆的正等轴测图

先用 Line 命令连接对角线 AC。

Command: _ellipse

Specify axis endpoint of ellipse or [Arc/Center/Isocircle]: I (选择画圆的正等轴测图)

Specify center of isocircle: (用 "中点捕捉" 拾取线段 AC 的中点作为椭圆的中心)

Specify radius of isocircle or [Diameter]: 20 ✓ (输入圆的半径值, 画出椭圆)

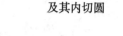

图 10-85 Left 轴测面内的正方形及其内切圆

10.11.4 正等轴测图绘图举例

例 10-15 绘制图 10-86(a) 所示组合体的正等轴测图。

(1) 设置正等轴测图模式

用下拉菜单 Tools →Drawing Settings... 设置正等轴测图模式。

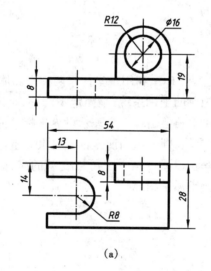

(a)

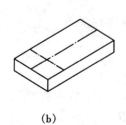

(b)

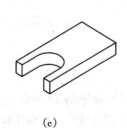

(c)

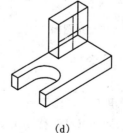

(d)

(e)

图 10-86 绘制组合体的正等轴测图

（2）绘制底板

选择 Top 坐标面的轴测投影，用 Line 命令绘制底板的底面；选择 Left、Right 坐标面的轴测投影，用 Line 命令、Copy 命令及捕捉状态绘制底板的侧面，如图 10-86（b）所示。

（3）绘制底板上的 U 形槽

选择 Top 坐标面的轴测投影，用 Line 命令、Copy 命令绘制 U 形槽的定位线；用 Ellipse、Line、Copy、Trim 等命令绘制 U 形槽，如图 10-86（c）所示。

（4）绘制立板

选择 Right 和 Left 坐标面的轴测投影，用 Line 命令、Copy 命令绘制立板，如图 10-86（d）所示。

（5）绘制立板上的圆柱面和圆孔

选择 Right 坐标面的轴测投影，用 Line 命令、Copy 命令绘制圆柱面及圆孔的定位线；用 Ellipse、Line、Copy、Trim 等命令绘制圆柱面及圆孔。圆柱面上的转向轮廓线用 Line 命令和 "切点"捕捉状态绘制，此时应关掉 ORTHO 状态开关和其他捕捉方式，如图 10-86（e）所示。

（6）整理加深

如图 10-86（e）所示，整理加深图形。

10.12　利用 AutoCAD 2004 创建三维实体

10.12.1　三维绘图基础

1. 三维坐标系

AutoCAD 2004 提供了世界坐标系和用户坐标系两种坐标体系。世界坐标系 world coordinate system（WCS）是一个绝对的坐标系统，是固定不动的，是定义所有对象和其他坐标系的基础。默认情况下，屏幕左下角会出现一个表示世界坐标系的图标，如图 10-87 所示。如果图标的原点位置处有一小方块，则表示当前坐标系是世界坐标系，否则是用户坐标系。用户坐标系 user coordinate system （UCS）是一个可以变动的坐标系统，按右手法则定义。图 10-88 为绘图窗口显示的用户坐标系图标。

图 10-87　世界坐标系图标

图 10-88　用户坐标系图标

2. 启动用户坐标系的命令 UCS

操作方法如下：

在菜单栏：鼠标左键单击 Tools（工具）下拉列表中的 UCS 命令，其中常用命令有 Othographic UCS（正交 UCS）、Move UCS（移动 UCS）、New UCS（新建 UCS）等。

在工具栏：鼠标左键单击 UCS 工具栏 ⌊ ⌊ ⌊ ⌊ ⌊ ⌊ ⌊ ⌊ ⌊ ⌊ ⌊ ⌊ ⌊ ⌊ 和 UCS Ⅱ工具栏 ⌊ ⌊ ● World ▾ 中的图标，可启动相应的命令。

如图 10-89 所示,图中所示工具图标分别是 UCS 工具栏和 UCS Ⅱ 工具栏。

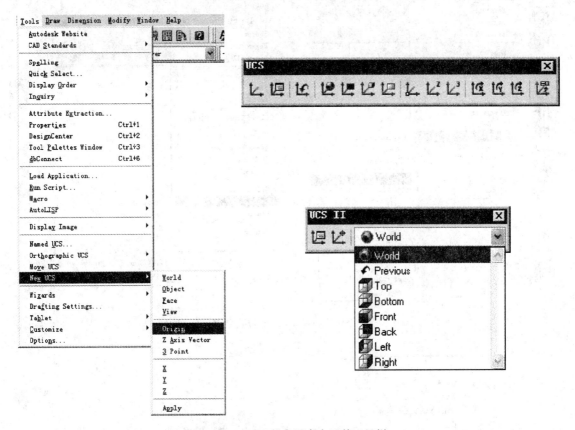

图 10-89 　 UCS 的常用命令及其工具栏

3. 观察三维模型的视图命令和着色命令

在菜单栏的 View(视图)下拉列表中提供了 3D View(三维视图)命令和 Shade(着色)命令,如图 10-90 所示。

利用 3D View 命令可以使生成的立体显示为六个二维基本视图(Top 俯视、Bottom 仰视、Left 左视、Right 右视、Front 主视、Back 后视)和四个方向的正等测图(SW Isomatric 西南等轴测、SE Isomatric 东南等轴测、NE Isomatric 东北等轴测、NW Isomatric 西北等轴测)。利用 Shade 命令可以生成各种模型图像,包括 2D Wireframe 二维线框图、3D Wireframe 三维线框图、Hidden 消隐、Flat Shaded 平面着色、Gouraud Shaded 体着色、Flat Shaded Edge On 带边框平面着色、Gouraud Shaded Edge On 带边框体着色等。

系统缺省的显示为俯视图和二维线框。

10.12.2 　 利用绘图命令创建三维实体

Auto CAD2004 在菜单栏的 Draw 下拉列表中提供了 Solids(三维实体)命令。同时,还提供了 Solids 工具栏,如图 10-91 所示。下面介绍其中的常用命令。

1. 创建基本立体

创建基本立体的命令有:Box(长方体)、Sphere(球体)、Cylinder(圆柱体)、Cone(圆锥体)、Wedge(楔体)、Torus(圆环体)等。

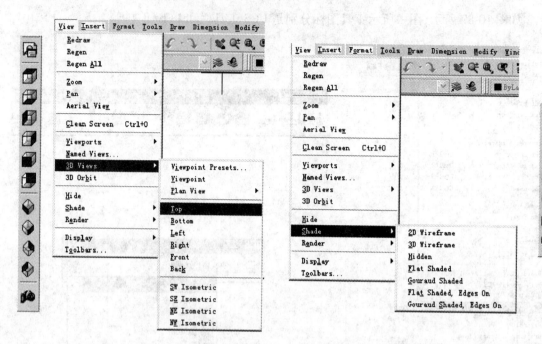

图 10-90　3D View 、Shade 下拉菜单及其工具栏

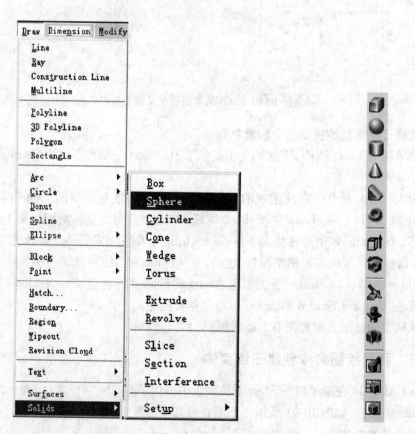

图 10-91　Solids 下拉菜单及 Solids 工具栏

（1）创建长方体

例 10-16　创建长、宽、高分别为 50、40、30 的长方体，如图 10-92 所示。

①创建长方体，操作方法如下：

在菜单栏：鼠标左键依次单击 Draw→Solids→Box

在工具栏：鼠标左键单击 Solids 工具栏命令图标▣

系统显示：

Command：_ box

Specify corner of box or［CEnter］<0,0,0>：200,150,0 ↙（指定长方体的角点，输入 A 点坐标）

Specify corner or［Cube/Length］：l↙（指定角点或［正方体（C）/边长（L）］，指定输入边长）

Specify length：50 ↙（输入长方体的长度）

Specify width：40 ↙（输入长方体的宽度）

Specify height：30 ↙（输入长方体的高度）

另一种做法：输入长方体底面的两对角点的坐标（200,150,0）、（@ 50,40）及长方体的高度 30。

②将图形变为正等测图，操作方法如下：

在菜单栏：鼠标左键依次单击 View → 3D Views → SW Isometric。

在工具栏：鼠标左键单击 View 工具栏命令图标◈。

③进行体着色，操作方法如下：

在菜单栏：鼠标左键依次单击 View → Shade → Gouraud Shaded。

在工具栏：鼠标左键单击 Shade 工具栏命令图标●。

用光标选中图形，图形轮廓线变虚，此时鼠标左键单击标准工具栏 ■ByLayer 后的 ▾ 按钮，从系统显示的下拉列表中选中 □Cyan 结果，如图 10-92 所示。

图 10-92　Box 长方体

图 10-93　Box 正方体

例 10-17　创建边长为 50 的正方体，如图 10-93 所示。

Command：_ box

Specify corner of box or［CEnter］<0,0,0>：200,150,0 ↙（指定长方体的角点，输入 A 点坐标）

Specify corner or［Cube/Length］：c↙（指定角点或［正方体（C）/边长（L）］，指定绘制

287

正方体)

Specify length：50✓（输入正方体的边长）

（2）创建球体

例 10-18　创建直径为 100 的球体，如图 10-94 所示。

操作方法如下：

在菜单栏：鼠标左键依次单击 Draw→Solids→Sphere。

在工具栏：鼠标左键单击 Solids 工具栏命令图标●。

系统显示如下：

Command：_sphere

Current wire frame density： ISOLINES = 4（当前线框密度）

Specify center of sphere ＜0,0,0＞：200,150,0✓（指定球体球心，输入球心坐标）

Specify radius of sphere or［Diameter］：50✓（指定球体半径或［直径(D)］，输入球半径）

图 10-94　Sphere 球体

图 10-95　Cylinder 圆柱体

（3）创建圆柱体

例 10-19　创建直径为 60、高度为 80 的圆柱体，如图 10-95 所示。

操作方法如下：

在菜单栏：鼠标左键依次单击 Draw→Solids→Cylinder。

在工具栏：鼠标左键单击 Solids 工具栏命令图标█。

系统显示如下：

Command：_cylinder

Current wire frame density： ISOLINES = 4（当前线框密度）

Specify center point for base of cylinder or［Elliptical］＜0,0,0＞:200,150,0✓（指定圆柱体底面的中心点或［椭圆(E)］，输入圆柱体底面的中心点坐标）

Specify radius for base of cylinder or［Diameter］:30✓（指定圆柱体底面的半径或［直径(D)］，输入底面半径）

Specify height of cylinder or［Center of other end］:80✓（指定圆柱体高度或［另一个圆心(C)］，输入圆柱体高度）

（4）创建圆锥体

例 10-20　创建直径为 60、高度为 80 的圆锥体，如图 10-96 所示。

操作方法如下：

在菜单栏：鼠标左键依次单击 Draw→Solids→Cone。

在工具栏：鼠标左键单击 Solids 工具栏命令图标▲。

系统显示如下：

Command：_cone

Current wire frame density： ISOLINES =4

Specify center point for base of cone or ［Elliptical］ <0,0,0>：200,150,0√（指定圆锥体底面的中心点或［椭圆（E）］，输入圆锥体底面的中心点坐标）

Specify radius for base of cone or ［Diameter］：30√（指定圆锥体底面的半径或［直径（D）］，输入圆锥底面圆的半径）

Specify height of cone or ［Apex］：80√（指定圆锥体高度或［顶点（A）］，输入圆锥体的高度）

图 10-96　Cone 圆锥体

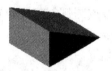

图 10-97　Wedge 楔体

（5）创建楔体

例 10-21　创建长、宽、高分别为 50、40、30 的楔体，如图 10-97 所示。

操作方法如下：

在菜单栏：鼠标左键依次单击 Draw→Solids→Wedge。

在工具栏：鼠标左键单击 Solids 工具栏命令图标 。

系统显示如下：

Command：_wedge

Specify first corner of wedge or ［CEnter］　<0,0,0>：200,150,0√（指定楔体的第一个角点或［中心点（E）］，输入第一个角点坐标）

Specify corner or ［Cube/Length］：l√（指定角点或［立方体（C）/长度（L）］，指定输入边长）

Specify length：50√（指定长度）

Specify width：40√（指定宽度）

Specify height：30√（指定高度）

（6）创建圆环体

例 10-22　创建半径为 50、圆管半径为 10 的圆环体，如图 10-98 所示。

操作方法如下：

在菜单栏：鼠标左键依次单击 Draw→Solids→Torus。

在工具栏：鼠标左键单击 Solids 工具栏命令图标 。

图 10-98　Torus 圆环体

系统显示如下：

Command：_torus

Current wire frame density： ISOLINES =4

Specify center of torus <0,0,0>:200,150,0 ✓（指定圆环圆心,输入圆环圆心坐标）

Specify radius of torus or [Diameter]:50 ✓（指定圆环半径或［直径(D)］,输入圆环半径）

Specify radius of tube or [Diameter]:10 ✓（指定圆管半径或［直径(D)］,输入圆管半径）

2.利用拉伸和旋转创建立体

（1）利用拉伸创建立体

通过拉伸二维图形创建实体的方法是,先选择需要拉伸的二维对象,再选择事先绘制的拉伸路径或给出拉伸高度及拉伸倾斜角度。若倾斜角度为0,可以创建出柱体;若倾斜角度不为0,可以创建出锥体。可拉伸的二维图形必须是闭合对象,如多段线、多边形、矩形、圆、椭圆等。

如果用直线或圆弧创建拉伸对象,可用 Pedit 命令将它们转换为单个多段线对象,然后再使用拉伸命令。

操作方法如下:

在菜单栏:鼠标左键依次单击 Draw→Solids→Extrude。

在工具栏:鼠标左键单击 Solids 工具栏命令图标⬚⬚。

例 10-23 创建以图 10-99（a）作为底面、高度为 12 的平板,如图 10-99（b）所示。

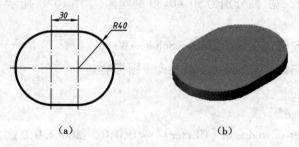

图 10-99　利用拉伸创建平板

①用 Circle、Line、Trim 等命令绘制平板底面图形步骤略。

②用 Pedit 命令将底面图形转换为多段线,其步骤如下:

Command:_pedit Select polyline:（拾取底面图形中的一个线段）

Object selected is not a polyline（所选对象不是多段线）

Do you want to turn it into one? <Y> ✓（是否将其转换为多段线? 回车默认"转换"）

Enter an option [Close/Join/Width/Edit vertex/Fit/Spline/Decurve/Ltype gen/Undo]:j ✓（输入一个选择[闭合(C)/合并(J)/宽度(W)/编辑顶点(E)/拟合(F)/样条曲线(S)/非曲线化(D)/线型生成(L)/放弃(U)],选择"合并"）

Select objects:4 found（拾取构成底面图形的所有线段）

Select objects: ✓（退出选择）

3 segments added to polyline

Enter an option [Open/Join/Width/Edit vertex/Fit/Spline/Decurve/Ltype gen/Undo]: ✓（退出命令）

③拉伸,其步骤如下:

Command:_extrude

Current wire frame density： ISOLINES = 4

Select objects：1 found（拾取底面图形）

Select objects：↙（退出选择）

Specify height of extrusion or［Path］：12↙（指定拉伸高度或［路径(P)］,输入拉伸高度）

Specify angle of taper for extrusion ＜0＞：↙（指定拉伸的倾斜角度,回车默认角度为0）

（2）利用旋转创建立体

通过旋转二维图形创建实体的方法,首先选择需要旋转的二维对象,再选择当前用户坐标系 UCS 的 X 轴或 Y 轴或事先绘制的直线作为旋转轴,最后给出一定的旋转角度。同拉伸命令一样,可旋转的二维图形必须是闭合对象,如多段线、多边形、矩形、圆、椭圆等。

操作方法如下：

在菜单栏：鼠标左键依次单击 Draw→Solids→Revolve。

在工具栏：鼠标左键单击 Solids 工具栏命令图标 。

例 10-24　创建以图 10-100(a)作为母线、绕给定旋转轴旋转形成的回转体,如图 10-100(b)所示。

①用 Line、Offset、Trim、Fillet、Chamfer 等命令绘制母线图形,步骤略。

②用 Pedit 命令将母线图形转换为多段线,步骤略。

③旋转,其步骤如下：

Command：_ revolve

Current wire frame density： ISOLINES = 4(当前线框密度)

Select objects：(拾取已经编辑为多段线的母线)1 found

Select objects：↙(退出选择)

Specify start point for axis of revolution or define axis by［Object/X (axis)/Y (axis)］：(指定旋转轴的起点或定义轴依照［对象(O)/X 轴/Y 轴］捕捉拾取轴线的一个端点)

Specify endpoint of axis：(指定旋转轴的终点,捕捉拾取轴线的另一个端点)

Specify angle of revolution ＜360＞：↙(指定旋转角度,回车默认旋转360°)

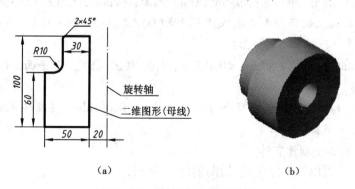

（a）　　　　　　　　　　　　（b）

图 10-100　利用旋转创建回转体

3. 利用剖切和截面创建立体

（1）利用剖切命令创建立体

使用剖切命令可以切开现有实体,然后移去指定部分生成新的实体。可以保留剖切实体的一部分或全部。确定剖切平面的常用方法有：三个点、*XOY*、*YOZ* 或 *ZOX* 的平行面。

操作方法如下：

在菜单栏：鼠标左键依次单击 Draw→Solids→Slice。

在工具栏：鼠标左键单击 Solids 工具栏命令图标　。

例 10-25　在例[10-18]创建的球体上切去球冠，切平面距球心 30，如图 10-101 所示。

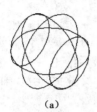
(a)
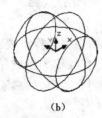
(b)

(e)

图 10-101　切去球冠的球体

①创建球体，如图 10-101(a)所示，过程略。

②将坐标原点移到球心处，如图 10-101(b)所示。

Command：_ ucs(此命令见 10. 12. 1)

Current ucs name：　* WORLD *（当前 UCS 名称：＊世界＊）

Enter　an　option［New/Move/orthoGraphic/Prev/Restore/Save/Del/Apply/？/World］＜World＞：_ move(输入选项[新建(N)/移动(M)/正交(G)/上一个(P)/恢复(R)/保存(S)/删除(D)/应用(A)/？/世界(W)]，选择"移动")

Specify new origin point or［Zdepth］＜0,0,0＞：(指定新原点或［Z 向深度］，捕捉拾取球心)

③切去球冠，如图 10-101(c)所示。

Command：_ slice

Select objects：(拾取球体上的任意一点)1 found

Select objects：↙(退出选择)

Specify first point on slicing plane by［Object/Zaxis/View/XY/YZ/ZX/3points］＜3points＞：xy↙(指定切面上的第一个点或依照［对象(O)/Z 轴/视图(V)/XY 平面)/YZ 平面]/ZX 平面]/三点(3))，选择 *XY* 平面)

Specify a point on the XY-plane ＜0,0,0＞：0,0,30↙(指定 *XY* 平面上的点，输入 *XY* 平面上的点的坐标)

Specify a point on desired side of the plane or［keep Both sides］：(在要保留的一侧指定点或［保留两侧］，捕捉拾取球心)

(2)利用截面命令创建立体

使用截面命令可以绘制定位线，辅助创建三维立体。

操作方法如下：

在菜单栏：鼠标左键依次单击 Draw→Solids→Section。

在工具栏：鼠标左键单击 Solids 工具栏命令图标　。

292

10.12.3　利用修改命令创建三维实体

Modify下拉菜单中的多数命令对于创建三维实体同样适用,除此之外,Modify下拉菜单中还有专门用于创建三维实体的 Solids Editing(实体编辑)子菜单,同时,Auto CAD 2004 还提供了 Solids Editing 工具栏,其中常用的布尔运算命令如图 10-102 所示。

图 10-102　布尔运算菜单及工具栏

1.布尔运算

布尔运算包括 Union(并集)、Subtract(差集)和 Intersect(交集)。现有实体经过布尔运算后可以生成组合实体。

(1)利用并集创建组合实体

Union 命令可以合并两个或多个实体,构成一个组合实体。

操作方法如下:

在菜单栏:鼠标左键依次单击 Modify→Solids Editing→Union。

在工具栏:鼠标左键单击 Solids Editing 工具栏命令图标 ◎◎ 。

例 10-26　在例 10-23 创建的平板下表面左侧圆心处生成一个直径为 36、高为 60 的铅垂圆柱,然后将两者合并为如图 10-103(c)所示的组合体。

①参照例[10-23]创建底板,如图 10-103(a)所示,过程略。

②在底板下表面左侧圆心处创建圆柱,如图 10-103(a)所示,注意捕捉圆柱底面圆心。过程略。

③将两者用并集命令组合为一体,如图 10-103(b)所示。

Command: _ union

Select objects:(选择底板)1 found

Select objects:(选择圆柱)1 found, 2 total

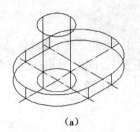
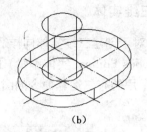
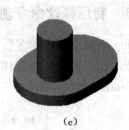

$$(a) \qquad\qquad (b) \qquad\qquad (c)$$

图 10-103   使用并集命令将独立的两个立体组合为一体

Select objects：↙（回车，退出选择）

（2）利用差集创建组合体

Subtract 命令可删除两实体间的公共部分。例如，在对象上减去一个圆柱，从而在机械零件上增加孔。

操作方法如下：

在菜单栏：鼠标左键依次单击 Modify→Solids Editing→Subtract。

在工具栏：鼠标左键单击 Solids Editing 工具栏命令图标 ⬤。

例 10-27   在例 10-26 创建的组合体的圆柱部分生成一个直径为 26 的通孔，如图 10-104（c）所示。

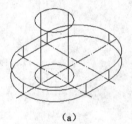
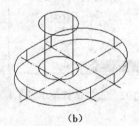
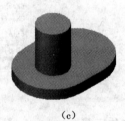

$$(a) \qquad\qquad (b) \qquad\qquad (c)$$

图 10-104   使用差集命令在立体上增加孔

①参照例 10-19 在底板下表面左侧圆心处创建直径为 26、高为 70 的圆柱，如图 10-104（a）所示，注意捕捉圆柱底面圆心。过程略。

②用差集命令从组合体上减去新建的圆柱体，形成圆孔，如图 10-104（b）所示。

Command：_ subtract Select solids and regions to subtract from ...（选择要从中删除的实体或面域 ...）

Select objects：（选择组合体）1 found

Select objects：↙（退出选择）

Select solids and regions to subtract ...（选择要删除的实体或面域 ...）

Select objects：（选择新建的圆柱）1 found

Select objects：↙（退出选择）

（3）利用交集创建组合体

Intersect 命令可以用两个或多个重叠实体的公共部分创建组合实体。删除非重叠部分，用公共部分创建实体。

操作方法如下：

在菜单栏：鼠标左键依次单击 Modify→Solids Editing→Intersect。

在工具栏:鼠标左键单击 Solids Editing 工具栏命令图标 ⬤。

例 10-28　利用相交的圆柱和长方体创建图 10-105(c)所示的立体。

①创建圆柱体和长方体并令它们有重叠的区域,如图 10-105(a)所示,过程略。

②用交集命令形成新的立体,如图 10-105(b)所示。

Command:_intersect

Select objects:(选择圆柱)1 found

Select objects:(选择长方体) 1 found,2 total

Select objects:↙(退出选择)

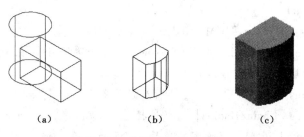

（a）　　　　　　　（b）　　　　　　　（c）

图 10-105　利用交集生成立体

2. 三维实体倒角、圆角

三维实体的倒角、圆角仍然使用 Modify 菜单中的 Chamfer(倒角)命令和 Fillet(圆角)命令,但操作过程有所不同。

(1)三维实体倒角

操作方法如下:

在菜单栏:鼠标左键依次单击 Modify→Chamfer。

在工具栏:鼠标左键单击 Modify 工具栏命令图标 ⌐。

例 10-29　在例 10-16 创建的长方体前部上边生成距离为 20 的倒角,如图 10-106 所示。

Command:_chamfer

(TRIM mode) Current chamfer Dist1 = 10.0000,Dist2 = 10.0000

Select first line or [Polyline/Distance/Angle/Trim/Method]:(选择第一条直线或[多段线(P)/距离(D)/角度(A)/修剪(T)/方法(M),拾取前上棱边])

Base surface selection...(基面选择...)

Enter surface selection option [Next/OK(current)] <OK>:↙(输入曲面选择选项[下一个/当前],回车默认前表面或上表面为基面)

Specify base surface chamfer distance <10.0000>:20↙(指定基面倒角距离,输入倒角距离)

Specify other surface chamfer distance <10.0000>:20↙(指定另一表面倒角距离,输入倒角距离)

Select an edge or [Loop]:Select an edge or [Loop]:(选择边或[环],拾取前上棱边)

(2)三维实体倒角

操作方法如下:

在菜单栏:鼠标左键依次单击 Modify→Fillet。

在工具栏:鼠标左键单击 Modify 工具栏命令图标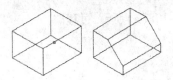。

图 10-106　长方体倒角

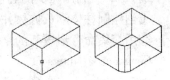

图 10-107　长方体圆角

例 10-30　在例 10-16 创建的长方体前部左边生成半径为 8 的圆角,如图 10-107 所示。

Command: _ fillet

Current settings: Mode ＝ TRIM, Radius ＝ 10.0000

Select first object or ［Polyline/Radius/Trim］:(选择第一个对象或［多段线(P)/半径(R)/修剪(T)],拾取前部左侧棱边)

Enter fillet radius ＜10.0000＞: 8 ↙(输入圆角半径)

Select an edge or ［Chain/Radius］: ↙(选择边或［链/半径],回车,退出选择)

1 edge(s) selected for fillet.(选定圆角的 1 个边)

10.12.4　利用用户坐标系(UCS)创建三维实体

利用 UCS 命令创建立体过程

(1)左视 UCS

在菜单栏:鼠标左键单击 Tools→Othographic UCS→Left。

在工具栏:鼠标左键单击命令图标:  (在 UCS Ⅱ工具栏的下拉工具图标中选择)。

选择不同的图标可以启动其他正交 UCS 命令,如:Front(主视)、Top(俯视)、Right(右视)等。

(2)移动 UCS

在菜单栏:鼠标左键单击 Tools→Move UCS。

在工具栏:鼠标左键单击命令图标 (在 UCS Ⅱ工具栏中)。

(3)三点 UCS

在菜单栏:鼠标左键单击 Tools→New UCS→3 Point UCS。

在工具栏:鼠标左键单击命令图标 (在 UCS 工具栏中)。

例 10-31　在例 10-29 创建的带倒角长方体的左侧面生成直径为 10、高为 10 的圆柱;在长方体的斜面生成直径为 20、高为 15 的圆柱,如图 10-108(f)所示。

①建立左视的 UCS,如图 10-108(a)所示。

Command: _ ucs

Current ucs name:　＊TOP ＊

Enter an option ［New/Move/orthoGraphic/Prev/Restore/Save/Del/Apply/? /World］＜World＞: _ g(输入选项[新建(N)/移动(M)/正交(G)/上一个(P)/恢复(R)/保存(S)/删除(D)/应用(A)/? /世界(W)],选择"正交 UCS")

Enter an option［Top/Bottom/Front/BAck/Left/Right］＜Top＞: _ l(输入选项［俯视(T)/

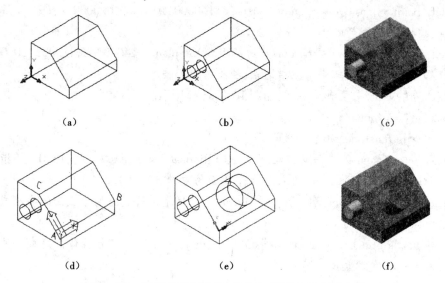

(a)　　　　　　　　　(b)　　　　　　　　　(c)

(d)　　　　　　　　　(e)　　　　　　　　　(f)

图 10-108　利用正交 UCS、移动 UCS、新建 UCS 创建立体

仰视(B)/主视(F)/后视(BA)/左视(L)/右视(R)],选择"左视 UCS")

②将 UCS 移到长方体左后下角处,如图 10-108(a)所示。

Command:_ucs

Current ucs name:　*LEFT*

Enter an option [New/Move/orthoGraphic/Prev/Restore/Save/Del/Apply/?/World] <World>:_move(输入选项[新建(N)/移动(M)/正交(G)/上一个(P)/恢复(R)/保存(S)/删除(D)/应用(A)/?/世界(W)],选择"移动 UCS")

Specify new origin point or [Zdepth] <0,0,0>:(指定新原点或[Z 向深度],捕捉拾取新原点)

③在建立的 UCS 中生成圆柱体,如图 10-108(b)所示。

Command:_cylinder

Current wire frame density:　ISOLINES=4

Specify center point for base of cylinder or [Elliptical] <0,0,0>:17,20,0↙(指定圆柱体底面的中心点或[椭圆(E)],输入圆柱体底面的中心点坐标)

Specify radius for base of cylinder or [Diameter]:5↙(指定圆柱体底面的半径或[直径(D)],输入圆柱体底面的半径)

Specify height of cylinder or [Center of other end]:10↙(指定圆柱体高度或[另一个圆心(C)],输入圆柱体高度)

④利用三点在斜面上新建 UCS,如图 10-108(d)所示。

Command:_ucs

Current ucs name:　*LEFT*

Enter an option [New/Move/orthoGraphic/Prev/Restore/Save/Del/Apply/?/World] <World>:_3(输入选项[新建(N)/移动(M)/正交(G)/上一个(P)/恢复(R)/保存(S)/删除(D)/应用(A)/?/世界(W)],选择"新建 UCS")

Specify new origin point <0,0,0>:(指定新原点,捕捉拾取 A 点)

Specify point on positive portion of X-axis <41.0000,10.0000,0.0000>:(在正 X 轴范围上指定点,捕捉拾取 B 点)

Specify point on positive-Y portion of the UCS XY plane <40.0000,11.0000,0.0000>:(在 UCS XY 平面的正 Y 轴范围上指定点,捕捉拾取 C 点)

⑤在建立的 UCS 中生成圆柱体,如图 10-108(e)所示。

Command:_cylinder

Current wire frame density: ISOLINES = 4

Specify center point for base of cylinder or [Elliptical] <0,0,0>:20,15,0↙(指定圆柱体底面的中心点或[椭圆(E)],输入圆柱体底面的中心点坐标)

Specify radius for base of cylinder or [Diameter]:10↙(指定圆柱体底面的半径或[直径(D)],输入圆柱体底面的半径)

Specify height of cylinder or [Center of other end]:15↙(指定圆柱体高度或[另一个圆心(C)],输入圆柱体高度)

10.12.5 利用视图命令和着色命令使三维实体具有真实感

利用 3D View 命令和 Shade 命令创建真实感立体过程。

(1)正等测

在菜单栏:鼠标左键单击 View→3D View→SW Isomatric。

在工具栏:鼠标左键单击 View 工具栏命令图标 。

(2)三维线框

利用此命令可以显示用直线和曲线表示边界的对象,同时显示一个着色的 UCS 三维图标。

在菜单栏:鼠标左键单击 View→Shade→3D Wireframe。

在工具栏:鼠标左键单击 Shade 工具栏命令图标 。

(3)体着色

此命令可以令对象着色并在多边形面之间光顺边界,给对象一个光滑具有真实感的形象,并显示已应用到对象的材质。

在菜单栏:鼠标左键单击 View→Shade→Gouraud Shaded。

在工具栏:鼠标左键单击 Shade 工具栏命令图标 。

例 10-32 创建直径为 60、高度为 80 的圆柱体,分别用正等测的三维线框和体着色表示,如图 10-109 所示。

①创建圆柱体,过程见例 10-19。结果显示为圆柱二维线框的俯视图,如图 10-109(a)所示。

②显示为正等测图。

Command:_-view

Enter an option [?/Orthographic/Delete/Restore/Save/Ucs/Window]:_swiso Regenerating model.(输入选项[?/正交(O)/删除(D)/恢复(R)/保存(S)/UCS/窗口(W)])

结果显示为圆柱二维线框的正等测图,如图 10-109(b)所示。

③用三维线框表示。

Command：_ shademode Current mode：2D wireframe(当前模式：二维线框)

Enter option〔2D wireframe/3D wireframe/Hidden/Flat/Gouraud/fLat + edges/gOuraud + edges〕<2D wireframe >：_3(输入选项〔二维线框(2D)/三维线框(3D)/消隐(H)/平面着色(F)/体着色(G)/带边框平面着色(L)/带边框体着色(O)〕,选择三维线框)

结果显示为圆柱三维线框的正等测图,如图 10-109(c)所示。

④体着色。

Command：_ shademode Current mode：3D wireframe(当前模式：三维线框)

Enter option〔2D wireframe/3D wireframe/Hidden/Flat/Gouraud/fLat + edges/gOuraud + edges〕<3D wireframe >：_g(输入选项〔二维线框(2D)/三维线框(3D)/消隐(H)/平面着色(F)/体着色(G)/带边框平面着色(L)/带边框体着色(O)〕,选择体着色)

结果显示为圆柱体着色的正等测 UCS,如图 10-109(d)所示。

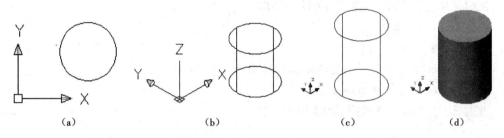

(a)   (b)   (c)   (d)

图 10-109　各种显示方式的比较

10.12.6　综合举例

例 10-33　创建如图 10-118 所示的开槽半球,其中球的直径为 100,槽宽 40,槽底面距球心 24。

(1)创建球体并显示为正等测图

球体直径为 100,球心坐标(200,150,0),过程略。

(2)将坐标原点移到球心处

启动 Move UCS 命令后捕捉拾取球心即可,过程略。

(3)建立俯视的 UCS

如图 10-110 所示,过程略。此题若从画新图开始,则这一步可以省略。

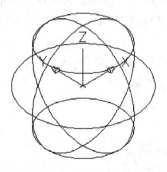

图 10-110　原点在球心的俯视 UCS

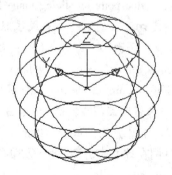

图 10-111　球体被分为两部分

（4）用 *XOY* 平面切开球体

Command：_ slice

Select objects：（拾取球体上的任意一点）1 found

Select objects：↙（退出选择）

Specify first point on slicing plane by［Object/Zaxis/View/XY/YZ/ZX/3points］ ＜3points＞：xy↙（指定切面上的第一个点或依照［对象(O)/Z 轴/视图(V)/XY 平面/YZ 平面/ZX 平面/三点(3)］,指定 *XY* 面为切面）

Specify a point on the XY-plane ＜0,0,0＞：↙（指定 *XY* 平面上的点,回车默认缺省值为(0,0,0)）

Specify a point on desired side of the plane or［keep Both sides］：b↙（在要保留的一侧指定点或［保留两侧(B)］,选择"保留两侧"）

此时球体分为两部分,如图 10-111 所示。

（5）擦除下半个球体

Command：_ erase

Select objects：（拾取下半个球体上的任意一点）1 found

Select objects：↙（退出选择）

此时,下半个球体被擦掉,如图 10-112 所示。

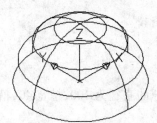

图 10-112　上半个球体

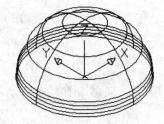

图 10-113　上半个球分为两部分

（6）用在球心上方 24 处 *XOY* 的平行面切开半球

Command：_ slice

Select objects：（选择上半个球体的任意一点） 1 found

Select objects：↙（退出选择）

Specify first point on slicing plane by［Object/Zaxis/View/XY/YZ/ZX/3points］ ＜3points＞：xy↙（指定切面上的第一个点或依照［对象(O)/Z 轴(Z)/视图(V)/XY 平面(XY)/YZ 平面(YZ)/ZX 平面(ZX)/三点(3)］,指定 *XY* 面为切面）

Specify a point on the XY-plane ＜0,0,0＞：0,0,24↙（指定 *XY* 平面上的点）

Specify a point on desired side of the plane or［keep Both sides］：b↙（在要保留的一侧指定点或［保留两侧(B)］,选择"保留两侧"）

此时,半球分为两部分,如图 10-113 所示。

（7）用在球心右方 20 处 *YOZ* 的平行面切开半球的上部

Command：_ slice

Select objects：（拾取球冠上的任意一点）1 found

Select objects：↙（退出选择）

Specify first point on slicing plane by [Object/Zaxis/View/XY/YZ/ZX/3points] <3points>: yz↙（指定 YZ 面为切面）

Specify a point on the YZ-plane <0,0,0>: 20,0,0↙（输入 YZ 平面上的点的坐标）

Specify a point on desired side of the plane or [keep Both sides]: b↙（保留两侧）

此时球冠分为两部分，如图 10-114 所示。

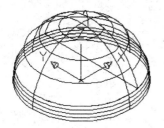
图 10-114　球冠分为两部分

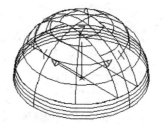
图 10-115　球冠左侧分为两部分

(8)用在球心左方 20 处的 YOZ 的平行面切开球冠的左边部分

Command：_ slice

Select objects：（拾取球冠左边部分的任意一点）1 found

Select objects：↙（退出选择）

Specify first point on slicing plane by [Object/Zaxis/View/XY/YZ/ZX/3points] <3points>: yz↙（指定 YZ 面为切面）

Specify a point on the YZ-plane <0,0,0>: −20,0,0↙（输入 YZ 平面上的点的坐标）

Specify a point on desired side of the plane or [keep Both sides]: b↙（保留两侧）

此时球冠左侧又分为两部分，如图 10-115 所示。

(9)擦除球冠的中间部分并移动 UCS（图 10-116）

Command：_ erase

Select objects：（拾取球冠的中间部分的任意一点）1 found

Select objects：↙（退出选择）

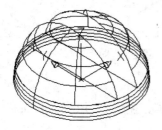
图 10-116　擦去球冠中间部分

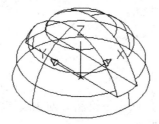
图 10-117　并集

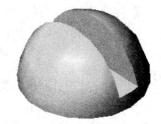
图 10-118　着色

(10)用并集命令将剩余的三部分合为一体（图 10-117）

Command：_ union

Select objects：（拾取半球下部的任意一点）1 found

Select objects：（拾取球冠左部的任意一点）1 found, 2 total

Select objects：（拾取球冠右部的任意一点）1 found, 3 total

Select objects：↙（退出选择）

(11)用着色命令 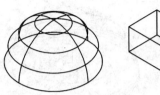着色

着色如图 10-118 所示,过程略。

另一种作法:先创建半球和长方体,如图 10-119 所示,然后通过移动使两者处于符合题目要求的相对位置,如图 10-120 所示,最后用差集命令完成通槽的创建。具体步骤略。

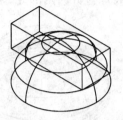

图 10-119　创建半球与长方体　　　　　　图 10-120　移动长方体
至正确位置

例 10-34　创建如图 10-121 所示的组合体。

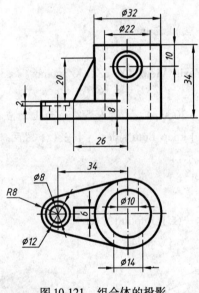

图 10-121　组合体的投影

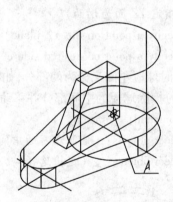

图 10-122　创建底板、
圆柱体、肋板

(1)创建底板、圆柱体、肋板

如图 10-122 所示,在 Top UCS 状态下绘制。创建圆柱体时注意捕捉拾取底板底面右侧的圆心。变换到 Front UCS 创建肋板。

操作方法如下:

在菜单栏:鼠标左键依次单击 `Tools` → `Orthographic UCS` → `Front`。

在绘图工具栏:鼠标左键单击 Polyline 命令图标 ↪,绘制图 10-123 所示图形。用 Extrude(拉伸)命令 ⬚ 创建立体。用 Move 命令 ✛ 将其移到图 10-122 所示的位置,肋板的移动基点为利用"中点捕捉命令 ✒"拾取的 A 点,移动的目标点为底板上表面右侧的圆心,同样需要捕捉拾取。

302

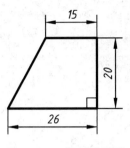

图 10-123　肋板平面图

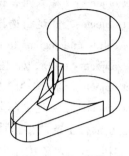

图 10-124　并集

（2）用并集命令 ⓪将底板、圆柱体、肋板结合为一体

如图 10-124 所示,过程略。

（3）用差集命令 ⓪创建 $\Phi22$ 的通孔

如图 10-125 所示,绘制 $\Phi22$ 圆柱确定圆心时选择捕捉底面圆心,过程略。

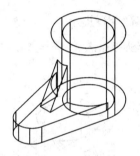

图 10-125　生成铅垂孔

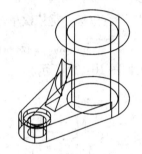

图 10-126　生成底板上的阶梯孔

（4）创建底板上的阶梯孔

创建 $\Phi8$ 的圆柱,如图 10-126 所示。

Command：_ cylinder

Current wire frame density：　ISOLINES = 4

Specify center point for base of cylinder or［Elliptical］＜0,0,0＞:（捕捉拾取底板底面左侧圆心）

Specify radius for base of cylinder or［Diameter］:4✓（输入圆柱体的半径）

Specify height of cylinder or［Center of other end］:6✓（输入圆柱体高度）

创建 $\Phi12$ 圆柱,如图 10-126 所示。

Command：_ cylinder

Current wire frame density：　ISOLINES = 4

Specify center point for base of cylinder or［Elliptical］＜0,0,0＞:（捕捉拾取 $\Phi8$ 圆柱顶面圆心）

Specify radius for base of cylinder or［Diameter］:6✓（输入圆柱体的半径）

Specify height of cylinder or［Center of other end］:2✓（输入圆柱体高度）

用差集命令 ⓪形成阶梯孔,如图 10-126 所示。

Command：_ subtract Select solids and regions to subtract from ..

Select objects：（拾取组合体上的任意一点）1 found

Select objects：✓（退出选择）

Select solids and regions to subtract ..

Select objects：（拾取 Φ8 圆柱）1 found

Select objects：（拾取 Φ12 圆柱）1 found, 2 total

Select objects：✓（退出命令）

（5）创建圆柱上的两个正垂孔

在状态栏：单击对象捕捉按钮 OSNAP ，打开对象捕捉状态。

在菜单栏：鼠标左键依次单击 Tools → Orthographic UCS → Front 。

在菜单栏：鼠标左键依次单击 Tools → New UCS → Origin ，系统在命令行提示：

`<World>: _o`
`Specify new origin point <0,0,0>:`（指定新坐标原点）

移动光标到图 10-126 所示的圆柱上表面做圆心捕捉（圆心处有一黄色小圆光标），单击鼠标左键，坐标被移到圆心处。

在菜单栏：鼠标左键依次单击 Tools → Move UCS ，系统在命令行提示：

`<World>: _move`
`Specify new origin point or [Zdepth]<0,0,0>: 0,-10,0`（键盘输入新坐标原点）

结果如图 10-127 所示。

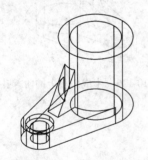
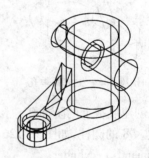

图 10-127　生成水平剖面图　　　　　　图 10-128　生成两个正垂圆柱

创建 Φ14 的圆柱，如图 10-128 所示。

Command：_ cylinder

Current wire frame density：　ISOLINES = 4

Specify center point for base of cylinder or ［Elliptical］ ＜0,0,0＞:（默认回车）

Specify radius for base of cylinder or ［Diameter］: 7 ✓（输入圆柱体的半径）

Specify height of cylinder or ［Center of other end］: 20 ✓（输入圆柱体高度）

创建 Φ10 的圆柱，如图 10-128 所示。

Command：_ cylinder

Current wire frame density：　ISOLINES = 4

Specify center point for base of cylinder or ［Elliptical］ ＜0,0,0＞:（默认回车）

Specify radius for base of cylinder or ［Diameter］: 5 ✓（输入圆柱体的半径）

Specify height of cylinder or ［Center of other end］: −20 ✓（输入圆柱体高度）

用差集命令 ⑩ 形成圆筒上的孔，如图 10-129 所示。

Command：_subtract Select solids and regions to subtract from ..

Select objects：(拾取组合体上的任意一点)1 found

Select objects：↙(退出选择)

Select solids and regions to subtract ..

Select objects：(拾取 Φ14 圆柱)1 found

Select objects：(拾取 Φ10 圆柱) 1 found，2 total

Select objects：↙(退出命令)

(6)着色完成后如图 10-130 所示。

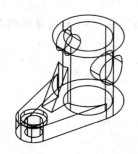

图 10-129　生成两个正垂孔

图 10-130　着色

第 11 章　常见工程图的表达方法

本章学习指导

【目的与要求】了解展开图的基本内容和不同形状立体表面的展开方法,掌握展开图的绘制方法;了解焊接图的基本知识,熟悉焊接符号的意义,并掌握焊接符号的标注方法;了解电路图的构成和电路图的绘制方法。

【主要内容】展开图的基本知识及展开图的作图方法,焊接图的绘制方法及焊接符号的标注方法,建筑、化工和电路图的绘制方法简介。

11.1　展开图

11.1.1　展开图的基本知识

在工业生产中,常常有一些零部件或设备由金属板材加工而成。在制造时,首先在金属薄板上按零件图的尺寸绘出各个组成形体的表面展开图,然后下料成型,再用铆接、焊接或咬缝连接而成。

立体表面的展开就是把围成立体的表面依次连续地平摊在一个平面上。立体表面展开后所得的平面图形称为展开图。图 11-1 为圆锥管表面展开过程及其展开图。

有些立体的表面可以摊平在一个平面上,这种表面称为可展开面。平面立体的表面以及直纹曲面中相邻二素线是平行或相交的曲面(例如柱面和锥面)都是可展开面。

有些立体的表面只能近似地摊平在一个平面上,称为不可展面。以曲线为母线的双向曲面(如球面和环面)以及母线为直线,但相邻二素线既不平行又不相交的扭面(例如双曲抛物面)都是不可展面。

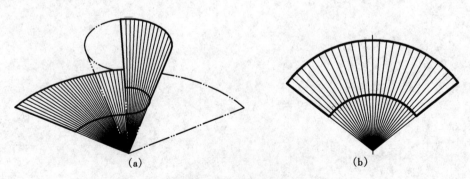

(a)　　　　　　　　　　　　　　　(b)

图 11-1　圆锥管表面的展开

画展开图实质上是一个如何求立体表面实形的问题。

表面展开后,必有一个接口。选择接口位置的原则是:节省材料、便于加工、易于安装。在接口处,如果采用咬缝连接,还要根据咬缝的形式、板材的厚度,增加咬缝裕量。

在实际生产中,绘制展开图的方法有图解法和计算法。图解法是根据投影原理,先作出投影图,再用作图方法求出作展开图所需的线段实长和平面图形的实形,然后绘出展开图。图解法作展开图较直观、简单,适用于中、小构件。计算法是用解析式来计算出作展开图的实长尺寸来绘制展开图,省略了作投影图和求实长等烦琐的作图过程,且有精确度高的优点,一般大构件用计算法较适宜。计算法能用计算机来进行计算和绘制展开图,并能控制切割和自动下料,大大提高了扳金工展开的生产率和精确度,是今后发展的方向。

本章仅介绍图解法求作展开图的方法。

11.1.2 平面立体表面的展开

求平面立体的表面展开图实质,就是要求出属于立体表面的所有多边形的实形,并将它们依次连续地画在一个平面上。

1. 棱柱管表面的展开

棱柱管的侧面都是四边形,而且棱线相互平行。因此,只要求出各侧棱和底边的实长,就可以绘出棱柱表面的展开图。图11-2(a)为斜口直棱柱管的两面投影图。由于四棱柱底面 ABCD 平行于 H 面,其 H 面投影反映实形。各侧棱 EA、FB、GC 和 HD 均为铅垂线,正面投影反映实长。根据这个关系就可以作出四个侧面的实形。其展开图的作图过程如下。

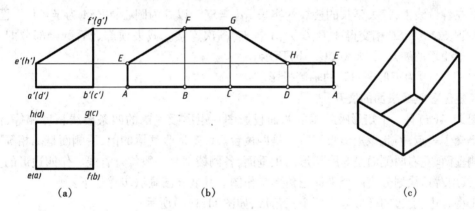

(a)   (b)   (c)

图 11-2　四棱柱管的展开图

①四棱柱各底边平行于 H 投影面,其各边反映实长。可按四棱柱底面各边实长顺次展开成一水平线,标出 A、B、C、D、A 等点。

②过这些点作垂线,在所作垂线上量取各侧边棱线的实长,即得诸点 E、F、G、H、E。

③顺次连接各侧棱端点,得出这个棱柱管的展开图,如图11-2(b)所示。

图11-2(c)为棱柱管的轴测投影。

2. 矩形渐缩管的展开

图11-3(a)为矩形渐缩管的两面投影图。棱线延长后交于一点 S,形成一个倒置的四棱锥。可见此渐缩管是四棱台。四棱锥的四条棱线的实长相等,可用换面法求实长,然后按已知边长作三角形的方法顺次作出各三角形棱面的实形,拼得四棱锥的展开图。截去延长的下段棱锥的各棱面,就是渐缩管的展开图。其展开图的作图过程如下。

①用换面法求棱线的实长,如图11-3(a)所示。作新轴 $O_1X_1 \parallel s'h'$;过 s'、h' 点作 O_1X_1 的垂线;在垂线上截取 $s_11_{X1} = s1_X$,$h_12_{X1} = h2_X$,s_1h_1 即为棱线实长。

②作展开图。如图11-3(b)所示,作 $SE = s_1h_1$。以 S 为圆心,SE 为半径作一圆弧。因矩形 efgh 反映实形,其各边反映实长。在圆弧上截取弦长 $EF = ef$、$FG = fg$、$GH = gh$、$HE = $

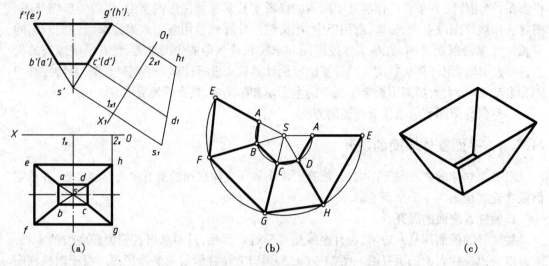

图 11-3　矩形渐缩管的展开图

he, 得 E、F、G、H、E 交点, 将它们与 S 点相连, 即为完整的四棱锥的展开图。

③在各棱线上, 截去延长的棱线的实长 $s_1d_1 = SA$。以 S 为圆心, 以 SA 为半径作一圆弧, 与 SE、SF、SG、SH、SE 相交得 A、B、C、D、A 各点, 顺次连接。截去顶部之后剩余部分即为这个矩形渐缩管的展开图, 如图 11-3(b)所示。

图 11-3(c)为矩形渐缩管的轴测投影。

3. 矩形吸气罩表面的展开

图 11-4(a)是一个矩形吸气罩的两面投影图。矩形吸气罩的四条棱线长度相等, 但延长后不交于一点, 因此该矩形吸气罩不是四棱台。该矩形吸气罩的前、后侧面是两相等四边形的侧垂面, 左右两侧面是等腰梯形的正垂面, 各侧棱都是一般位置直线。作四边形的实形时, 将其用对角线划分为两个平面三角形来作图。其展开图画法步骤如下:

①将右边、前边的梯形分为两个三角形, 如图 11-4(a)所示;

②用直角三角形法求各侧棱及对角线的实长, 为了图形清晰且节省图面, 把求各线段的实长图集中画在一起, 如图 11-4(b)所示;

③根据求出的边长拼画出三角形, 作出前边、右边的梯形, 由于后边和左边的梯形分别与前边和右边的梯形相同, 可依次作出, 便可得出这个矩形吸气罩的展开图, 如图 11-4(c)所示。

图 11-4(d)为矩形吸气罩的轴测投影。

11.1.3　可展曲面的展开

柱面、锥面及切线曲面属单曲面, 其表面上相邻两素线为平行或相交的两直线, 相邻两素线可构成一小片平面, 整个曲面由无限多个这样的小片平面组成。本节主要研究柱面和锥面的展开图的画法。

1. 正圆柱表面的展开

正圆柱表面的展开图是一个矩形, 该矩形高 H 与圆柱面的高相等, 矩形的另一边的长度等于圆柱面的圆周长 πd (d 为圆柱直径), 其展开图的作图步骤如图 11-5 所示, 其中图 (a)为正圆柱的两面投影图, 图(b)为正圆柱的展开图, 图(c)为正圆柱的轴测投影。

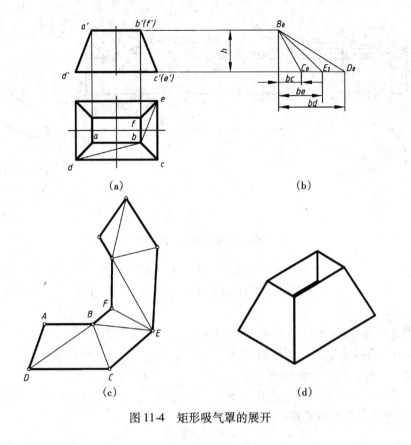

图 11-4　矩形吸气罩的展开

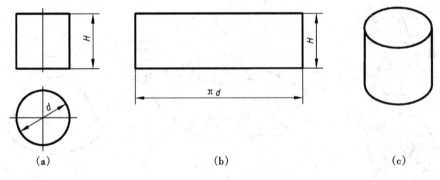

图 11-5　正圆柱表面的展开图

2. 截头正圆柱表面的展开

当正圆柱被一正垂面 P 斜截,其上下底不平行,上底为被平面 P 斜截的椭圆,下底为圆。若把相邻两素线和上下底圆的一部分当作一平面图形,则该平面图形可近似看成直角梯形,它的上下底为两素线,其正面投影反映实长,其一腰垂直于上下底,长度为两素线间的底圆的弧长,其展开图如 11-6 所示。其展开图的作图步骤如下:

①在 H 面投影上,将正圆柱底圆周分为 n 等份(图中 $n=12$),并过各分点作素线的正面投影,与 P_V 分别交于 a'、b'、c'、d'……点,如图 11-6(a)所示;

②将正圆柱底圆周展开为一直线,其长度为 πD,在其上截取各等分点,得 0、I、II ……点,如图 11-6(b)所示;

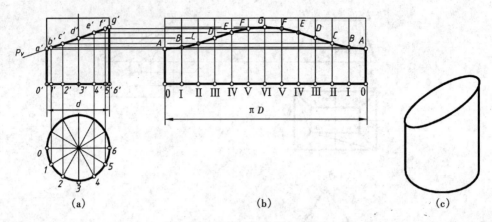

图 11-6　截头正圆柱表面的展开

③过 0、Ⅰ、Ⅱ……各分点作展开线的垂直线，使它们分别等于相应素线的实长，为此可过 a'、b'、c'、d'……各点引水平线与展开图上相应素线相交，得 A、B、C……各点，如图 11-6 (b)所示；

④光滑连接各点后，所得图形即为所求的展开图，如图 11-6(b)所示。

图 11-6(c)为截头正圆柱的轴测投影。

3. 平截口正圆锥管的近似展开

正圆锥管是一种常见的圆台形连接管。展开时，常将圆台延伸成正圆锥，即延伸至顶点 S，如图 11-7 所示。其表面展开图的作图步骤如下：

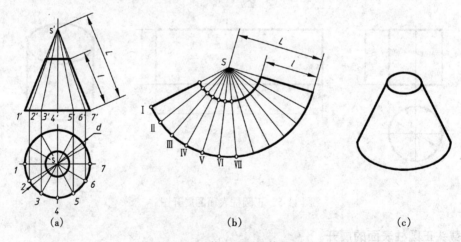

图 11-7　平截口正圆锥管的展开

①把底圆分成若干等份(图中 $n = 12$ 份)，并在正圆锥面上作一系列素线，如图 11-7(a)所示。

②展开时分别用弦长近似代替底圆上的分段弧长，也就是用许多个三角形近似地代替这个圆锥面，依次将这些三角形平摊画在一起，并把拼接后底边上的各顶点连成曲线(圆弧)，即得正圆锥面的展开图，如图 11-7(b)所示；

③在完整的正圆锥面展开图上，截去上面延伸的小圆锥面，即得这个平截口正锥管的展开图，如图 11-7(b)所示。

图 11-7(c)为平截口正圆锥管的轴测投影。

4.斜截口正圆锥面的近似展开

图 11-8(a)为一个斜截口正圆锥管的正面投影图,其表面展开图的作图步骤如下。

①先按展开正圆锥管的方法画出延伸后完整的正圆锥面的展开图。

②求各素线被截去部分的实长。正圆锥被正垂面 P 斜截之后,各素线被截去部分的实长,除了 $s'a'$、$s'g'$ 是正平线的正面投影而反映实长外,其余 $s'b'$,$s'c'$……各段都不反映实长,其实长可用直角三角形法求得 ,即自 b',c'……各点作水平线与 $s'1'$ 相交得 b_1'、c_1'……各点,则 $s'b_1'$、$s'c_1'$……就是延伸部分素线的实长,如图 11-8(a)所示。

③确定截交线上各点在展开图上的位置。在展开图中 SⅠ素线上截取 $SA=s'a'$,得点 A,在 SⅡ素线上截取 $SB=s'b_1'$,得点 B。用同样方法,在各素线上求出 C、D、E……各点,以圆滑曲线连接各点后,扇形下部即为所求的展开图,如图 11-8(b)所示。

图 11-8(c)为斜截口正圆锥的轴测投影。

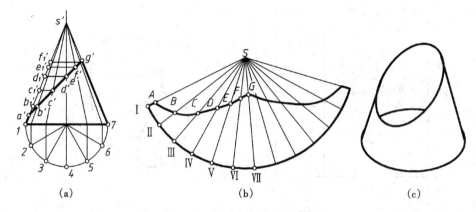

图 11-8   斜截口正圆锥的展开

5.三通管表面的展开

在管道工程中,经常遇到各式各样的叉管。这类叉管表面展开,首先要准确地作出两管的相贯线,然后分别展开各管的表面及面上的相贯线。图 11-9(a)所示的三通管接头是由等径的水平圆管和竖直圆管正交组成,其表面展开图的作图步骤如下。

①求出两管的相贯线。等径的水平圆管和竖直圆管正交,其相贯线的正面投影为相交两直线。

②将两管底圆的圆周分别分为若干等份(例如 12 等份),过各分点作素线,在 V 投 影上,水平圆管和竖直圆管素线均与相贯线相交得 a'、b'……各点,如图 11-9(a)所示。

③展开竖直圆管。按截头圆柱管的展开方法来展开。在相应素线上分别截取素线的实长,得相贯线上 A、B、C、D、E、F、G 各点在展开图上的位置。同理作出竖直管后半部分相贯线上各点,以光滑曲线依次连接后,得竖直管的展开图,如图 11-9(b)所示。

④展开水平圆管。水平圆管展开图是一中间开孔的以水平圆管长 L 为高,以 πd(d 为圆管直径)为底的矩形。在展开图上画出各等分素线,截取相应高度,得相贯线上 A、B、C……各点的展开位置。同理作出水平圆管后半部分相贯线上各点,以光滑曲线依次连接各点,得相贯线的展开图。它所包围的部分就是矩形展开图的中间开孔部分,如图 11-9(c)所示。

图 11-9(d)为三通管的轴测投影。

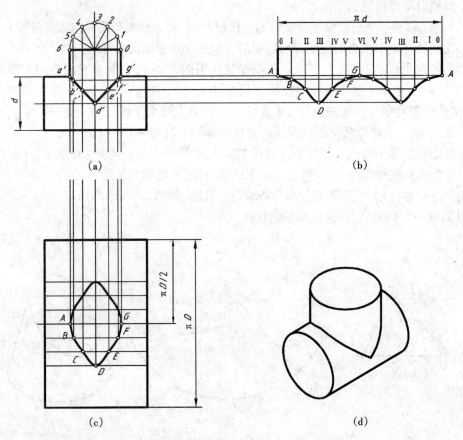

图 11-9　三通管表面的展开

11.1.4　不可展曲面的近似展开

曲面中所有素线均为曲线,相邻两素线不能构成一小平面,属于不可展面。例如球面、扭曲面(包括正螺旋面、阿基米德螺旋面等)及单叶双曲回转面,其相邻两素线为交叉两直线,不能构成一小平面,所以属于不可展曲面。

在生产上有时需要画出不可展曲面的展开图,这时只能采用近似的展开方法作图,即将不可展曲面分为若干小块(有时同一曲面可有几种不同的分法),使每一部分的形状接近某一可展曲面(例如平面、柱面或锥面),然后画出其展开图。

本节仅介绍球面的近似展开方法。

工程上常采用柱面(柳叶)法展开球面。柱面法就是以外切于球面的柱面来代替球面作近似展开图的方法。其要点是通过铅垂旋转轴切割球面为若干等份(每一等份均成柳叶状,故又称柳叶法),并将每一等份用球面的外切圆柱面来代替,然后将这部分圆柱面的展开图作为该部分球面的近似展开图,如图 11-10(b)所示。

具体作展开图的步骤如下。

①在球的 H 投影中,过点 O 将球分为若干等份(例如 6 等份,这里仅画了半球),每一等份就是一片柳叶。又在球的 V 投影中,也分球的 V 投影轮廓线为若干等份(图中为 3 等

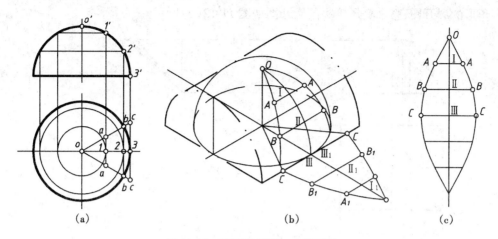

图 11-10　球面的展开——柱面法

份),并过等分点 1′、2′、3′作纬圆的 V 投影,然后作纬圆的 H 投影。再在球的 H 投影中,过点 1、2、3 作纬圆 H 投影的切线,交柳叶片两边线的 H 投影于 a、b、c 点,如图 11-10(a)所示。

②作柳叶片展开图的对称线 $O\text{Ⅲ}$,使它的长度等于 $\pi R/2$(R 为球的半径),并分为 3 等份,上下各得分点 Ⅰ、Ⅱ,如图 11-10(c)所示。或者以 V 投影轮廓线上一等份的弦长 1′2′在对称线上截取 3 等份。

③过各分点,作对称线 $O\text{Ⅲ}$ 的垂直线,并在各垂直线上截取柳叶片的宽度。在分点 Ⅰ 上截取 AA 等于 H 投影 1 点上的 aa 切线之长,在分点 Ⅱ、Ⅲ 上截取 BB、CC 等于切线 bb 和 cc 之长,用光滑曲线连接 O、A、B、C 和 C、B、A、O 点,得半片柳叶的展开图,如图 11-10(c)所示。作出另一半柳叶的展开图。

用这一柳叶的实形作样板,依次连续地画出 6 片柳叶形,就得到整个球面的近似展开图,如图 11-11 所示。

11.1.5　变形接头的展开

图 11-12 所示是一种常用的变形接头,它上接圆柱或圆锥管,下连矩形管。它的侧面是由四个等腰三角形平面和四个相等的倒斜椭圆锥面

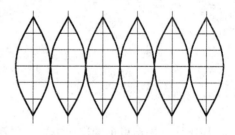

图 11-11　球面的近似展开图

所组成。画展开图时,应求出平面与锥面的分界线。为使变形接头内壁尽可能光滑。三角形平面应与斜椭圆锥面相切。划分时可在 H 投影作四条线,分别平行于矩形下管口的四条边,并与上管口圆相切(图中未画出),得四个切点 1、4、5、6,如图 11-12(a)所示。只要将四个切点与下管口矩形各个顶点连起来,就可以把接头表面划分为四个三角形 ⅠAD、ⅣAB、ⅤBC、ⅥDC 和四个斜锥面 AⅠⅣ、BⅣⅤ、CⅤⅥ、DⅥⅠ。对于斜锥面可将其近似地分为若干个小三角形,然后求出各个三角形的实形。

表面展开的作图步骤如下:

①分上管口圆周为 12 等份,作出四个倒斜椭圆锥的素线,如图 11-12(a)所示;

②用直角三角形法,求斜锥面上四条素线和一条接口线 EI 的实长,如图 11-12(b)所示;

③根据所得各边的实长,先作出 $\triangle A\text{Ⅰ}E$ 的实形,然后在 $\triangle A\text{Ⅰ}E$ 一侧依次作出各斜锥面

和三角形的展开图,整个变形接头的展开图如图11-12(c)所示。

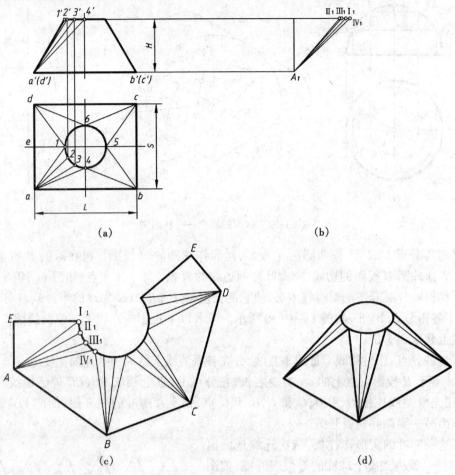

(a)   (b)

(c)   (d)

图 11-12   方圆变接头的展开

11.2   焊接图

焊接是一种不可拆的连接方式。焊接是将被焊接处以局部加热至金属熔化或接近熔化时将被连接件融合在一起。焊接在机械、化工、建筑、船舶、电器等行业中使用得很广泛。

11.2.1   焊接分类

按焊接接头的基本形式可分为对接接头、T 形接头、角接接头和搭接接头。按焊缝结合形式可分为对接焊缝、角接焊缝和塞焊缝,如图 11-13 所示。

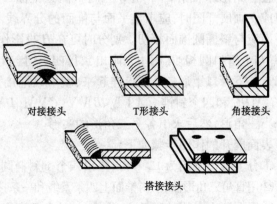

对接接头   T形接头   角接接头

搭接接头

图 11-13   焊接分类

11.2.2 焊缝符号及其标注方法

国家标准"GB/T 324—1988"规定了焊缝符号的表示方法。焊缝符号一般由基本符号、辅助符号、补充符号、焊缝尺寸和指引线组成。

1.基本符号

基本符号是表示焊缝截面形状的符号,其线宽为粗实线宽度的0.7倍。常见焊缝基本符号如表11-1所示。

表11-1 常见焊缝的基本符号

名 称	图 例	符 号
I形焊缝		‖
V形焊缝		V
单边V形焊缝		V
带钝边V形焊缝		 Y
带钝边单边V形焊缝		 Y
带钝边J形焊缝		 Y
角焊缝		◁
塞焊缝	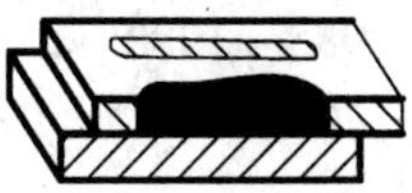	⊓
点焊缝	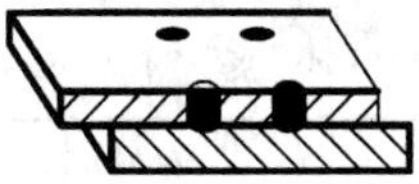	○

（注：最左侧纵向合并单元格为"基本符号"）

2.辅助符号

辅助符号是表示焊缝表面特征的符号,表11-2列举了几种常见的辅助符号的名称、形式和符号。

表 11-2　常见焊接的辅助符号

名　称	图　例	符　号	说　明
平面符号		—	对接焊缝表面平齐（一般需要加工）
凸面符号		⌢	表示焊缝表面凸起
凹面符号		⌣	表示焊缝表面凹陷

（"辅助符号"为第一列竖排合并单元格）

表 11-2　常见焊接的辅助符号

3. 补充符号

补充符号是对焊缝的某些特征作的补充说明。表 11-3 列举了几种常见的补充符号。

表 11-3　常见焊接的补充符号

名　称	图　例	符　号	说　明
三面焊缝符号	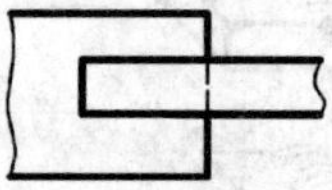	⊏	表示三面带有焊缝
周围焊缝符号	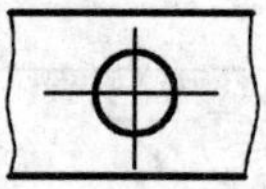	○	表示围绕工件周围焊接
现场符号		 ⚑	表示在工地或现场焊接

（"补充符号"为第一列竖排合并单元格）

4. 焊缝尺寸符号

焊缝尺寸符号是用字母表示对焊缝的尺寸要求,需要注明焊缝尺寸时标注。表 11-4 列举了焊缝尺寸符号及其意义,"GB/T 985—1988"和"GB/T 986—1988"规定了焊缝尺寸的确定方法。

表 11-4　焊缝尺寸符号含义

符号	名　称	符号	名　称	符号	名　称	符号	名　称
δ	工件厚度	c	焊缝宽度	h	余　高	e	焊缝间隙
α	坡口角度	R	根部半径	β	坡口面角度	n	焊缝段数
b	根部间隙	k	焊角尺寸	s	焊缝有效厚度	n	相同焊缝数量
p	钝　边	h	坡口深度	l	焊缝长度	d	熔核直径

316

5. 指引线

指引线是图样上焊接处的标志。指引线一般由带箭头的引出线与两条基准线(一条实线,一条虚线)组成,如图 11-14 所示。指引线的箭头指在接头焊缝一侧时,基本符号标在基准线的实线一侧;指引线的箭头指在接头焊缝的背面时,基本符号标在基准线的虚线一侧。

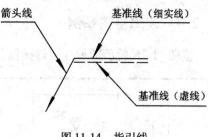

图 11-14　指引线

11.2.3　图样中焊缝的表达方法

1. 图样中焊缝的绘制方法

国家标准 GB/T 12212—1990 规定:图样中一般用焊缝符号表示焊缝,也可采用图示法表示。采用图示法表示焊缝时,焊缝通常使用细实线绘制成栅线(可以徒手绘制)。在剖视图中,焊缝的金属熔焊区断面形状涂黑表示,如图 11-15 所示。

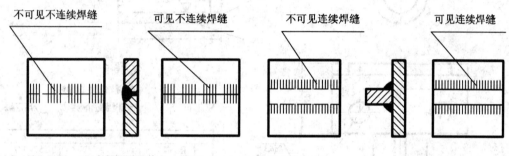

图 11-15　焊缝的绘制方法

2. 焊缝的标注方法

图样中采用图示方法绘制焊缝时应标注焊缝符号,并采用局部放大图将焊缝结构的形状和有关尺寸详细表示出来,表 11-5 表示了几种焊缝的标注示例。

表 11-5　焊缝的标注示例

焊缝型式及图示法	标注示例	说　明
		用埋弧焊形成的带钝边 V 形连续焊缝在箭头侧,钝边 $p = 2$ mm,根部间隙 $b = 2$ mm,坡口角度 $\alpha = 60°$ 用手工电弧焊形成的连续、对称角焊缝,焊角尺寸 $k = 3$
		表示 I 形断续焊缝在箭头侧。焊缝数量 $n = 4$,每段焊缝长度 $l = 6$ mm,焊缝间隙 $e = 4$ mm,焊缝有效厚度 $s = 4$ mm

317

11.2.4 读焊接图举例

读图 11-16 所示轴承挂架焊接图。

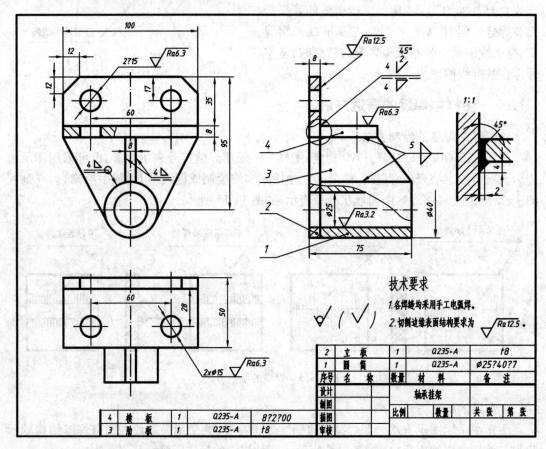

图 11-16 轴承挂架焊接图

从明细栏和视图表达得知,轴承挂架由 4 个零件焊接而成。

主视图中标注了两处焊缝符号。其中"⊿⊙"表示立板与圆筒之间采用环绕圆筒周围焊接,焊缝符号中的"⊿"表示角焊缝,焊角高度 4 mm,"○"表示环绕周围焊接;"4⊿"标注在实线一侧表示标记的位置为可见焊缝。立板与肋板之间的标记有两个箭头指向两处,表示两处焊缝的焊接要求相同。左视图中标记"⟩⁵⟩"表示双面连续角焊缝,焊角高 5 mm,两个箭头所指横板与肋板、肋板与圆筒之间两处焊缝相同。"⁴⊻/⁴▽"表示横板上表面与立板的焊缝为单边"V"形焊缝,坡口角度 45°,间隙为 2 mm,表面铲平,坡口深度 4 mm,虚线下方标记的"4▽"表示横板下表面与立板的焊缝是 4 mm 高的角焊缝,为了更清楚地表达该焊缝的结构尺寸,绘制了该处的局部放大图。

318

11.3 建筑图

对于化工、电子、仪表、机械制造等专业的工程技术人员,有时需要对厂房设计进行必要的了解,实际工作中,为满足生产设备的布置安装、检修和原材料与产品运输的需要,提出生产工艺流程中对厂房的要求。

房屋建筑图由国家标准《建筑制图标准》规定。

11.3.1 建筑图的内容

建筑图一般分为建筑施工图、结构施工图和设备施工图。本节只介绍建筑施工图的有关内容。

建筑施工图包括建筑平面图、建筑立面图、建筑剖面图和建筑结构详图。

1. 建筑平面图

假想用一个水平的剖切平面沿房屋窗台以上的部位剖开,移去上部后,向下投射所得到的投影图,如图 11-17 中的"平面图"。房屋各层都可以作平面图。

2. 建筑立面图

建筑物的各侧立面的直接正投影图。如 11-17 中的"立面图"。

3. 建筑剖视图

假想用一个正平或侧平的剖切平面将建筑物的某一位置剖开,移去靠近观察者的部分,对留下部分所作的正投影图,如图 11-17 中的"1-1 剖视图"。

4. 建筑详图

对建筑物在基本图样中没有表达清楚的结构,采用局部放大的方法详细绘制的图样,如图 11-17 中的"①"详图。

11.3.2 房屋建筑图中有关标准

1. 线型

房屋建筑图中常见图线如下。

①粗实线用于绘制平面图、剖面图中被剖切的主要建筑构造;立面图、详图中被剖切的主要部分、构件的轮廓线和外形轮廓。

②中粗线用于绘制平面图、剖面图中被剖切的次要建筑构件的轮廓线;平面图、立面图、剖视图建筑构配件的轮廓线;构造详图及构配件详图中的一般轮廓线。

③细实线用于绘制尺寸线、尺寸界线、图例线、索引符号、标高符号等。

④虚线用于绘制图例线。

⑤细点画线用于绘制中心线、对称线、定轴线等。

⑥折断线用于绘制不需画全的断开界限。

粗线、中粗线和细实线的宽度比率为 4:2:1。

2. 比例

房屋建筑图一般将绘图比例写在图名的右侧,如图 11-17 所示,字号比图名的字号小一号。当整幅图纸使用相同的绘图比例时,可在标题栏中书写比例。

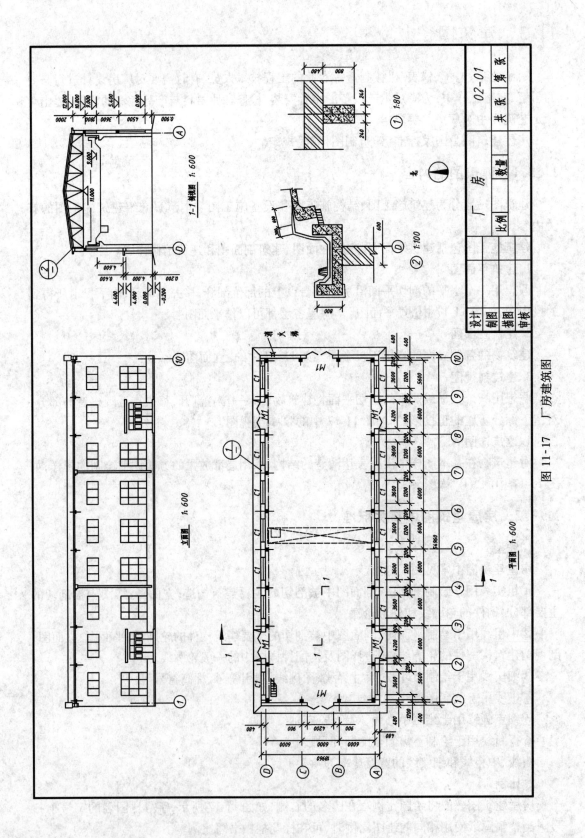

图 11-17　厂房建筑图

3. 尺寸及单位

房屋建筑图中标高尺寸单位采用"米",其他单位全部采用"毫米"。标高尺寸需画出标高符号"▽"。尺寸线的起止点用斜短线表示,如图 11-17 所示。

4. 建筑图例

表示房屋建筑的某些构件和材料的符号为建筑图例,常见的建筑图例如表 11-6 所示。

表 11-6   常见的建筑图例

名　称	图　例	名　称	图　例
单扇门	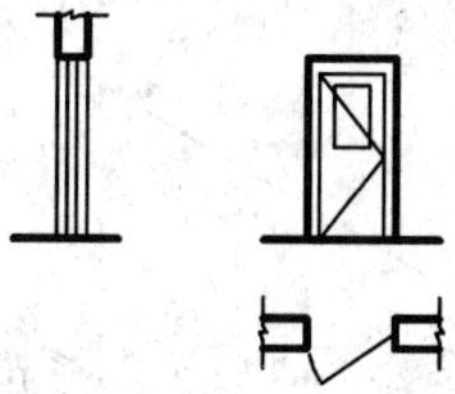	单层固定窗	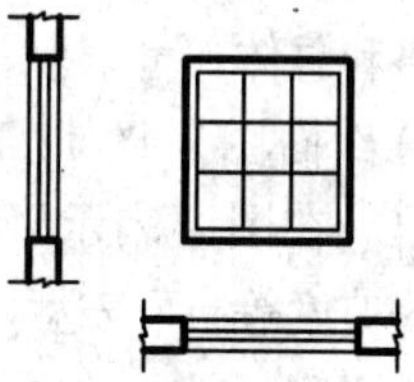
双扇门	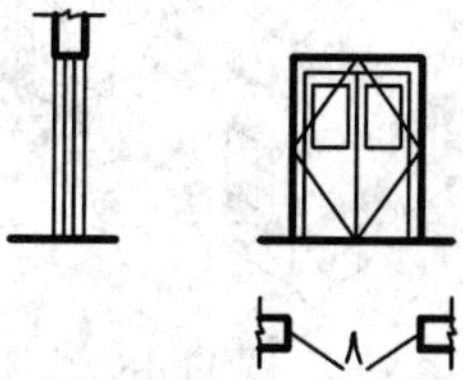	单扇外开平窗	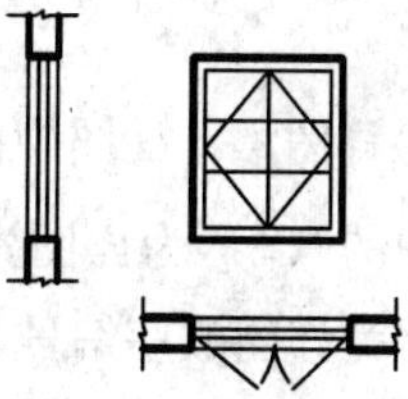
双扇双面弹簧门	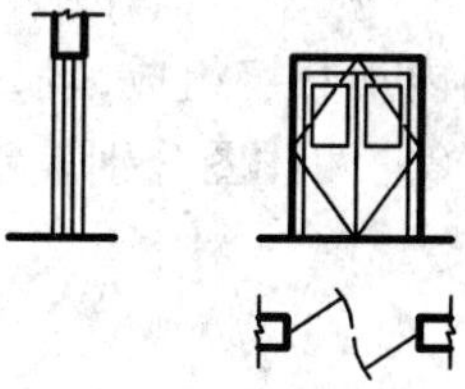	百叶窗	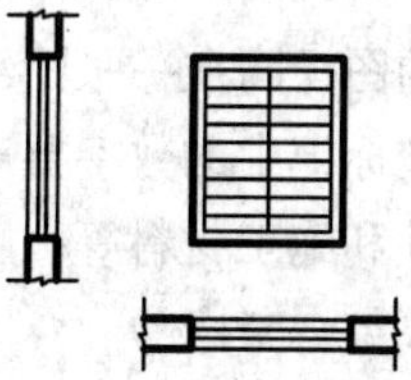
楼　梯	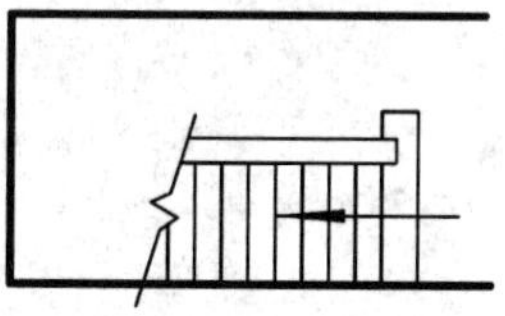	吊车 (梁式起重机)	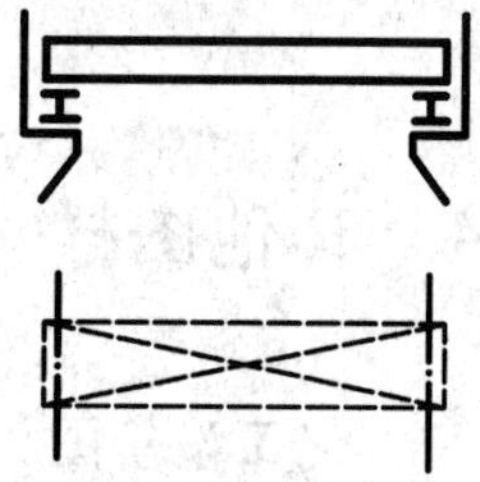

11.3.3 房屋建筑图(图 11-17)举例

1. 概括了解

通过标题栏和有关资料,了解图样表达的建筑物名称、用途、绘制比例、采用的视图、有关注释等内容。本例题所示的建筑物为厂房,是小型的机械加工车间,采用了立面图、平面图、I-I 剖视图和两处详图。

2. 详细分析

按立面图、平面图、剖视图和详图的顺序进行分析,将各图中表达的重点结构找出来。

1)立面图　表达了车间的外形,厂房南北两侧设有大门和上下两排窗户,从图中可以看出各门、窗的形状及它们之间的相对位置。在东西两端还标出了边墙轴线的标记。

2)平面图　表示了东、西、南、北每侧的大门及南、北两侧窗户的规格形状,从图中的编号可以看出,四个方向的6扇门均为二扇对开折叠门,其编号均为"M1",门外均设有出入坡道;南北两侧的窗户编号均为"C1"。从图中还可以看到,北侧左边有一吊车爬梯;轴线为"⑩"的山墙外部设有消防梯。图中对各墙或柱轴线都用点画线引出,并在其末端的圆圈内注上了轴线的编号。

平面图从内向外分别标注了各门、窗的宽度及窗间墙的尺寸、墙和柱轴线之间的距离和总体尺寸。

3)剖面图　图11-17中选用了"1-1剖视图",在图中表示了屋架的结构及屋顶面的坡度等,还表达了吊车的位置。在剖视图两侧标注了各主要结构的标高尺寸。

4)详图　平面图中的"①"与1-1剖视图中的"②"为详图索引符号,圆圈内的数字为详图顺序编号,横线下方的细短线表示此标记所指位置的详图与该符号

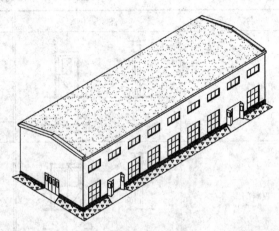

图11-18　厂房立体图

所指的图样同在一张图纸内。详图的标记用圆圈内加数字组成,且该圆圈内的数字与详图索引处标记中的数字要对应。图11-17中"①"、"②"两详图分别表示了这两部位的详细结构尺寸和施工材料等。

3. 综合考虑

将所有图中表达的内容联系起来,综合分析,想象建筑物的整体结构形状,如图11-18所示。

11.4　其他图样

11.4.1　化工设备图

化工设备图也是按正投影原理绘制的。但由于化工设备的结构特点和化工工艺要求的不同,对化工设备的表达方法采用了一些特殊的规定。

常见的化工设备表达方法如下。

1)夸大的表达方法　由于化工设备的总体尺寸与某些结构(如壁厚、管口等)的尺寸相差悬殊,无法按比例清楚地表达设备中所有结构形状,采用夸大的画法,将尺寸较小的部分不按比例绘制出来。在图11-19所示卧式贮罐装配图中,罐体长2 805 mm,筒体直径为1 400 mm,且筒体壁厚只有5 mm,故壁厚是不按比例而夸大绘制出来的。

2)较多采用局部放大图　由于化工设备大量采用焊接结构,为将焊接结构中焊缝类型及尺寸表达清楚,常对此类结构采用局部放大的画法,图11-19中"Ⅰ"和"A—A"两局部放

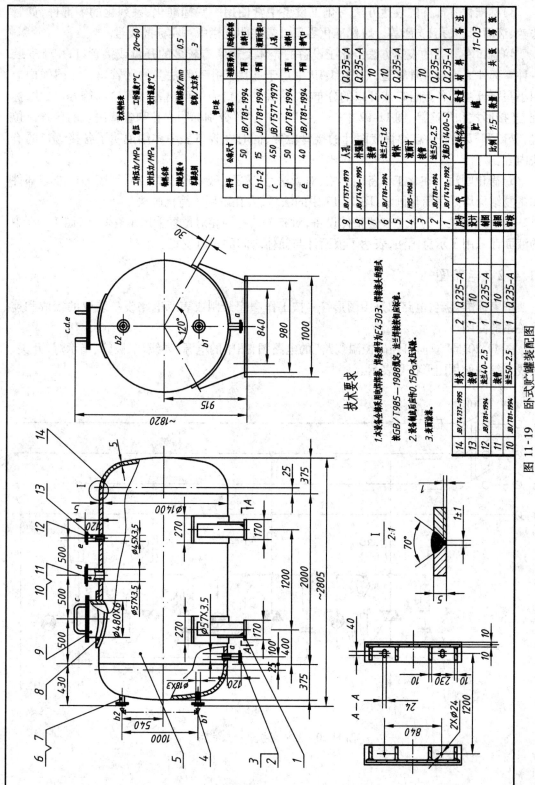

图 11-19 卧式贮罐装配图

大图,分别表示了筒体与封头之间的焊缝和支座的部分结构形状。

3)标准化零部件的表达方法　化工设备中常使用一些标准化、系列化的零部件,如管法兰、液面计、人孔、支座等。对标准化零部件需在明细栏中写明标准代号。

4)管口和开孔的表达方法　化工设备的壳体上通常有较多的开口或接管口,用于安装各种零部件或连接各种管道,如图11-19中用于连接人孔和管法兰的接管口。在图样中应用小写字母注明各接管口或开口的分布方位,并在管口表中列出各接管口的符号、尺寸、标准、连接形式和用途等,图11-19中"a"、"c"、"d"、"e"分别标明人孔和各管法兰的接管口位置,"b1"和"b2"表示玻璃管液面计的接管位置,同时在管口表中详细说明了各接管口的有关内容。

5)简化画法　在化工设备图样中,对管法兰、人孔、液面计、填充物、管束等标准零部件和重复结构均采用简化画法,图11-19中的法兰、人孔采用了简化画法。

6)示意画法　为完整表达整体设备,对有关结构的相对位置采用示意画法,图11-20中的液面计采用了示意画法,表达了液面计与筒体之间的相对位置。

11.4.2　电路图

国家标准规定,电路图是用图形符号按工作顺序绘制成表示电路设备装置的组成和连接关系的简图。

图11-20是"双向可控硅控温线路"的电路图,图中的电源、导线、二极管、指示灯、开关、接线点等均使用图形符号表示。

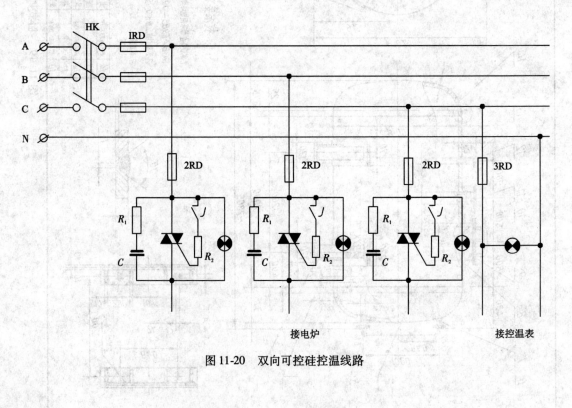

图11-20　双向可控硅控温线路

附　　录

一、螺纹

1. 普通螺纹的直径与螺距 (GB/T 193—2003)

附表1
(mm)

公称直径 d、D			螺　距											
				细　牙										
第1系列	第2系列	第3系列	粗牙	4	3	2	1.5	1.25	1	0.75	0.5	0.35	0.25	0.2
3			0.5									0.35		
	3.5		0.6									0.35		
4			0.7								0.5			
	4.5		0.75								0.5			
5			0.8								0.5			
		5.5									0.5			
6			1							0.75				
	7		1							0.75				
8			1.25						1	0.75				
		9	1.25						1	0.75				
10			1.5					1.25	1	0.75				
		11	1.5				1.5		1	0.75				
12			1.75					1.25	1					
	14		2				1.5		1					
		15					1.5		1					
16			2				1.5		1					
		17					1.5		1					
	18		2.5			2	1.5		1					
20			2.5			2	1.5		1					
	22		2.5			2	1.5		1					
24			3			2	1.5		1					
		25				2	1.5		1					
		26					1.5							
	27		3			2	1.5		1					
		28				2	1.5		1					
30			3.5		(3)	2	1.5		1					
		32				2	1.5							
	33		3.5		(3)	2	1.5							
36			4		3	2	1.5							
		38					1.5							
	39		4		3	2	1.5							
		40			3	2	1.5							
42			4.5	4	3	2	1.5							
	45		4.5	4	3	2	1.5							
48			5	4	3	2	1.5							
		50			3	2	1.5							
	52		5	4	3	2	1.5							
		55		4	3	2	1.5							
56			5.5	4	3	2	1.5							
		58		4	3	2	1.5							
	60		5.5	4	3	2	1.5							
		62		4	3	2	1.5							
64			6	4	3	2	1.5							

2.普通螺纹的基本尺寸(GB/T 196—2003)

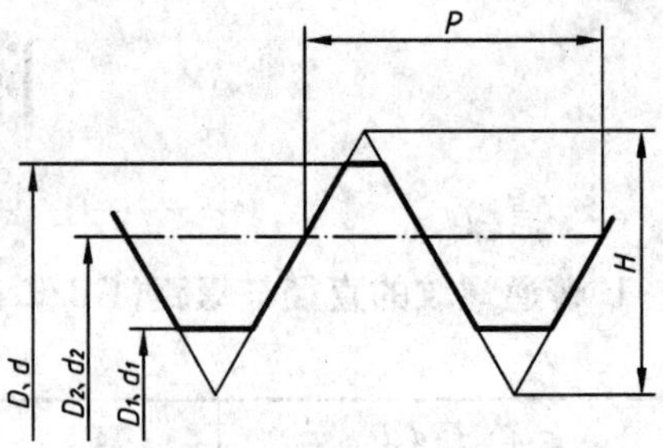

代号的含义:

D——内螺纹的基本大径(公称直径)

d——外螺纹的基本大径(公称直径)

D_2——内螺纹的基本中径

d_2——外螺纹的基本中径

D_1——内螺纹的基本小径

d_1——外螺纹的基本小径

H——原始三角形高度

P——螺距

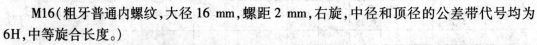

标记示例:

M16(粗牙普通内螺纹,大径 16 mm,螺距 2 mm,右旋,中径和顶径的公差带代号均为 6H,中等旋合长度。)

M16×1.5—5g6g(细牙普通外螺纹,大径 16 mm,螺距 1.5 mm,右旋,中径公差带代号为 5 g,顶径公差带代号为 6 g,中等旋合长度)

附表 2 　　　　　　　　　　　　　　　(mm)

公称直径(大径) D、d	螺距 P	中径 D_2、d_2	小径 D_1、d_1	公称直径(大径) D、d	螺距 P	中径 D_2、d_2	小径 D_1、d_1	公称直径(大径) D、d	螺距 P	中径 D_2、d_2	小径 D_1、d_1
3	0.5	2.675	2.459	9	1.25	8.188	7.647	15	1.5	14.026	13.376
3	0.35	2.773	2.621	9	1	8.35	7.917	15	1	14.35	13.917
3.5	0.6	3.110	2.85	9	0.75	8.513	8.188	16	2	14.701	13.835
3.5	0.35	3.273	3.121	10	1.5	9.026	8.376	16	1.5	15.026	14.376
4	0.7	3.545	3.242	10	1.25	9.188	8.647	16	1	15.35	14.917
4	0.5	3.675	3.459	10	1	9.35	8.917	17	1.5	16.026	15.376
4.5	0.75	4.013	3.688	10	0.75	9.513	9.188	17	1	16.35	15.917
4.5	0.5	4.175	3.959	11	1.5	10.026	9.376	18	2.5	16.376	15.294
5	0.8	4.480	4.134	11	1	10.35	9.917	18	2	16.701	15.835
5	0.5	4.675	4.459	11	0.75	10.513	10.188	18	1.5	17.026	16.376
5.5		5.175	4.959	12	1.75	10.863	10.106	18	1	17.35	16.917
6	1	5.350	4.917	12	1.5	11.026	10.375	20	2.5	18.376	17.294
6	0.75	5.513	5.188	12	1.25	11.188	10.647	20	2	18.701	17.835
7	1	6.350	5.917	12	1	11.35	10.917	20	1.5	19.026	18.376
7	0.75	6.513	6.188	14	2	12.701	11.835	20	1	19.35	18.917
8	1.25	7.188	6.647	14	1.5	13.026	12.375	22	2.5	20.376	19.294
8	1	7.35	6.917	14	1.25	13.188	12.647	22	2	20.701	19.835
8	0.75	7.513	7.188	14	1	13.25	12.917	22	1.5	21.026	20.376
								22	1	21.35	20.917

公称直径（大径）D、d	螺距 P	中径 D_2、d_2	小径 D_1、d_1	公称直径（大径）D、d	螺距 P	中径 D_2、d_2	小径 D_1、d_1	公称直径（大径）D、d	螺距 P	中径 D_2、d_2	小径 D_1、d_1
24	3	22.051	20.752	30	3.5	27.727	26.211	36	4	33.402	31.67
24	2	22.701	21.835	30	3	28.051	26.752	36	3	34.051	32.752
24	1.5	23.026	22.376	30	2	28.701	27.835	36	2	34.701	33.835
24	1	23.35	22.917	30	1.5	29.026	28.376	36	1.5	35.026	34.376
25	2	23.701	22.835	30	1	29.35	28.917	38	1.5	37.026	36.376
25	1.5	24.026	23.376	32	2	30.701	29.735	39	4	36.402	34.67
25	1	24.35	23.917	32	1.5	31.026	30.376	39	3	37.051	35.752
26	1.5	25.026	24.376	33	3.5	30.727	29.211	39	2	37.701	36.835
27	3	25.051	23.752	33	3	31.051	29.752	39	1.5	38.026	37.376
	2	25.701	2.835	33	2	31.701	30.835	40	3	38.051	36.752
17	1.5	26.026	25.376	33	1.5	32.026	31.376	40	2	38.701	37.835
	1	26.35	25.917	35	1.5	34.026	33.376	40	1.5	39.026	38.376
28	2	26.701	25.835								
28	1.5	27.026	26.376								
28	1	27.35	26.917								

3. 梯形螺纹的基本尺寸（GB/T 5796.3—2005）

代号的含义：

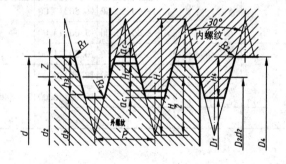

a_c——牙顶间隙

D_4——设计牙形上的内螺纹大径

D_2——设计牙形上的内螺纹中径

D_1——设计牙形上的内螺纹小径

d——设计牙形上的外螺纹大径

d_2——设计牙形上的外螺纹中径

d_3——设计牙形上外螺纹小径

H_1——基本牙型牙高

H_4——设计牙型上的内螺纹牙高

h_3——设计牙型上的外螺纹牙高

P——螺距

标记示例：

Tr40×3—7H（梯形内螺纹,公称直径 40 mm,螺距 3 mm,单线右旋,中径公差带代号为 7H,旋合长度为正常组）

Tr40×6（P3）LH—7e—L（梯形外螺纹,公称直径 40 mm,导程 6 mm,螺距 3 mm,双线左旋,中径公差带代号为 7e,旋合长度为加长组）

附表3 （mm）

左半部：

公称直径 d 第一第列	公称直径 d 第二系列	螺距 P	中径 $D_2=d_2$	大径 D_4	小径 d_3	小径 D_1
8		1.5	7.25	8.30	6.20	6.50
	9	1.5	8.25	9.30	7.20	7.50
	9	2	8.00	9.50	6.50	7.00
10		1.5	9.25	10.30	8.20	8.50
10		2	9.00	10.50	7.50	8.00
	11	2	10.00	11.50	8.50	9.00
	11	3	9.50	11.50	7.50	8.00
12		2	11.00	12.50	9.50	10.00
12		3	10.50	12.50	8.50	9.00
	14	2	13.00	14.50	11.50	12.00
	14	3	12.50	14.50	10.50	11.00
16		2	15.00	16.50	13.50	14.00
16		4	14.00	16.50	11.50	12.00
	18	2	17.00	18.50	15.50	16.00
	18	4	16.00	18.50	13.50	14.00
20		2	19.00	20.50	17.50	18.00
20		4	18.00	20.50	15.50	16.00
	22	3	20.00	22.50	18.50	19.00
	22	5	19.50	22.50	16.50	17.00
	22	8	18.00	23.00	13.00	14.00
24		3	22.50	24.50	20.50	21.00
24		5	21.50	24.50	18.50	19.00
24		8	20.00	25.00	15.00	16.00

右半部：

公称直径 d 第一第列	公称直径 d 第二系列	螺距 P	中径 $D_2=d_2$	大径 D_4	小径 d_3	小径 D_1
	26	3	24.50	26.50	22.50	23.00
	26	5	23.50	26.50	20.50	21.00
	26	8	22.00	27.00	17.00	18.00
28		3	26.50	28.50	24.50	25.00
28		5	25.50	28.50	22.50	23.00
28		8	24.00	29.00	19.00	20.00
	30	3	28.50	30.50	26.50	27.00
	30	6	27.00	31.00	23.00	24.00
	30	10	25.00	31.00	19.00	20.00
32		3	30.50	32.50	28.50	29.00
32		6	29.00	33.00	25.00	26.00
32		10	27.00	33.00	21.00	22.00
	34	3	32.50	34.50	30.50	31.00
	34	6	31.00	35.00	27.00	28.00
	34	10	29.00	35.00	23.00	24.00
36		3	34.50	36.50	32.50	33.00
36		6	33.00	37.00	29.00	30.00
36		10	31.00	37.00	25.00	26.00
	38	3	36.50	38.50	34.50	35.00
	38	7	34.50	39.00	30.00	31.00
	38	10	33.00	39.00	27.00	28.00
40		3	38.50	40.50	36.50	37.00
40		7	36.50	41.00	32.00	33.00
40		10	35.00	41.00	29.00	30.00

4.55°非密封管螺纹(GB/T 7307—2001)

代号的含义:

D——内螺纹大径

d——外螺纹大径

D_2——内螺纹中径

d_2——外螺纹中径

D_1——内螺纹小径

d_1——外螺纹小径

P——螺距

r——螺纹牙顶和牙底的圆弧半径

标记示例:

G3/4(尺寸代号为3/4的非密封管螺纹为圆柱内螺纹,右旋)

G3/4—LH(尺寸代号为3/4的非密封管螺纹为圆柱内螺纹,左旋)

G3/4A(尺寸代号为3/4的非密封管螺纹为圆柱外螺纹,右旋,公差等级为 A 级)

G3/4B(尺寸代号为3/4的非密封管螺纹为圆柱外螺纹,右旋,公差等级为 B 级)

附表4 (mm)

尺寸代号	每25.4 mm 内的牙数 n	螺距 P	大径 d、D	中径 d_2、D_2	小径 d_1、D_1	牙高 h
1/4	19	1.337	13.157	12.301	11.445	0.856
3/8	19	1.337	16.662	15.806	14.950	0.856
1/2	14	1.814	20.955	19.793	18.631	1.162
3/4	14	1.814	26.441	25.279	24.117	1.162
1	11	2.309	33.249	31.770	30.291	1.479
1 1/4	11	2.309	41.910	40.431	38.952	1.479
1 1/2	11	2.309	47.803	46.324	44.845	1.479
2	11	2.309	59.614	58.135	56.656	1.479
2 1/2	11	2.309	75.184	73.705	72.226	1.479
3	11	2.309	87.884	86.405	84.926	1.479

二、螺纹紧固件

1.六角头螺栓(GB/T 5782—2000)

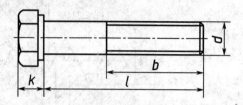

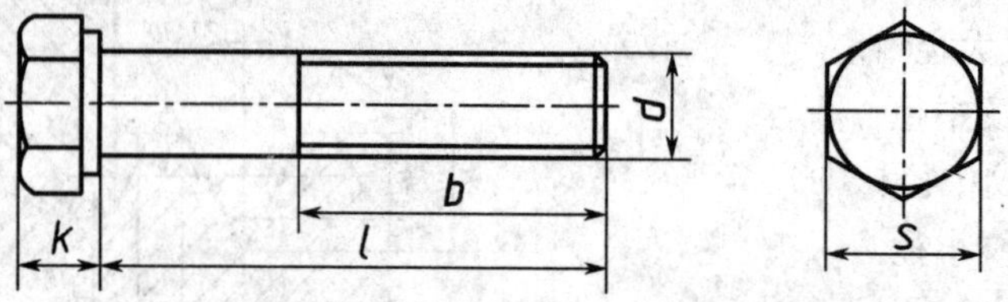

标记示例:

螺栓 GB/T 5782 M12×80(螺纹规格 d = M12,公称长度 l = 80 mm,性能等级为8.8级,表面氧化,产品等级为 A 级的六角头螺栓)

附表5   (mm)

	螺纹规格	s	k	l	b		
					$l \leqslant 125$	$125 < l \leqslant 200$	$l > 200$
优选的螺纹规格	M3	5.5	2	20~30	12		
	M4	7	2.8	25~40	14		
	M5	8	3.5	25~50	16		
	M6	10	4	30~60	18		
	M8	13	5.3	40~80	22	28	
	M10	16	6.4	45~100	26	32	
	M12	18	7.5	50~120	30	36	
	M16	24	10	65~160	38	44	57
	M20	30	12.5	80~200	46	52	65
	M24	36	15	90~240	54	60	73
	M30	46	18.7	110~300	66	72	85
	M36	55	22.5	140~360		84	97
	M42	65	26	160~440		96	109
	M48	75	30	180~480		108	121
	M56	85	35	220~500			137
	M64	95	40	260~500			153
非优选的螺纹规格	M14	21	8.8	60~140	34	40	53
	M18	27	11.5	65~180	42	48	61
	M22	34	14	90~220	50	56	69
	M27	41	17	100~260	60	66	79
	M33	50	21	130~320		78	91
	M39	60	25	150~380		90	103

注:长度系列为 20、25、30、35、40、45、50、55、60、65、70、80、90、100、110、120、130、140、150、160、180、200、220、240、260、280、300、320、340、360、380。

2. 六角头螺栓(全螺纹)—A 和 B 级(GB/T 5783—2000)

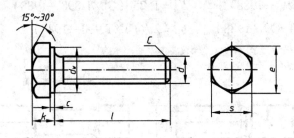

标记示例:

螺栓 GB/T 5783 M12×80(螺纹规格 M12,公称长度 $l=80$ mm,性能等级为 8.8 级,表面氧化,全螺纹,产品等级为 A 级的六角头螺栓)

附表 6   (mm)

螺纹规格		s	k	l
优选的螺纹规格	M1.6	3.2	1.1	2~16
	M2	4	1.4	4~20
	M2.5	5	1.7	5~25
	M3	5.5	2	6~30
	M4	7	2.8	8~40
	M5	8	3.5	10~50
	M6	10	4	12~60
	M8	13	5.3	16~80
	M10	16	6.4	20~100
	M12	18	7.5	25~120
	M16	24	10	30~160
	M20	30	12.5	40~200
	M24	36	15	50~240
	M30	46	18.7	60~300
	M36	55	22.5	70~360
	M42	65	26	80~400
	M48	75	30	100~480
	M56	85	35	110~500
	M64	95	40	120~500
非优选的螺纹规格	M3.5	6	2.4	8~35
	M14	21	8.8	30~140
	M18	27	11.5	35~180
	M22	34	14	45~220
	M27	41	17	55~260
	M33	50	21	65~320
	M39	60	25	80~380
	M45	70	28	90~440
	M52	80	33	100~480
	M60	90	38	120~500

注:长度系列:2、4、6、8、10、12、16、20、25、30、35、40、45、50、55、60、65、70、80、90、100、110、120、130、140、150、160、180、200、220、240、260、280、300、320、340、360、380、400、420、440、460、480、500。

3. 双头螺柱

$b_m = 1d$ (GB/T 897—1988) $b_m = 1.25d$ (GB/T 898—1988)

$b_m = 1.5d$ (GB/T 899—1988) $b_m = 2d$ (GB/T 900—1988)

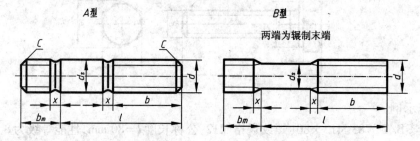

A型   *B型*

两端为辗制末端

标记示例：

螺柱 GB/T 897 M10×50（两端均为粗牙普通螺纹，$d = 10$ mm，$l = 50$ mm，性能等级为 4.8 级，不经表面处理，B 型，$b_m = 1d$ 的双头螺柱）

附表 7 （mm）

螺纹规格 d	M5	M6	M8	M10	M12	M16	M20	M24	M30	M36	M42	M48
$b_m = 1d$	5	6	8	10	12	16	20	24	30	36	42	48
$b_m = 1.25d$	6	8	10	12	15	20	25	30	38	45	52	60
$b_m = 1.5d$	8	10	12	15	18	24	30	36	45	54	63	72
$b_m = 2d$	10	12	16	20	24	32	40	48	60	72	84	96

l	M5	M6	M8	M10	M12	M16	M20	M24	M30	M36	M42	M48
16	10											
(18)												
20		10	12									
(22)												
25				14	16							
(28)		14	16									
30												
(32)				16								
35	16					20						
(38)					20		25					
40												
45		18										
50						30		30				
(55)			22				35					
60				26								
(65)								45	40			
70					30					45		
(75)											50	
80						38			50			
(85)							46			50		60
90								54	60			
(95)										60	70	
100								66				80

4. 螺钉

开槽圆柱头螺钉(GB/T 65—2000)　开槽盘头螺钉(GB/T 67—2000)　开槽沉头螺钉(GB/T 68—2000)

 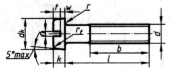 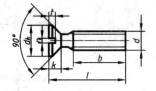

标记示例:

螺钉 GB/T 65　M5×20(螺纹规格 M5,公称长度 l = 20 mm,性能等级为 4.8 级,不经表面处理的开槽圆柱头螺钉)

附表 8(GB/T 65—2000)　　　　　　　　　　　　(mm)

螺纹规格	$d_{k\,max}$	k_{max}	$n_{公称}$	t_{min}	l	b
M4	7	2.6	1.2	1.1	5 ~ 40	
M5	8.5	3.3	1.2	1.3	6 ~ 50	l≤40 为全螺纹 l > 40, b_{min} = 38
M6	10	3.9	1.6	1.6	8 ~ 60	
M8	13	5	2	2	10 ~ 80	
M10	16	6	2.5	2.4	12 ~ 80	

附表 9(GB/T 67—2000)　　　　　　　　　　　　(mm)

螺纹规格	$d_{k\,max}$	k_{max}	$n_{公称}$	t_{min}	l	b
M4	8	2.4	1.2	1	5 ~ 40	
M5	9.5	3	1.2	1.2	6 ~ 50	l≤40 为全螺纹 l > 40, b_{min} = 38
M6	12	3.6	1.6	1.4	8 ~ 60	
M8	16	4.8	2	1.9	10 ~ 80	
M10	20	6	2.5	2.4	12 ~ 80	

附表 10(GB/T 68—2000)　　　　　　　　　　　　(mm)

螺纹规格	$d_{k\,max}$	k_{max}	$n_{公称}$	t_{min}	l	b
M4	8.4	2.7	1.2	1	6 ~ 40	
M5	9.3	2.7	1.2	1.1	8 ~ 50	l≤45 为全螺纹 l > 45, b_{min} = 38
M6	11.3	3.3	1.6	1.2	8 ~ 60	
M8	15.8	4.65	2	1.8	10 ~ 80	
M10	18.3	5	2.5	2	12 ~ 80	

注:长度系列为 5、6、8、10、12、(14)、16、20、25、30、35、40、45、50、(55)、60、(65)、70、(75)、80。(括号内的规格尽量不用)

5.1 型六角螺母（GB/T 6170—2000）

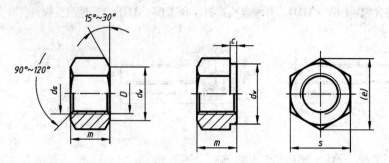

标记示例：

螺母 GB/T 6170 M12（螺纹规格 D = M12,性能等级为 8 级,不经表面处理,产品等级为 A 级的 1 型六角螺母）

附表 11 （mm）

	螺纹规格	s_{max}	e_{min}	m_{max}	$d_{w\,min}$	c_{max}
优选的螺纹规格	M1.6	3.2	3.41	1.3	2.4	0.2
	M2	4	4.32	1.6	3.1	0.2
	M2.5	5	5.45	2	4.1	0.3
	M3	5.5	6.01	2.4	4.6	0.4
	M4	7	7.66	3.2	5.9	0.4
	M5	8	8.79	4.7	6.9	0.5
	M6	10	11.05	5.2	8.9	0.5
	M8	13	14.38	6.8	11.6	0.4
	M10	16	17.77	8.4	14.6	0.6
	M12	18	20.03	10.8	16.6	0.6
	M16	24	26.75	14.8	22.5	0.8
	M20	30	32.95	18	27.7	0.8
	M24	36	39.55	21.5	33.3	0.8
	M30	46	50.85	25.6	42.8	0.8
	M36	55	60.79	31	51.1	0.8
	M42	65	71.3	34	60	1.0
	M48	75	82.60	38	69.4	1.0
	M56	85	93.56	45	78.7	1.0
	M64	95	104.86	51	88.2	1.0
非优选的螺纹规格	M3.5	6	6.58	2.8	5	0.4
	M14	21	23.36	12.8	19.6	0.6
	M18	27	29.56	15.8	24.9	0.8
	M22	34	37.29	19.4	31.4	0.8
	M27	41	45.20	23.8	38	0.8
	M33	50	55.37	28	46.6	0.8
	M39	60	66.44	33.4	55.9	1.0
	M45	70	76.95	36	64.7	1.0
	M52	80	88.25	42	74.2	1.0
	M60	90	99.21	48	83.4	1.0

6. 垫圈

平垫圈—A 级（GB/T 97.1—2002）　　　　　小垫圈—A 级（GB/T 848—2002）

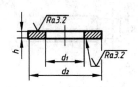 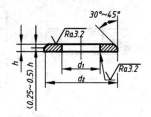

标记示例：

垫圈 GB/T 97.1　8（标准系列、规格 8 mm,性能等级为 140 HV 级,不经表面处理的 A 级平垫圈）

附表 12　　　　　　　　　　　　　　（mm）

公称规格		优　选　尺　寸									非优选尺寸					
（螺纹大径 d）		3	4	5	6	8	10	12	16	20	24	30	36	14	18	22	27	33
平垫面	d_1	3.2	4.3	5.3	6.4	8.4	10.5	13	17	21	25	31	37	15	19	23	28	34
	d_2	7	9	10	12	16	20	24	30	37	44	56	66	28	34	39	50	60
	d_3	0.5	0.8	1	1.6	1.6	2	2.5	3	3	4	4	5	2.5	3	3	4	5
小垫面	d_1	3.2	4.3	5.3	6.4	8.4	10.5	13	17	21	25	31	37	15	19	23	28	34
	d_2	6	8	9	11	15	18	20	28	34	39	50	60	24	30	37	44	56
	h	0.5	0.5	1	1.6	1.6	1.6	2	2.5	3	4	4	5	2.5	3	3	4	5

标准型弹簧垫圈（GB/T 93—1987）

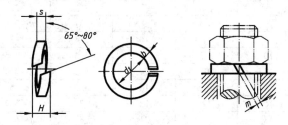

标记示例：

垫圈 GB/T 93　16（公称直径为 16 mm,材料为 65 Mn,表面氧化的标准型弹簧垫圈）

附表 13　　　　　　　　　　　　　（mm）

公称尺寸	4	5	6	8	10	12	(14)	16	(18)	20	(22)	24	(27)	30	36	42	48
$d_{1\,min}$	4.1	5.1	6.1	8.1	10.2	12.2	14.2	16.2	18.2	20.2	22.5	24.5	27.5	30.5	36.5	42.5	48.5
$S(b)$	1.1	1.3	1.6	2.1	2.6	3.1	3.6	4.1	4.5	5	5.5	6	6.8	7.5	9	10.5	12
$m\le$	0.6	0.8	1	1.2	1.5	1.7	2	2	2.2	2.5	2.5	3	3	3.2	3.5	4	4.5
H_{min}	2.2	2.6	3.2	4.2	5.2	6.2	7.2	8.2	9	10	11	12	13.6	15	18	21	24

注:括号内尺寸尽量不用。

三、螺纹连接结构

1.普通螺纹收尾、肩距、退刀槽和倒角(GB/T 3—1997)

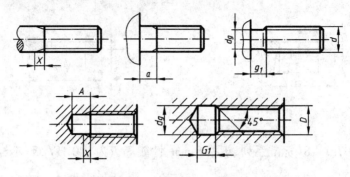

附表14   (mm)

螺距	收尾		肩距		退刀槽			
P	x_{max}	X_{max}	a_{max}	A	$g_{1\,min}$	d_g	G_1	D_g
0.2	0.5	0.8	0.6	1.2				
0.25	0.6	1	0.75	1.5	0.4	$d-0.4$		
0.3	0.75P	1.2	0.9	1.8	0.5	$d-0.5$		
0.35	0.9	1.4	1.05	2.2	0.6	$d-0.6$		
0.4	1	1.6	1.2	2.5	0.6	$d-0.7$		
0.45	1.1	1.8	1.35	2.8	0.7	$d-0.7$		
0.5	1.25	2	1.5	3	0.8	$d-0.8$	2	
0.6	1.5	2.4	1.8	3.2	0.9	$d-1$	2.4	
0.7	1.75	2.8	2.1	3.5	1.1	$d-1.1$	2.8	$D+0.3$
0.75	1.9	3	2.25	3.8	1.2	$d-1.2$	3	
0.8	2	3.2	2.4	4	1.3	$d-1.3$	3.2	
1	2.5	4	3	5	1.6	$d-1.6$	4	
1.25	3.2	5	4	6	2	$d-2$	5	
1.5	3.8	6	4.5	7	2.5	$d-2.3$	6	
1.75	4.3	7	5.3	9	3	$d-2.6$	7	
2	5	8	6	10	3.4	$d-3$	8	
2.5	6.3	10	7.5	12	4.4	$d-3.6$	10	
3	7.5	12	9	14	5.2	$d-4.4$	12	$D+0.5$
3.5	9	14	10.5	16	6.2	$d-5$	14	
4	10	16	12	18	7	$d-5.7$	16	
4.5	11	18	13.5	21	8	$d-6.4$	18	
5	12.5	20	15	23	9	$d-7$	20	
5.5	14	22	16.5	25	11	$d-7.7$	22	
6	15	24	18	28	11	$d-8.3$	24	
参考值	≈2.5P	=4P	≈3P	≈(6~5)P	—		=4P	—

注:(1)d 和 D 分别为外螺纹和内螺纹的公称直径代号。

    (2)外螺纹始端端面的倒角一般为45°,也可采用60°或30°倒角;倒角深度应大于或等于螺纹牙型高度。内螺纹入口端面的倒角一般为120°,也可采用90°倒角;端面倒角直径为(1.05~1)D。

2. 通孔与沉孔

螺栓和螺钉用通孔（GB/T 5277—1985） 沉头螺钉用沉孔（GB/T 152.2—1988）

圆柱头螺钉用沉孔（GB/T 152.3—1988） 六角头螺栓和六角螺母用沉孔（GB/T 152.4—1988）

附表 15 （mm）

螺 纹 规 格				M4	M5	M6	M8	M10	M12	M16	M20	M24	M30	M36
通孔	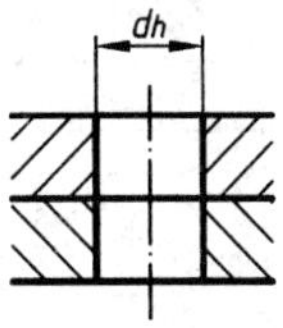	d_h	精装配	4.3	5.3	6.4	8.4	10.5	13	17	21	25	31	37
			中等装配	4.5	5.5	6.6	9	11	13.5	17.5	22	26	33	29
			粗装配	4.8	5.8	7	10	12	14.5	18.5	24	28	35	42
沉头用沉孔		d_2		9.6	10.6	12.8	17.6	20.3	24.4	32.4	40.4	—	—	—
圆柱头用沉孔	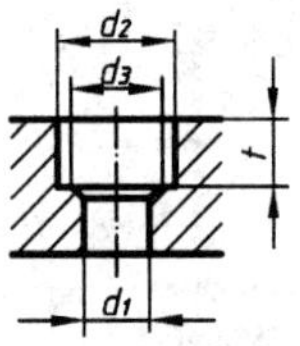	d_2		8	10	11	15	18	20	26	33	40	48	57
		d_3		—	—	—	—	—	16	20	24	28	36	42
		t	①	4.6	5.7	6.8	9	11	13	17.5	21.5	25.5	32	38
			②	3.2	4	4.7	6	7	8	10.5	—	—	—	—
六角头螺栓和六角螺母用沉孔	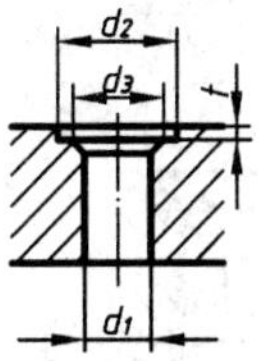	d_2		10	11	13	18	22	26	33	40	48	61	71
		d_3		—	—	—	—	—	16	20	24	28	36	42

注：(1) t 值①用于内六角圆柱头螺钉；t 值②用于开槽圆柱头螺钉。

(2) 图中 d_1 的尺寸均按中等装配的通孔确定。

(3) 对于六角头螺栓和六角螺母用沉孔中尺寸 t，只要能制出与通孔轴线垂直的圆平面即可。

3. 光孔、螺孔、沉孔的尺寸注法 (GB/T 4458.4—1984) (GB/T 16675.2—1996)

附表 16

类型	简化注法		普通注法
光孔	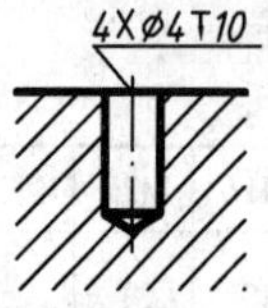 4×Ø4T10	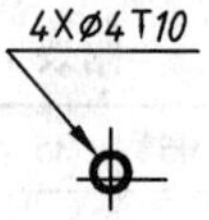 4×Ø4T10	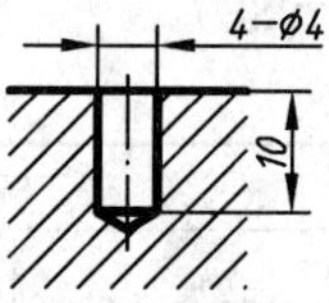 4-Ø4 / 10
	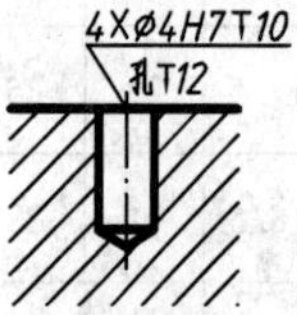 4×Ø4H7T10 孔T12	 4×Ø4H7 10 孔T12	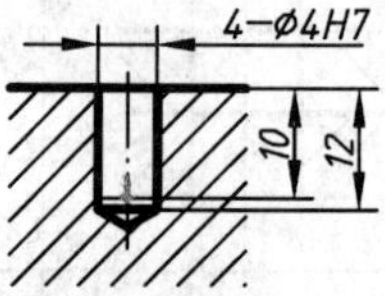 4-Ø4H7 / 10 / 12
螺孔	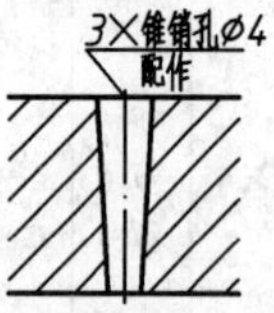 3×锥销孔Ø4 配作	 3×锥销孔Ø4 配作	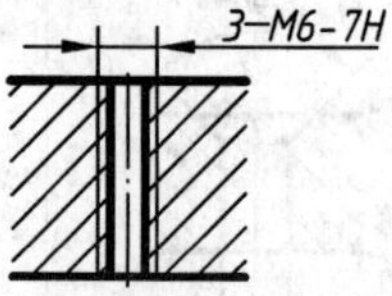 3-M6-7H
	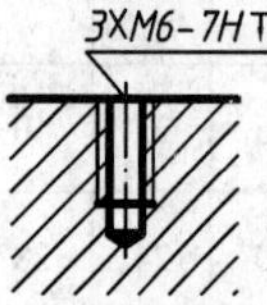 3×M6-7HT10	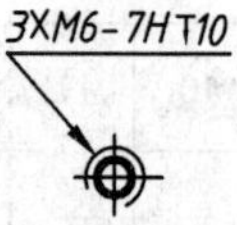 3×M6-7HT10	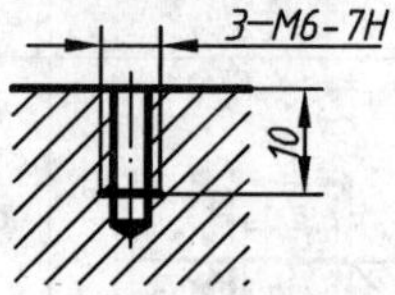 3-M6-7H / 10
	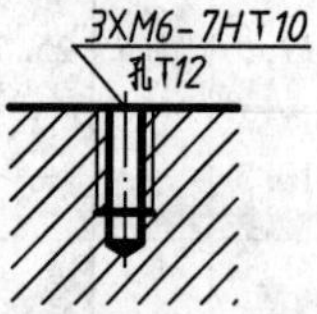 3×M6-7HT10 孔T12	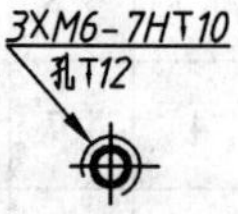 3×M6-7HT10 孔T12	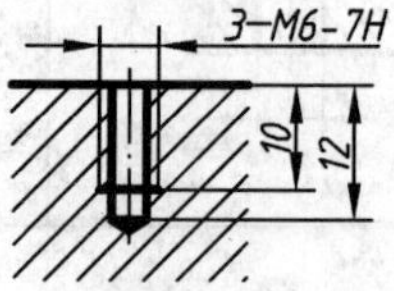 3-M6-7H / 10 / 12
沉孔	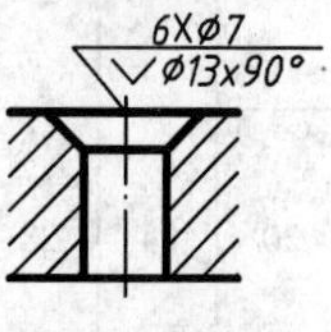 6×Ø7 ∨Ø13×90°	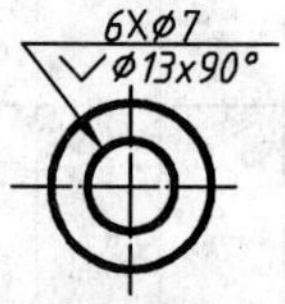 6×Ø7 ∨Ø13×90°	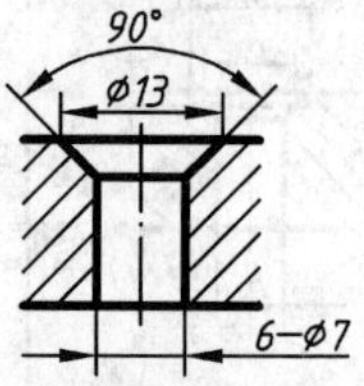 90° / Ø13 / 6-Ø7
	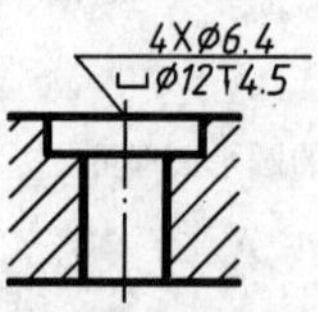 4×Ø6.4 ⌴Ø12T4.5	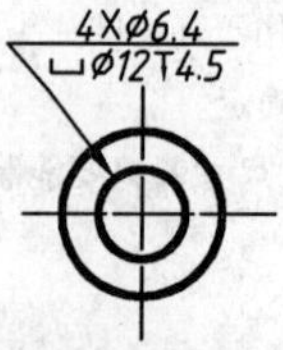 4×Ø6.4 ⌴Ø12T4.5	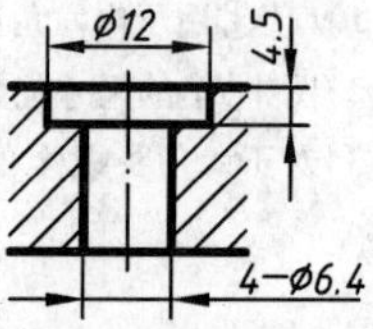 Ø12 / 4.5 / 4-Ø6.4
	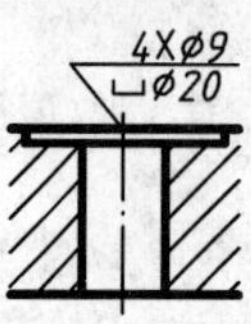 4×Ø9 ⌴Ø20	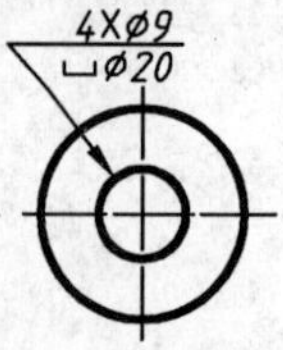 4×Ø9 ⌴Ø20	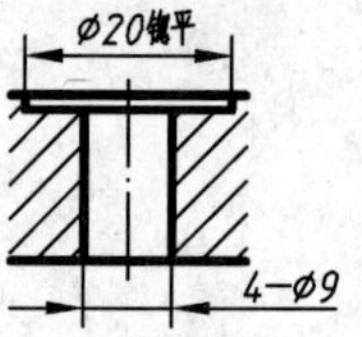 Ø20锪平 / 4-Ø9

338

四、键与销

1. 半圆键

半圆键和键槽的尺寸（GB/T 1098—2003）　　普通型半圆键的尺寸（GB/T 1099.1—2003）

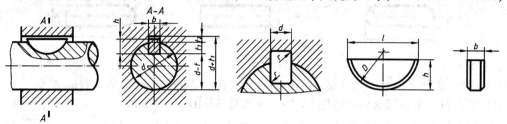

标记示例：

GB/T 1099.1 键 $6 \times 10 \times 25$（宽度 $b = 6$ mm，高度 $h = 10$ mm，直径 $D = 25$ mm 的普通半圆键）

附表 17

(mm)

轴		键			键 槽 深 度			
公称直径 D		公称尺寸			轴 t		毂 t_1	
传递扭矩用	定位用	b(h9)	h(h11)	d_1(h12)	公称尺寸	极限偏差	公称尺寸	极限偏差
自 3~4	自 3~4	1	1.4	4	1		0.6	
>4~5	>4~6	1.5	2.6	7	2	+0.1	0.8	
>5~6	>6~8	2	2.6	7	1.8	0	1	
>6~7	>8~10	2	3.7	10	2.9		1	
>7~8	>10~12	2.5	3.7	10	2.7		1.2	
>8~10	>12~15	3	5	13	3.8		1.4	+0.1
>10~12	>15~18	3	6.5	16	5.3		1.4	0
>12~14	>18~20	4	6.5	16	5		1.8	
>14~16	>20~22	4	7.5	19	6	+0.2	1.8	
>16~18	>22~25	5	6.5	16	4.5	0	2.3	
>18~20	>25~28	5	7.5	19	5.5		2.3	
>20~22	>28~32	5	9	22	7		2.3	
>22~25	>32~36	6	9	22	6.5		2.8	
>25~28	>36~40	6	10	25	7.5	+0.3	2.8	+0.2
>28~32	—	8	11	28	8	0	3.3	0
>32~38	—	10	13	32	10		3.3	

注：(1) 在工作图中，轴槽深用 t 或 $(d-t)$ 标注；轮毂槽深用 $(d+t_1)$ 标注。$(d-t)$ 和 $(d+t_1)$ 两个组合尺寸的极限偏差按相应的 t 和 t_1 的极限偏差选取，但对于 $(d-t)$ 极限偏差应注意取负值。

(2) 键与键槽配合较紧时，轴与毂的键槽宽度 b 的公差带代号均为 P9；一般情况下分别为 N9 和 Js9。

2. 平键

键槽的剖面尺寸（GB/T 1095—2003）　　普通平键的型式尺寸（GB/T 1096—2003）

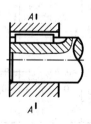
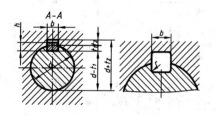

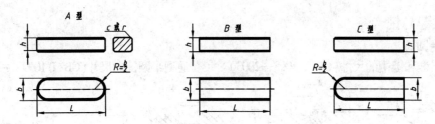

标记示例：

GB/T 1096 键 $16 \times 10 \times 100$（宽度 $b = 16$ mm、高度 $h = 10$ mm、$L = 100$ mm 普通 A 型平键）

GB/T 1096 键 B $16 \times 10 \times 100$（宽度 $b = 16$ mm、高度 $h = 10$ mm、$L = 100$ mm 普通 B 型平键）

GB/T 1096 键 C $16 \times 10 \times 100$（宽度 $b = 16$ mm、高度 $h = 10$ mm、$L = 100$ mm 普通 C 型平键）

附表 18

（mm）

轴	键	键 槽										
		宽 度 b						深 度				半径 r
		公称尺寸 b	极限偏差					轴 t		毂 t_1		
公称直径 d	公称尺寸 $b \times h$		较松键连接		一般键连接		较紧键连接					
			轴 H9	毂 D10	轴 N9	毂 Js9	轴和毂 P9	公称尺寸	极限偏差	公称尺寸	极限偏差	最小 最大
自 6~8	2×2	2	+0.025 0	+0.060 +0.020	-0.004 -0.029	±0.0125	-0.006 -0.031	1.2	+0.10 0	1	+0.10 0	0.08 0.16
<8~10	3×3	3						1.8		1.4		
<10~12	4×4	4	+0.030 0	+0.078 +0.030	0 -0.030	±0.015	-0.012 -0.042	2.5		1.8		
<12~17	5×5	5						3.0		2.3		
<17~22	6×6	6						3.5		2.8		0.16 0.2
<22~30	8×7	8	+0.036 0	+0.098 +0.040	0 -0.036	±0.018	-0.015 -0.051	4.0		3.3		
<30~38	10×8	10						5.0		3.3		
<38~44	12×8	12	+0.043 0	+0.120 +0.050	0 -0.043	±0.0115	-0.018 -0.061	5.5		3.3		
<44~50	14×9	14						5.5		3.8		0.25 0.40
<50~58	16×10	16						6.0		4.3		
<58~65	18×11	18						7.0	+0.20 0	4.4	+0.20 0	
<65~75	20×12	20						7.5		4.9		
<75~85	22×14	22	+0.052 0	+0.149 +0.065	0 -0.052	±0.026	-0.022 -0.074	9.0		5.4		
<85~95	25×14	25						9.0		5.4		0.40 0.60
<95~110	28×16	28						10.0		6.4		
<110~130	32×18	32						11.0		7.4		
<130~150	36×20	36						12.0		8.4		
<150~170	40×22	40	+0.062 0	+0.180 +0.080	0 -0.067	±0.031		13.0	+0.30 0	9.4	+0.30 0	0.06 1.0
<170~200	45×25	45						15.0		10.4		
<200~230	50×28	50						17.0		11.4		

注：(1) L 的系列为 6、8、10、12、14、18、20、22、25、28、32、40、45、50、56、63、70、80、90、100、110、125、140、160、180、200、250、280、320、360、400、450、500。

(2) 在工作图中，轴槽深用 t 或 $(d-t)$ 标注，轮毂槽深用 $(d+t_1)$ 标注。

(3) $(d-t)$ 和 $(d+t_1)$ 两组合尺寸的偏差按相应的 t 和 t_1 的偏差选取，但 $(d-t)$ 偏差值应取负号（ - ）。

340

五、销

1. 圆柱销(淬硬钢和马氏体不锈钢)(GB/T 119.2—2000)

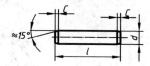

标记示例：

销 GB/T 119.1　6 m6×30(公称直径 d =6 mm,公差为 m6,公称长度 l =30 mm,材料为钢,不经淬火、不经表面处理的圆柱销)

销 GB/T 119.2　6 m6×30(公称直径 d =6 mm,公差为 m6,公称长度 l =30 mm,材料为钢,普通淬火(A 型)、表面氧化处理的圆柱销)

附表 19　(mm)

d(m6)		1	1.5	2	2.5	3	4	5	6	8	10	12	16	20
C≈		0.2	0.3	0.35	0.4	0.5	0.63	0.8	1.2	1.6	2	2.5	3	3.5
l	1)	4~10	4~16	6~20	6~24	8~30	8~40	10~50	12~60	14~80	18~95	22~140	26~180	35~200
	2)	3~10	4~16	5~20	6~24	8~30	10~40	12~50	14~60	18~80	22~100	26~100	40~100	50~100

注：(1) 长度系列为 3、4、5、6、8、10、12、14、16、18、20、22、24、26、28、30、35、40、45、50、55、60、65、70、75、80、85、90、95、100,公称长度大于 100 mm,按 20 mm 递增。

(2) 1)由 GB/T 119.1 规定,2)由 GB/T 119.2 规定。

(3) GB/T 119.1 规定的圆柱销,公差为 m6 和 h8,GB/T 119.2 规定的圆柱销,公差为 m6;其他公差由供需双方协议。

2. 圆锥销(GB/T 117—2000)

A 型(磨削)锥面表面结构要求 R_a =0.8 μm

B 型(切削或冷镦)锥面表面结构要求 Ra =3.2 μm

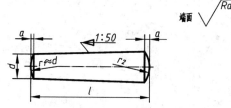

$r_2 \approx a/2 + d + (0.21)^2/(8a)$

标记示例：

销 GB/T 117　6×30(公称直径 d =6 mm,公称长度 l =30 mm,材料为 35 钢,热处理硬度 28~38HRC,表面氧化处理的 A 型圆柱销)

附表 20　(mm)

d(m10)	1	1.5	2	2.5	3	4	5	6	8	10	12	16	20
a≈	0.12	0.2	0.25	0.3	0.4	0.5	0.63	0.8	1	1.2	1.6	2	2.5
l	6~16	8~24	10~35	10~35	12~45	14~55	18~60	22~90	22~120	26~160	32~180	40~200	45~200

注：(1) 长度系列为 6、8、10、12、14、16、18、20、22、24、26、28、30、32、35、40、45、50、55、60、65、70、75、80、85、90、95、100、120、140、160、180、200,公称长度大于 200 mm,按 20 mm 递增。

(2) 其他公差由供需双方协议。

六、一般标准

1. 回转面砂轮越程槽尺寸(GB/T 6403.5—1986)

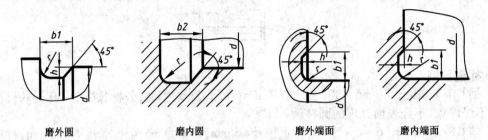

磨外圆　　　　　磨内圆　　　　　磨外端面　　　　　磨内端面

附表 21

(mm)

b_1	0.6	1.0	1.6	2.0	3.0	4.0	5.0	8.0	10
b_2	2.0	3.0		4.0		5.0		8.0	10
h	0.1	0.2		0.3	0.4		0.6	0.8	1.2
r	0.2	0.5		0.8	1.0		1.6	2.0	3.0
d	~10			>10 ~ 50		>50 ~ 100		>100	

2. 倒角与倒圆推荐值(GB/T 6403.4—1986)

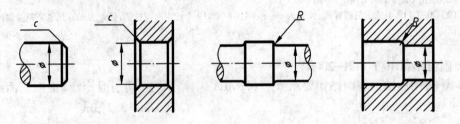

附表 22 　　　　　　　　　　　　　　　　　　　　　　　　　　　　（mm）

轴 公称直径 d	键 公称尺寸 $b \times h$	宽度 b 公称尺寸 b	较松键联结 轴 H9	较松键联结 毂 D10	一般键联结 轴 N9	一般键联结 毂 Js9	较紧键联结 轴和毂 P9	深度 轴 t 公称尺寸	轴 t 极限偏差	毂 t_1 公称尺寸	毂 t_1 极限偏差	平径 r 最小	平径 r 最大
自 6~8	2×2	2	+0.025 0	+0.060 +0.020	−0.004 −0.029	±0.012 5	−0.006 −0.031	1.2	+0.10 0	1	+0.10 0	0.08	0.16
<8~10	3×3	3						1.8		1.4			
<10~12	4×4	4	+0.030 0	+0.078 +0.030	0 −0.030	±0.015	−0.012 −0.042	2.5		1.8		0.16	0.2
<12~17	5×5	5						3.0		2.3			
<17~22	6×6	6						3.5		2.8			
<22~30	8×7	8	+0.036 0	+0.098 +0.040	0 −0.036	±0.018	−0.015 −0.051	4.0		3.3		0.25	0.40
<30~38	10×8	10						5.0		3.3			
<38~44	12×8	12	+0.043 0	+0.120 +0.050	0 −0.043	±0.0115	−0.018 −0.061	5.5		3.3			
<44~50	14×9	14						5.5		3.8			
<50~58	16×10	16						6.0		4.3			
<58~65	18×11	18						7.0	+0.20 0	4.4	+0.20 0		
<65~75	20×12	20	+0.052 0	+0.149 +0.065	0 −0.052	±0.026	−0.022 −0.074	7.5		4.9		0.40	0.60
<75~85	22×14	22						9.0		5.4			
<85~95	25×14	25						9.0		5.4			
<95~110	28×16	28						10.0		6.4			
<110~130	32×18	32	+0.062 0	+0.180 +0.080	0 −0.067	±0.031		11.0		7.4		0.06	1.0
<130~150	36×20	36						12.0	+0.30 0	8.4	+0.30 0		
<150~170	40×22	40						13.0		9.4			
<170~200	45×25	45						15.0		10.4			
<200~230	50×28	50						17.0		11.4			

注：(1) L 的系列为 6、8、10、12、14、18、20、22、25、28、32、36、40、45、50、56、63、70、80、90、100、110、125、140、160、180、200、250、280、320、360、400、450、500。

(2) 在工程图中，轴槽深用 t 或 $(d-t)$ 标注，轮毂槽深用 $(d+t_1)$ 标注。

(3) $(d-t)$ 和 $(d+t_1)$ 两组组合尺寸的偏差按相应的 t 和 t_1 的偏差选取，但 $(d-t)$ 偏差值应取负号（−）。

七、极限与配合

附表 23　标准公差数值（GB/T 1800.3—1998）

基本尺寸 mm		公　差　等　级																
大于	至	IT1	IT2	IT3	IT4	IT5	IT6	IT7	IT8	IT9	IT10	IT11	IT12	IT13	IT14	IT15	IT16	IT17	IT18
		μm											mm						
—	3	0.8	1.2	2	3	4	6	10	14	25	40	60	0.10	0.14	0.25	0.40	0.60	1.0	1.4
3	6	1	1.5	2.5	4	5	8	12	18	30	48	75	0.12	0.18	0.30	0.48	0.75	1.2	1.3
6	10	1	1.5	2.5	4	6	9	15	22	36	58	90	0.15	0.22	0.36	0.58	0.90	1.5	2.2
10	18	1.2	2	3	5	8	11	18	27	43	70	110	0.18	0.27	0.43	0.70	1.10	1.8	2.7
18	30	1.5	2.5	4	6	9	13	21	33	52	84	130	0.21	0.33	0.52	0.84	1.30	2.1	3.3
30	50	1.5	2.5	4	7	11	16	25	39	62	100	160	0.25	0.39	0.62	1.00	1.60	2.5	3.9
50	80	2	3	5	8	13	19	30	46	74	120	190	0.30	0.45	0.74	1.20	1.90	3.0	4.6
80	120	2.5	4	6	10	15	22	35	54	87	140	220	0.35	0.54	0.87	1.40	2.20	3.5	5.4
120	180	3.5	5	8	12	18	25	40	63	100	160	250	0.40	0.63	1.00	1.60	2.50	4.0	6.3
180	250	4.5	7	10	14	20	29	43	72	115	185	290	0.43	0.72	1.15	1.85	2.90	4.6	7.2
250	315	6	8	12	16	23	32	52	81	130	210	320	0.52	0.81	1.30	2.10	3.20	5.2	8.1
315	400	7	9	13	18	25	36	57	89	140	230	360	0.57	0.89	1.40	2.30	3.60	5.7	8.9
400	500	8	10	15	20	27	40	63	97	155	250	400	0.68	0.97	1.55	2.50	4.00	6.3	9.7

注：基本尺寸小于 1 mm 时，无 IT14 至 IT18。

附表 24　基本尺寸小于 500 mm 孔的基本偏差 GB/T 1800.3—1998

下偏差(EI)：A、B、E、F、G、H 为所有等级；JS；上偏差(ES)：J、K、M、N 按公差等级；P 至 ZC（≤7）：在大于 7 级的相应数值上增加一个 Δ 值；P、R、S；Δ 值（μm）

单位：基本尺寸 mm，偏差 μm

基本尺寸 大于	至	A	B	E	F	G	H	JS	J6	J7	J8	K ≤8	K >8	M ≤8	M >8	N ≤8	N >8	P至ZC ≤7	P	R	S	Δ3	Δ4	Δ5	Δ6	Δ7	Δ8
—	3	+270	+140	+14	+6	+2	0		+2	+4	+6	0	0	−2	−2	−4	−4		−6	−10	−14	0	0	0	0	0	0
3	6	+270	+140	+20	+10	+4	0		+5	+6	+10	−1+Δ	—	−4+Δ	−4	−8+Δ	0		−12	−15	−19	1	1.5	1	3	4	6
6	10	+280	+150	+25	+13	+5	0		+5	+8	+12	−1+Δ	—	−6+Δ	−6	−10+Δ	0		−15	−19	−23	1	1.5	2	3	6	7
10	14	+290	+150	+32	+16	+6	0		+6	+10	+15	−1+Δ	—	−7+Δ	−7	−12+Δ	0		−18	−23	−28	1	2	3	3	7	9
14	18	+290	+150	+32	+16	+6	0		+6	+10	+15	−1+Δ	—	−7+Δ	−7	−12+Δ	0		−18	−23	−28	1	2	3	3	7	9
18	24	+300	+160	+40	+20	+7	0		+8	+12	+20	−2+Δ	—	−8+Δ	−8	−15+Δ	0		−22	−28	−35	1.5	2	3	4	8	12
24	30	+300	+160	+40	+20	+7	0		+8	+12	+20	−2+Δ	—	−8+Δ	−8	−15+Δ	0		−22	−28	−35	1.5	2	3	4	8	12
30	40	+310	+170	+50	+25	+9	0		+10	+14	+24	−2+Δ	—	−9+Δ	−9	−17+Δ	0		−26	−34	−43	1.5	3	4	5	9	14
40	50	+320	+180	+50	+25	+9	0		+10	+14	+24	−2+Δ	—	−9+Δ	−9	−17+Δ	0		−26	−34	−43	1.5	3	4	5	9	14
50	65	+340	+190	+60	+30	+10	0		+13	+18	+28	−2+Δ	—	−11+Δ	−11	−20+Δ	0		−32	−41	−53	2	3	5	6	11	16
65	80	+360	+200	+60	+30	+10	0		+13	+18	+28	−2+Δ	—	−11+Δ	−11	−20+Δ	0		−32	−43	−59	2	3	5	6	11	16
80	100	+380	+220	+72	+36	+12	0		+16	+22	+34	−3+Δ	—	−13+Δ	−13	−23+Δ	0		−37	−51	−71	2	4	5	7	13	19
100	120	+410	+240	+72	+36	+12	0		+16	+22	+34	−3+Δ	—	−13+Δ	−13	−23+Δ	0		−37	−54	−79	2	4	5	7	13	19
120	140	+460	+260	+85	+43	+14	0		+18	+26	+41	−3+Δ	—	−15+Δ	−15	−27+Δ	0		−43	−63	−92	3	4	6	7	15	23
140	160	+520	+280	+85	+43	+14	0		+18	+26	+41	−3+Δ	—	−15+Δ	−15	−27+Δ	0		−43	−65	−100	3	4	6	7	15	23
160	180	+580	+310	+85	+43	+14	0		+18	+26	+41	−3+Δ	—	−15+Δ	−15	−27+Δ	0		−43	−68	−108	3	4	6	7	15	23
180	200	+660	+340	+100	+50	+15	0		+22	+30	+47	−4+Δ	—	−17+Δ	−17	−31+Δ	0		−50	−77	−122	3	4	6	9	17	26
200	225	+740	+380	+100	+50	+15	0		+22	+30	+47	−4+Δ	—	−17+Δ	−17	−31+Δ	0		−50	−80	−130	3	4	6	9	17	26
225	250	+820	+420	+100	+50	+15	0		+22	+30	+47	−4+Δ	—	−17+Δ	−17	−31+Δ	0		−50	−84	−140	3	4	6	9	17	26
250	280	+920	+480	+110	+56	+17	0		+25	+36	+55	−4+Δ	—	−20+Δ	−20	−34+Δ	0		−56	−94	−158	4	4	7	9	20	29
280	315	+1 050	+540	+110	+56	+17	0		+25	+36	+55	−4+Δ	—	−20+Δ	−20	−34+Δ	0		−56	−98	−170	4	4	7	9	20	29
315	355	+1 200	+600	+125	+62	+18	0		+29	+39	+60	−4+Δ	—	−21+Δ	−21	−37+Δ	0		−62	−108	−190	4	5	7	11	21	32
355	400	+1 350	+680	+125	+62	+18	0		+29	+39	+60	−4+Δ	—	−21+Δ	−21	−37+Δ	0		−62	−114	−208	4	5	7	11	21	32
400	450	+1 500	+760	+135	+68	+20	0		+33	+43	+66	−5+Δ	—	−23+Δ	−23	−40+Δ	0		−68	−126	−232	5	5	7	13	23	34
450	500	+1 650	+840	+135	+68	+20	0		+33	+43	+66	−5+Δ	—	−23+Δ	−23	−40+Δ	0		−68	−132	−252	5	5	7	13	23	34

注:(1)基本尺寸小于 1 mm 时,各级的 A 和 B 及大于 IT8 级的 N 均不采用。

(2)JS 的数值:对 IT7 至 IT11,若 IT 的数值(μm)为奇数,则取 JS = $\pm\dfrac{IT-1}{2}$,为偶数时,偏差 = $\pm\dfrac{IT}{2}$。

(3)特殊情况:当基本尺寸大于 250 至 315 mm 时,M6 的 ES 等于 −9(不等于 −11)。

(4)对小于或等于 IT8 的 K、M、N 和小于或等于 IT7 的 P 至 ZC,所需 Δ 值从表内右侧栏选取。例如:大于 6 至 10 mm 的 P6,Δ = 3,所以 ES = −15 + 3 = −12 μm。

附表 25　基本尺寸小于 500 mm 轴的基本偏差 GB/T 1800.3—1998

（μm）

基本尺寸(mm) 大于	至	上偏差(es) 所有等级 a	b	d	e	f	g	h	js	j 公差等级 5,6	j 7	j 8	k 4至7	k ≤3 >7	下偏差(ei) 所有等级 m	n	p	r	s	t	u
—	3	−270	−140	−20	−14	−6	−2	0		−2	−4	−6	0	0	+2	+4	+6	+10	+14	—	+18
3	6	−270	−140	−30	−20	−10	−4	0		−2	−4	—	+1	0	+4	+8	+12	+15	+19	—	+23
6	10	−280	−150	−40	−25	−13	−5	0		−2	−5	—	+1	0	+6	+10	+15	+19	+23	—	+28
10	14	−290	−150	−50	−32	−16	−6	0		−3	−6	—	+1	0	+7	+12	+18	+23	+28	—	+33
14	18	−290	−150	−50	−32	−16	−6	0		−3	−6	—	+1	0	+7	+12	+18	+23	+28	—	+33
18	24	−300	−160	−65	−40	−20	−7	0		−4	−8	—	+2	0	+8	+15	+22	+28	+35	—	+41
24	30	−300	−160	−65	−40	−20	−7	0		−4	−8	—	+2	0	+8	+15	+22	+28	+35	+41	+48
30	40	−310	−170	−80	−50	−25	−9	0		−5	−10	—	+2	0	+9	+17	+26	+34	+43	+48	+60
40	50	−320	−180	−80	−50	−25	−9	0		−5	−10	—	+2	0	+9	+17	+26	+34	+43	+54	+70
50	65	−340	−190	−100	−60	−30	−10	0		−7	−12	—	+2	0	+11	+20	+32	+41	+53	+66	+87
65	80	−360	−200	−100	−60	−30	−10	0		−7	−12	—	+2	0	+11	+20	+32	+43	+59	+75	+102
80	100	−380	−220	−120	−72	−36	−12	0		−9	−15	—	+3	0	+13	+23	+37	+51	+71	+91	+124
100	120	−410	−240	−120	−72	−36	−12	0		−9	−15	—	+3	0	+13	+23	+37	+54	+79	+104	+144
120	140	−460	−260	−145	−85	−43	−14	0		−11	−18	—	+3	0	+15	+27	+43	+63	+92	+122	+170
140	160	−520	−280	−145	−85	−43	−14	0		−11	−18	—	+3	0	+15	+27	+43	+65	+100	+134	+190
160	180	−580	−310	−145	−85	−43	−14	0		−11	−18	—	+3	0	+15	+27	+43	+68	+108	+146	+210
180	200	−660	−340	−170	−100	−50	−15	0		−13	−21	—	+4	0	+17	+31	+50	+77	+122	+166	+236
200	225	−740	−380	−170	−100	−50	−15	0		−13	−21	—	+4	0	+17	+31	+50	+80	+130	+180	+258
225	250	−820	−420	−170	−100	−50	−15	0		−13	−21	—	+4	0	+17	+31	+50	+84	+140	+196	+284
250	280	−920	−480	−190	−110	−56	−17	0		−16	−26	—	+4	0	+20	+34	+56	+94	+158	+218	+315
280	315	−1 050	−540	−190	−110	−56	−17	0		−16	−26	—	+4	0	+20	+34	+56	+98	+170	+240	+350
315	355	−1 200	−600	−210	−125	−62	−18	0		−18	−28	—	+4	0	+21	+37	+62	+108	+190	+268	+390
355	400	−1 350	−680	−210	−125	−62	−18	0		−18	−28	—	+4	0	+21	+37	+62	+114	+208	+294	+435
400	450	−1 500	−760	−230	−135	−68	−20	0		−20	−32	—	+5	0	+23	+40	+68	+126	+232	+330	+490
450	500	−1 650	−840	−230	−135	−68	−20	0		−20	−32	—	+5	0	+23	+40	+68	+132	+252	+360	+540

注：(1) 基本尺寸小于 1 mm 时，各级的 a 和 b 均不采用。

(2) 对 IT7 至 IT11，若 IT 的数值（μm）为奇数时，则取 js = ± $\dfrac{IT-1}{2}$；为偶数时，偏差 = ± $\dfrac{IT}{2}$。

附表26 孔的极限偏差（GB/T 1800.4—1999）（优先公差带） （μm）

基本尺寸（mm）大于	至	C 11	D 9	F 8	G 7	H 5	H 6	H 7	H 8	H 9	H 10
—	3	+120 / +60	+45 / +20	+20 / +6	+12 / +2	+4 / 0	+6 / 0	+10 / 0	+14 / 0	+25 / 0	+40 / 0
3	6	+115 / +70	+60 / +30	+28 / +10	+16 / +4	+5 / 0	+8 / 0	+12 / 0	+18 / 0	+30 / 0	+48 / 0
6	10	+170 / +80	+76 / +40	+35 / +13	+20 / +5	+6 / 0	+9 / 0	+15 / 0	+22 / 0	+36 / 0	+58 / 0
10	14	+205 / +95	+93 / +50	+43 / +16	+24 / +6	+8 / 0	+11 / 0	+18 / 0	+27 / 0	+43 / 0	+70 / 0
14	18	+205 / +95	+93 / +50	+43 / +16	+24 / +6	+8 / 0	+11 / 0	+18 / 0	+27 / 0	+43 / 0	+70 / 0
18	24	+240 / +110	+117 / +65	+53 / +20	+28 / +7	+9 / 0	+13 / 0	+21 / 0	+33 / 0	+52 / 0	+84 / 0
24	30	+240 / +110	+117 / +65	+53 / +20	+28 / +7	+9 / 0	+13 / 0	+21 / 0	+33 / 0	+52 / 0	+84 / 0
30	40	+280 / +120	+142 / +80	+64 / +25	+34 / +9	+11 / 0	+16 / 0	+25 / 0	+39 / 0	+62 / 0	+100 / 0
40	50	+290 / +130	+142 / +80	+64 / +25	+34 / +9	+11 / 0	+16 / 0	+25 / 0	+39 / 0	+62 / 0	+100 / 0
50	65	+330 / +140	+174 / +100	+76 / +30	+40 / +10	+13 / 0	+19 / 0	+30 / 0	+46 / 0	+74 / 0	+120 / 0
65	80	+340 / +150	+174 / +100	+76 / +30	+40 / +10	+13 / 0	+19 / 0	+30 / 0	+46 / 0	+74 / 0	+120 / 0
80	100	+390 / +170	+207 / +120	+90 / +36	+47 / +12	+15 / 0	+22 / 0	+35 / 0	+54 / 0	+87 / 0	+140 / 0
100	120	+400 / +180	+207 / +120	+90 / +36	+47 / +12	+15 / 0	+22 / 0	+35 / 0	+54 / 0	+87 / 0	+140 / 0
120	140	+450 / +200	+245 / +145	+106 / +43	+54 / +14	+18 / 0	+25 / 0	+40 / 0	+63 / 0	+100 / 0	+160 / 0
140	160	+460 / +210	+245 / +145	+106 / +43	+54 / +14	+18 / 0	+25 / 0	+40 / 0	+63 / 0	+100 / 0	+160 / 0
160	180	+480 / +230	+245 / +145	+106 / +43	+54 / +14	+18 / 0	+25 / 0	+40 / 0	+63 / 0	+100 / 0	+160 / 0
180	200	+530 / +240	+285 / +170	+122 / +50	+61 / +15	+20 / 0	+29 / 0	+46 / 0	+72 / 0	+115 / 0	+185 / 0
200	225	+550 / +260	+285 / +170	+122 / +50	+61 / +15	+20 / 0	+29 / 0	+46 / 0	+72 / 0	+115 / 0	+185 / 0
225	250	+570 / +280	+285 / +170	+122 / +50	+61 / +15	+20 / 0	+29 / 0	+46 / 0	+72 / 0	+115 / 0	+185 / 0
250	280	+620 / +300	+320 / +190	+317 / +56	+69 / +17	+23 / 0	+32 / 0	+52 / 0	+81 / 0	+130 / 0	+210 / 0
280	315	+650 / +330	+320 / +190	+317 / +56	+69 / +17	+23 / 0	+32 / 0	+52 / 0	+81 / 0	+130 / 0	+210 / 0
315	355	+720 / +360	+350 / +210	+151 / +62	+75 / +18	+25 / 0	+36 / 0	+57 / 0	+89 / 0	+140 / 0	+230 / 0
355	400	+760 / +400	+350 / +210	+151 / +62	+75 / +18	+25 / 0	+36 / 0	+57 / 0	+89 / 0	+140 / 0	+230 / 0
400	450	+840 / +440	+385 / +230	+165 / +68	+83 / +20	+27 / 0	+40 / 0	+63 / 0	+97 / 0	+155 / 0	+250 / 0
450	500	+880 / +480	+385 / +230	+165 / +68	+83 / +20	+27 / 0	+40 / 0	+63 / 0	+97 / 0	+155 / 0	+250 / 0

基本尺寸 (mm)		公 差 带							
		H			K	N	P	S	U
大于	至	11	12	13	7	9	7	7	7
—	3	+60 0	+100 0	+140 0	0 -10	-4 -29	-6 -16	-14 -24	-18 -28
3	6	+75 0	+120 0	+180 0	+3 -9	0 -30	-8 -20	-15 -27	-19 -31
6	10	+90 0	+150 0	+220 0	+5 -10	0 -36	-9 -24	-17 -32	-22 -37
10	14	+110 0	+180 0	+270 0	+6 -12	0 -43	-11 -29	-21 -39	-26 -44
14	18								
18	24	+130 0	+210 0	+330 0	+6 -15	0 -52	-14 -35	-27 -48	-33 -54
24	30								-40 -61
30	40	+160 0	+250 0	+390 0	+7 -18	0 -62	-17 -42	-34 -59	-51 -76
40	50								-61 -86
50	65	+190 0	+300 0	+460 0	+9 -21	0 -74	-21 -52	-42 -72	-76 -106
65	80							-48 -78	-91 -121
80	100	+220 0	+350 0	+540 0	+10 -25	0 -87	-24 -59	-59 -93	-111 -146
100	120							-66 -101	-131 -166
120	140	+250 0	+400 0	+630 0	+12 -28	0 -100	-28 -68	-77 -117	-155 -195
140	160							-85 -125	-175 -215
160	180							-93 -133	-195 -235
180	200	+290 0	+460 0	+720 0	+13 -33	0 -115	-33 -79	-105 -151	-219 -265
200	225							-113 -159	-241 -287
225	250							-123 -169	-267 -313
250	280	+320 0	+520 0	+810 0	+16 -36	0 -130	-36 -88	-138 -190	-295 -347
280	315							-150 -202	-330 -382
315	355	+360 0	+570 0	+890 0	+17 -40	0 -140	-41 -98	-169 -226	-369 -426
355	400							-187 -244	-414 -471
400	450	+400 0	+630 0	+970 0	+18 -45	0 -155	-45 -108	-209 -272	-467 -530
450	500							-229 -292	-517 -580

附表27 轴的极限偏差(GB/T 1800.4—1999)(常用优先公差带) (μm)

基本尺寸(mm)		公差带											
		e		f					g			h	
大于	至	8	9	5	6	7	8	9	5	6	7	5	6
—	3	−14 −28	−14 −39	−6 −10	−6 −12	−6 −16	−6 −20	−6 −31	−2 −6	−2 −8	−2 −12	0 −4	0 −6
3	6	−20 −38	−20 −50	−10 −15	−10 −18	−10 −22	−10 −28	−10 −40	−4 −9	−4 −12	−4 −16	0 −5	0 −8
6	10	−25 −47	−25 −61	−13 −19	−13 −22	−13 −28	−13 −25	−13 −49	−5 −11	−5 −14	−5 −20	0 −6	0 −9
10	14	−32 −59	−32 −75	−16 −24	−16 −27	−16 −34	−16 −43	−16 −59	−6 −14	−6 −17	−6 −24	0 −8	0 −11
14	18	−32 −59	−32 −75	−16 −24	−16 −27	−16 −34	−16 −43	−16 −59	−6 −14	−6 −17	−6 −24	0 −8	0 −11
18	24	−40 −73	−40 −92	−20 −29	−20 −33	−20 −41	−20 −53	−20 −72	−7 −16	−7 −20	−7 −28	0 −9	0 −13
24	30	−40 −73	−40 −92	−20 −29	−20 −33	−20 −41	−20 −53	−20 −72	−7 −16	−7 −20	−7 −28	0 −9	0 −13
30	40	−50 −89	−50 −112	−25 −36	−25 −41	−25 −50	−25 −64	−25 −87	−9 −20	−9 −25	−9 −34	0 −11	0 −16
40	50	−50 −89	−50 −112	−25 −36	−25 −41	−25 −50	−25 −64	−25 −87	−9 −20	−9 −25	−9 −34	0 −11	0 −16
50	65	−60 −106	−60 −134	−30 −43	−30 −49	−30 −60	−30 −76	−30 −104	−10 −23	−10 −29	−10 −40	0 −13	0 −19
65	80	−60 −106	−60 −134	−30 −43	−30 −49	−30 −60	−30 −76	−30 −104	−10 −23	−10 −29	−10 −40	0 −13	0 −19
80	100	−72 −126	−72 −159	−36 −51	−36 −58	−36 −71	−36 −90	−36 −123	−12 −27	−12 −34	−12 −47	0 −15	0 −22
100	120	−72 −126	−72 −159	−36 −51	−36 −58	−36 −71	−36 −90	−36 −123	−12 −27	−12 −34	−12 −47	0 −15	0 −22
120	140	−85 −148	−85 −185	−43 −61	−43 −68	−43 −83	−43 −106	−43 −143	−14 −32	−14 −39	−14 −54	0 −18	0 −25
140	160	−85 −148	−85 −185	−43 −61	−43 −68	−43 −83	−43 −106	−43 −143	−14 −32	−14 −39	−14 −54	0 −18	0 −25
160	180	−85 −148	−85 −185	−43 −61	−43 −68	−43 −83	−43 −106	−43 −143	−14 −32	−14 −39	−14 −54	0 −18	0 −25
180	200	−100 −172	−100 −215	−50 −70	−50 −79	−50 −96	−50 −122	−50 −165	−15 −35	−15 −44	−15 −61	0 −20	0 −29
200	225	−100 −172	−100 −215	−50 −70	−50 −79	−50 −96	−50 −122	−50 −165	−15 −35	−15 −44	−15 −61	0 −20	0 −29
225	250	−100 −172	−100 −215	−50 −70	−50 −79	−50 −96	−50 −122	−50 −165	−15 −35	−15 −44	−15 −61	0 −20	0 −29
250	280	−110 −191	−110 −240	−56 −79	−56 −88	−56 −108	−56 −137	−56 −186	−17 −40	−17 −49	−17 −69	0 −23	0 −32
280	315	−110 −191	−110 −240	−56 −79	−56 −88	−56 −108	−56 −137	−56 −186	−17 −40	−17 −49	−17 −69	0 −23	0 −32
315	355	−125 −214	−125 −265	−62 −87	−62 −98	−62 −119	−62 −151	−62 −202	−18 −43	−18 −54	−18 −75	0 −25	0 −36
355	400	−125 −214	−125 −265	−62 −87	−62 −98	−62 −119	−62 −151	−62 −202	−18 −43	−18 −54	−18 −75	0 −25	0 −36
400	450	−135 −232	−135 −290	−68 −95	−68 −108	−68 −131	−68 −165	−68 −223	−20 −47	−20 −60	−20 −83	0 −27	0 −40
450	500	−135 −232	−135 −290	−68 −95	−68 −108	−68 −131	−68 −165	−68 −223	−20 −47	−20 −60	−20 −83	0 −27	0 −40

基本尺寸 (mm)		公 差 带												
		h						js			k		
大于	至	7	8	9	10	11	12	5	6	7	5	6	7
−	3	0 −10	0 −14	0 −25	0 −40	0 −60	0 −100	±2	±3	±5	+4 0	+6 0	+10 0
3	6	0 −12	0 −18	0 −30	0 −48	0 −75	0 −120	±2.5	±4	±6	+6 +1	+9 +1	+13 +1
6	10	0 −15	0 −22	0 −36	0 −58	0 −90	0 −150	±3	±4.5	±7	+7 +1	+10 +1	+16 +1
10	14	0 −18	0 −27	0 −43	0 −70	0 −110	0 −180	±4	±5.5	±9	+9 +1	+12 +1	+19 +1
14	18												
18	24	0 −21	0 −33	0 −52	0 −84	0 −130	0 −210	±4.5	±6.5	±10	+11 +2	+15 +2	+23 +2
24	30												
30	40	0 −25	0 −39	0 −62	0 −100	0 −160	0 −250	±5.5	±8	±12	+13 +2	+18 +2	+27 +2
40	50												
50	65	0 −30	0 −46	0 −74	0 −120	0 −190	0 −300	±6.5	±9.5	±15	+15 +2	+21 +2	+32 +2
65	80												
80	100	0 −35	0 −54	0 −87	0 −140	0 −220	0 −350	±7.5	±11	±17	+18 +3	+25 +3	+38 +3
100	120												
120	140	0 −40	0 −63	0 −100	0 −160	0 −250	0 −400	±9	±12.5	±20	+21 +3	+28 +3	+43 +3
140	160												
160	180												
180	200	0 −46	0 −72	0 −115	0 −185	0 −290	0 −460	±10	±14.5	±23	+24 +4	+33 +4	+50 +4
200	225												
225	250												
250	280	0 −52	0 −81	0 −130	0 −210	0 −320	0 −520	±11.5	±16	±26	+27 +4	+36 +4	+56 +4
280	315												
315	355	0 −57	0 −89	0 −140	0 −230	0 −360	0 −570	±12.5	±18	±28	+29 +4	+40 +4	+61 +4
355	400												
400	450	0 −63	0 −97	0 −155	0 −250	0 −400	0 −630	±13.5	±20	±31	+32 +5	+45 +5	+68 +5
450	500												